U0234569

AutoCAD 机械设计简明实用基础教程
（第2版）

主　编：黄潇苹　陈　杨

副主编：吕海霆　张义悦　陈　琳

参　编：胡晓洁　宋丕伟　刘鸿莉　秦　楠

主　审：刘　军

北京理工大学出版社

BEIJING INSTITUTE OF TECHNOLOGY PRESS

内 容 简 介

本书从简明、实用的角度出发，介绍了 AutoCAD 软件的基础知识。全书共分为 9 章。第 1 章简要介绍了 AutoCAD 工作环境和基本操作，并详细阐述了图层的设置方法；第 2 章以实例的形式讲解了精确绘图工具的使用方法；第 3 章系统讲解了绘制平面图形的基本操作，包括点、线、矩形、圆、圆弧、正多边形、椭圆和椭圆弧等平面图形的绘制；第 4 章深入介绍了 AutoCAD 图形的基本编辑方法，包括对图形的复制、拉伸、镜像、偏移、旋转、修剪、倒角、圆角等操作，以及对象特性修改等；第 5 章和第 6 章系统讲解了 AutoCAD 的文字标注和尺寸标注及表格应用；第 7 章讲述了机械图中常用的样板图和图块；第 8 章讲解了典型零件图和装配图的绘制方法；第 9 章介绍了图形的打印输出方法。

本书所用实例通俗易懂，并精选大量课堂实训题、课后练习题，既可作为高等院校 CAD 课程的上课或上机练习教材，也可作为工程技术人员的 AutoCAD 自学参考书。

图书在版编目（CIP）数据

AutoCAD 机械设计简明实用基础教程/黄潇苹，陈杨主编 . —2 版 . —北京：北京理工大学出版社，2021. 1

ISBN 978 – 7 – 5682 – 9494 – 2

Ⅰ . ①A…　Ⅱ . ①黄…②陈…　Ⅲ . ①机械设计 – 计算机辅助设计 – AutoCAD 软件 – 高等学校 – 教材　Ⅳ . ①TH122

中国版本图书馆 CIP 数据核字（2021）第 020019 号

出版发行 / 北京理工大学出版社有限责任公司

社　　址 / 北京市海淀区中关村南大街 5 号

邮　　编 / 100081

电　　话 /（010）68914775（总编室）

　　　　　（010）82562903（教材售后服务热线）

　　　　　（010）68948351（其他图书服务热线）

网　　址 / http：//www. bitpress. com. cn

经　　销 / 全国各地新华书店

印　　刷 / 涿州市新华印刷有限公司

开　　本 / 787 毫米 ×1092 毫米　1/16

印　　张 / 18

字　　数 / 417 千字

版　　次 / 2021 年 1 月第 2 版　2021 年 1 月第 1 次印刷

定　　价 / 49. 00 元

责任编辑 / 王玲玲

文案编辑 / 王玲玲

责任校对 / 刘亚男

责任印制 / 李志强

前　言

AutoCAD 是由美国 Autodesk 公司开发的一款绘图程序软件，自 1982 年问世以来，经多次版本更新和性能完善，现已广泛应用于机械设计、电子电路、建筑装潢、航空航天、园林设计、轻工化工等诸多领域。AutoCAD 具有开放式的结构，源代码可供各个行业进行广泛的二次开发，同时，它还具有操作简单、交互式绘图、用户界面友好、精确高效等优点，是工程设计人员公认的"标准语言工具"，在世界工程设计领域中占有绝对的主导地位。

本书从简明、实用的角度出发，讲解了 AutoCAD 的常用二维功能。本书的编者具有丰富的教学和实践经验，在编写的过程中，将多年积累的经验融入每个章节中，使书中的实例具有较强的代表性和技巧性。本书的每个章节都附有大量的上机练习题，配套光盘中附有上机练习题的答案及实例的动画演示，可以帮助读者更加形象、直观地学习本书内容，也为教师课堂授课提供简洁、方便的手段。

本书较前一版增加了图形打印章节，使机械 AutoCAD 绘图知识内容更加完整；将精确绘图工具从第 3 章调至第 2 章，使整体章节安排更合理、更符合机械精确绘图要求及认知习惯；同时，增加了实例、课堂实训及课后练习的题量，使学生使用本教材过程中练习更方便，提高了实用性；并将机械 CAD 绘图国家标准纳入附录，以提高学生对标准的认识。

本书由黄潇苹、陈杨担任主编，吕海霆、张义悦、陈琳担任副主编，刘军担任主审。其中，黄潇苹编写第 1、2 章，陈琳编写第 3.1、3.2 节和附录 B，胡晓洁编写第 3.3~3.5 节，宋丕伟编写第 3.6~3.8 节，张义悦编写第 4、5 章，陈杨编写第 6、9 章，刘鸿莉编写第 7.1 节和附录 A，秦楠编写第 7.2~7.4 节和附录 C，吕海霆编写第 8 章。

由于编写时间仓促，作者水平有限，书中不足之处在所难免，敬请读者批评指正。

编　者
2020 年 10 月

目　　录

第 1 章 从 零 起 步

AutoCAD 是由美国 Autodesk 公司开发的一款绘图程序软件，自 1982 年问世以来，经多次版本更新和性能完善，现已广泛应用于机械设计、电子电路、建筑装潢、航空航天、园林设计、轻工化工等诸多领域。AutoCAD 具有开放式的结构，源代码可供各个行业进行广泛的二次开发，同时，它还具有操作简单、交互式绘图、用户界面友好、精确高效等优点，是工程设计人员公认的"标准语言工具"，在世界上工程设计领域占有绝对的主导地位。

1.1　初识 AutoCAD

1.1.1　AutoCAD 软件在机械工程中的应用

AutoCAD 在机械工程中的应用非常广泛，其不仅可以绘制完整的零件图和装配图，还可以绘制轴测图和投影图。同时，AutoCAD 还具有强大的图纸管理功能，为用户图纸的使用和管理提供支持。软件的主要功能如下。

1. 绘制与编辑图形

在机械工程设计中，利用 AutoCAD，用户可以根据需要绘制出以下几种不同类型的图形。

（1）绘制与编辑二维图形。

AutoCAD 的"绘图"菜单中包含丰富的绘图工具，用户使用它们可以绘制直线、构造线、多段线、圆、矩形、多边形和椭圆等基本图形，再使用"修改"菜单中的编辑工具对其进行编辑，可以绘制出各种各样的二维图形。

（2）绘制与编辑三维图形。

利用 AutoCAD，用户不仅可以将一些平面图形通过拉伸、设置标高和厚度转换为三维图形，还可以使用"绘图"→"曲面"命令中的子命令绘制三维曲面、三维网格和旋转曲面等曲面，使用"绘图"→"实体"命令中的子命令绘制圆柱体、球体和长方体等基本实体。此外，利用"修改"菜单中的有关命令对其进行编辑，还可以绘制出更为复杂的三维图形。

（3）绘制轴测图。

在工程设计中常会遇到轴测图，它看似三维图形，但实际上是二维图形。轴测图采用一种二维绘图技术来模拟三维对象沿特定视点产生的二维平行投影效果，但在绘制方法上不同于二维图形的绘制。使用 AutoCAD 可以非常方便地绘制出轴测图。在轴测模式下，可以将直线绘制成与坐标轴呈 30°、90° 和 150° 等角度，将圆绘制成椭圆形。

（4）绘制三维投影图。

除了常规的几种图形的创建，还可以利用 AutoCAD 软件进行三维视图的投影创建，它类似于机械制图中的三视图，利用它可以更直观地看清楚立体图形的形状及其投影。

2. 标注图形尺寸

标注尺寸是向图形中添加测量注释的过程，是整个绘图过程中不可缺少的一步。Auto-CAD 的"标注"菜单中包含了一套完整的尺寸标注和编辑命令，用户可以利用它们在图形的各个方向上创建各种类型的标注，也可以方便、快速地以一定格式创建符合行业或项目标准的标注。AutoCAD 中提供了线性、对齐、弧长、半径、直径、角度等多种标注类型，可以进行水平、垂直、对齐、旋转、坐标、基线或连续等标注。标注的对象可以是二维图形或三维图形。

3. 渲染三维图形

在 AutoCAD 中，用户可以运用雾化、光源和材质，将模型渲染为具有真实感的图像。如果是为了演示，可以全部渲染对象；如果需要快速查看设计的整体效果，则可以进行简单消隐或着色图像。

4. 控制图形显示

用户可以方便地以多种方式放大或缩小所绘制的图形。对于三维图形，可以改变观察视点，从不同方向观看显示图形；也可以将绘图区域分成多个视口，从而能够在各个视口中以不同方位显示同一图形。此外，AutoCAD 还提供了三维动态观察器，利用该观察器可以动态地观察三维图形。

5. 绘图实用工具

用户可以方便地设置绘图图层、尺寸标注样式、文字标注样式，也可以对所标注的文字进行拼写检查。通过各种形式的绘图辅助工具设置绘图方式，提高绘图效率与准确性。利用特性窗口，可以方便地编辑所选择对象的特性。利用标准文件功能，可以为诸如图层、文字样式、线型这样的命名对象定义标准的设置，以保证同一单位、部门、行业及合作伙伴间在所绘图形中对这些命名对象设置的一致性。利用图层转换器将当前图形图层的名称和特性转换成已有图形或标准文件对图层的设置，即可对不符合本部门图层设置要求的图形进行快速转换。此外，AutoCAD 设计中心还提供了一个直观、高效并与 Windows 资源管理器相类似的工具。利用此工具，用户能够对图形文件进行浏览、查找及管理。

6. 数据库管理功能

在 AutoCAD 中，可以将图形对象与外部数据库中的数据进行关联，而这些数据库是由独立于 AutoCAD 的其他数据库管理系统（如 Access、Oracle、FoxPro 等）建立的，从而方便用户的使用。

7. Internet 功能

AutoCAD 提供了极为强大的 Internet 工具，使设计者之间能够共享资源和信息，可以实现同步设计、研讨、演示和发布消息等诸多功能。

利用 AutoCAD 的网上发布向导，可以方便、迅速地创建格式化的 Web 页；利用联机会议功能，能够实现 AutoCAD 用户之间的图形共享；利用电子传递功能，能够把 AutoCAD 图形及其相关文件压缩成 ZIP 文件或自解压的可执行文件，然后将其以单个数据包的形式传送给客户、工作组成员或其他有关人员；利用超链接功能，能够使 AutoCAD 图形对象与其他对象（如文档、数据表格、动画、声音等）建立链接关系。此外，用户还可以使用 Design-Review 查看和标记 DWF 文件。

8. 输出与打印图形

AutoCAD 不仅允许将所绘制的图形以不同样式通过绘图仪或打印机输出，还能够将不同格式的图形导入 AutoCAD 或将 AutoCAD 图形以其他格式输出，从而增强了灵活性。因此，当图形绘制完成后，可以使用多种方法将其输出。

1.1.2　启动与退出 AutoCAD

在使用软件时，首先要了解软件的启动与退出操作，下面将就此进行简要介绍。

1. 启动 AutoCAD 软件

启动软件的方法很多，比如，可以通过桌面的快捷方式启动，可以通过"开始"菜单找到安装的软件将其启动，还可以通过打开相关 AutoCAD 格式的文件（如 ∗.dwg、∗.dwt 等）来启动软件。以上方法的本质其实是一样的，它们都是通过链接安装目录下一个名为"acad.exe"的可执行文件来启动 AutoCAD 的，如图 1－1 所示。有时在找不到快捷启动方法时，为"acad.exe"设置一个快捷方式即可。

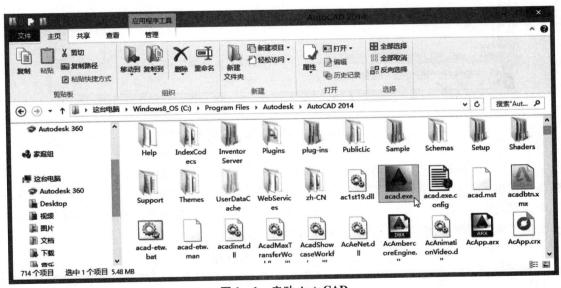

图 1－1　启动 AutoCAD

2. 退出软件

若要退出 AutoCAD，可以采用以下任意一种方式。

（1）单击"菜单浏览器"按钮，打开菜单浏览器，单击"退出 Autodesk AutoCAD"按钮。

（2）从菜单栏中选择"文件"→"退出"命令。

（3）单击 AutoCAD 窗口界面右上角的"关闭"按钮。

（4）在命令行中输入"EXIT"或"QUIT"命令，按 Space 键（或按 Enter 键，本教材中所有的 Space 键都可用 Enter 键替代）。

（5）按 Ctrl + Q 组合键。

1.2 AutoCAD 操作界面介绍

AutoCAD 的操作界面是 AutoCAD 显示和编辑图形的区域。一个完整的 AutoCAD 的操作界面包括菜单浏览器、窗口栏、快速访问工具栏、标题栏、菜单栏、绘图区、十字光标、工具栏、坐标系图标、布局标签、状态栏、命令行窗口、状态托盘和滚动条等，如图 1-2 所示。

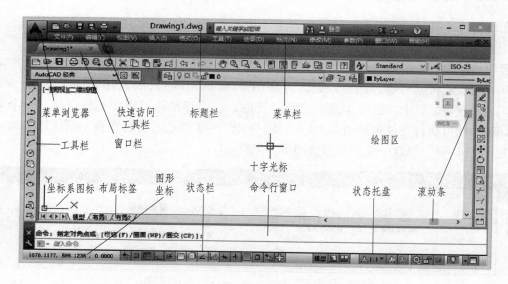

图 1-2 "AutoCAD 经典"工作空间操作界面

图 1-2 显示的是 "AutoCAD 经典" 工作空间操作界面，除此以外，AutoCAD 2010 以后版本还提供了 "草图与注释" "三维基础" "三维建模" 工作空间模式，其作用见表 1-1。其中，"草图与注释" 是系统默认的工作空间。对习惯 AutoCAD 传统界面的用户来说，通常在绘制二维图形时使用 "AutoCAD 经典" 工作空间。

表 1-1 AutoCAD 工作空间

工作空间	作用	工作空间	作用
草图与注释	显示二维绘图特有的工具	三维建模	显示三维建模特有的工具
三维基础	显示特定于三维建模的基础工具	AutoCAD 经典	显示不带有功能区的 AutoCAD

切换工作空间模式，可以采用如下几种方式：一是在快速访问工具栏中选择 "最后" 按钮，打开自定义快速访问工具栏，如图 1-3 所示，在菜单中选择 "工作空间"，"工作空间" 的对话框就出现在快速访问工具栏中，用户可以通过下拉菜单实现工作空间的切换；二是可以单击状态托盘中的 "切换工作空间" 按钮，在弹出的菜单中选择需要的工作空间，如图 1-4 所示。

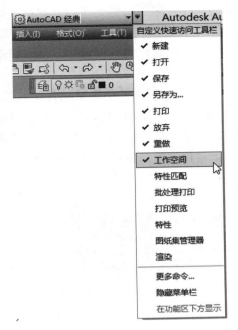

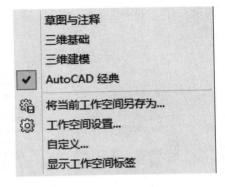

图1-3 自定义快速访问工具栏　　　　　　图1-4 "切换工作空间"按钮菜单

下面根据"AutoCAD 经典"工作界面，介绍其功能。

1. 标题栏

在 AutoCAD 绘图窗口的最上端是标题栏。在标题栏中显示了系统当前正在运行的应用程序和用户正在使用的图形文件。在用户第一次启动软件时，在 AutoCAD 绘图窗口的标题栏中将显示图形文件的名称"Drawing1.dwg"，如图1-2 所示。

2. 绘图区

绘图区是指在标题栏下方的大片空白区域，绘图区域是用户使用 AutoCAD 绘制图形的区域。用户完成一幅设计图形的主要工作都是在绘图区域中完成的。

在绘图区域中，还有一个作用类似于光标的十字线，其交点反映了光标在当前坐标系中的位置。十字线的方向与当前用户坐标系的 X 轴和 Y 轴方向平行，十字线的长度和拾取框的大小可以自行设置。

3. 菜单栏

在 AutoCAD 绘图窗口标题栏的下方是 AutoCAD 的菜单栏。同其他 Windows 程序一样，AutoCAD 的菜单也是下拉式的，并在菜单中包含子菜单。AutoCAD 的菜单栏中包含了十几个菜单，例如"文件""编辑""视图""插入""格式""工具""绘图""标注""窗口"等。这些菜单几乎包含了 AutoCAD 的所有绘图命令，后面的章节将围绕这些菜单展开叙述。

4. 工具栏

"AutoCAD 经典"工作空间中，工具栏是制图常用的快捷辅助工具，工具栏中集中了常用 AutoCAD 命令的工具按钮。在工具栏中单击某个图标，便会执行相应的功能操作，而不必从菜单栏中选择所需的菜单命令。

　　系统在默认情况下，"标准""图层""绘图"和"修改"等工具栏处于打开状态。如果用户需要调用其他的工具栏，可以右击已调用的任何一个工具栏（"快速访问"工具栏除外），在弹出的如图1-5（a）所示的快捷菜单中选择相应的工具栏名称即可。在该快捷菜单中，若某工具栏名称前有"√"符号，则表示该工具栏处于被调用的状态。

　　工具栏可以是固定的，也可以是浮动的。浮动的工具栏可以位于绘图区域的任何位置，如果拖动浮动工具栏的一条边，则可以调整工具栏的大小。放置好各常用的工具栏后，可以将它们锁定，方法是右击用户界面中的任意一个工具栏（"快速访问"工具栏除外），弹出一个快捷菜单，如图1-5（b）所示，接着从该快捷菜单中选择"锁定位置"→"全部"→"锁定"。

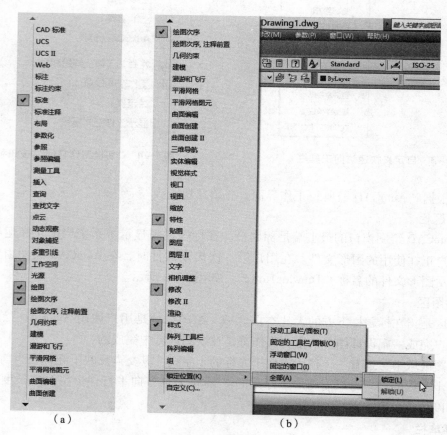

图1-5　工具栏的调用与锁定

（a）调用工具栏；（b）锁定位置

5. 坐标系图标

　　在绘图区域的左下角，有一个直线指向图标，称为坐标系图标，表示用户绘图时正在使用的坐标系形式，如图1-2所示。坐标系图标的作用是为点的坐标确定一个参照系。

　　根据工作需要，用户可以选择将其打开或关闭。打开方法是选择菜单命令："视图"→"显示"→"UCS图标"→"开"。

6. 命令行窗口

命令行窗口是输入命令名和显示命令提示的区域，默认的命令行窗口布置在绘图区下方，是若干文本行，如图 1 - 2 所示。对命令行窗口，有以下几点需要说明。

（1）移动拆分条，可以扩大和缩小命令窗口。

（2）可以拖动命令窗口，并布置在屏幕上的其他位置。默认情况下布置在图形窗口下方。

（3）对当前命令窗口中输入的内容，可以按 F2 键用文本编辑的方法进行编辑，如图 1 - 6 所示。AutoCAD 文本窗口和命令窗口相似，它可以显示当前 AutoCAD 进程中命令的输入和执行过程，在执行 AutoCAD 某些命令时，它会自动切换到文本窗口，列出有关信息。

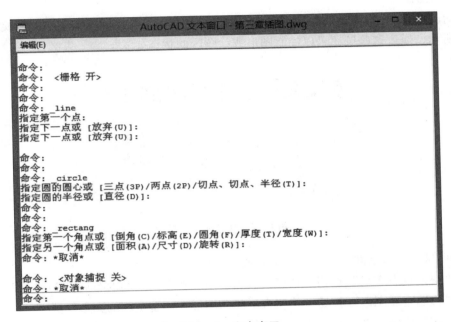

图 1 - 6　文本窗口

AutoCAD 通过命令窗口反馈各种信息，包括出错信息。因此，用户要时刻关注在命令窗口中出现的信息。

7. 布局标签

系统默认设定一个模型空间布局标签和"布局 1""布局 2"两个图纸空间布局标签。在这里有两个概念需要解释一下。

（1）布局：是系统为绘图设置的一种环境，包括图纸大小、尺寸单位、角度设定、数值精确度等，在系统预设的三个标签中，这些环境变量都按默认设置。用户根据实际需要改变这些变量的值。比如，默认的尺寸单位是米制的毫米，如果所绘制图形的单位是英制的英寸，就可以改变尺寸单位环境变量的设置，具体方法在后面章节介绍，在此暂且从略。用户也可以根据需要设置符合自己要求的新标签，具体方法也在后面章节介绍。

（2）模型：AutoCAD 的空间分为模型空间和图纸空间。模型空间是通常绘图的环境，而在图纸空间中，用户可以创建叫作"浮动视口"的区域，以不同视图显示所绘图形。用户可以在图纸空间中调整浮动视口并决定所包含视图的缩放比例。如果选择图纸空间，则可打印多个视图，用户可以打印任意布局的视图。

系统默认打开模型空间，用户可以通过鼠标左键单击选择需要的布局。

8. 状态栏

状态栏在屏幕的底部，左端显示绘图区中光标定位点的坐标（x,y,z），在右侧依次有"推断约束""捕捉模式""栅格显示""正交模式""极轴追踪""对象捕捉""三维对象捕捉""对象捕捉追踪""允许/禁止动态 UCS""动态输入""显示/隐藏线宽""显示/隐藏透明度""快捷特性""选择循环"和"注视监视器"等按钮，如图1-2所示。左键单击这些开关按钮，可以实现这些功能的开关。

9. 状态托盘

状态托盘包括一些常见的显示工具和注释工具，包括模型空间与布局空间转换工具，如图1-7所示，通过这些按钮可以控制图形或绘图区的状态。

图1-7 状态托盘工具

（1）模型或图纸空间：显示模型空间或布局空间。

（2）"快速查看布局"按钮：快速查看当前图形在布局空间的布局。

（3）"快速查看图形"按钮：快速查看当前图形在模型空间的图形位置。

（4）"注释比例"按钮：单击"注释比例"按钮右侧小三角符号，弹出注释比例列表，如图1-8所示，可以根据需要选择适当的注释比例。

（5）"注释可见性"按钮：当图标亮显时，表示显示所有比例的注释性对象；当图标变暗时，表示仅显示当前比例的注释性对象。

（6）"自动添加注释"按钮：注释比例更改时，自动将比例添加到注释对象。

（7）"切换工作空间"按钮：进行工作空间转换。

（8）"锁定"按钮：控制是否锁定工具栏或图形窗口在图形界面上的位置。

（9）"硬件加速"按钮：设定图形卡的驱动程序及设置硬件加速的选项。

（10）"隔离对象"按钮：当选择隔离对象时，在当前视图中显示选定对象，所有其他对象都暂时隐藏；当选择隐藏对象时，在当前视图中暂时隐藏选定对象，所有其他对象都可见。

（11）状态栏菜单下拉按钮：单击该下拉按钮，如图1-9所示，可以选择打开或锁定相关选项位置。

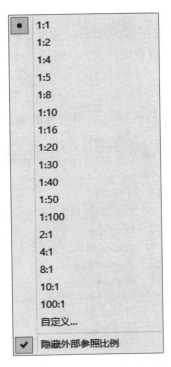

图 1 - 8 注释比例列表

图 1 - 9 状态栏下拉菜单

（12）"全屏显示"按钮：该选项可以清除 Windows 窗口中的标题栏、工具栏和选项板等界面元素，使 AutoCAD 的绘图窗口全屏显示，如图 1 - 10 所示。再次单击该按钮，系统退出全屏。

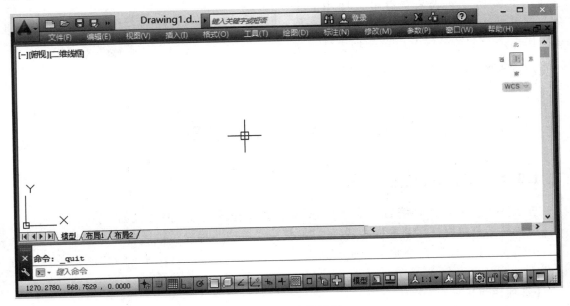

图 1 - 10 全屏显示

10. 滚动条

在 AutoCAD 绘图窗口中的下方和右侧还提供了用来浏览图形的水平和竖直方向的滚动条。在滚动条中单击鼠标或拖动滚动条中的滚动块，用户可以在绘图窗口中沿水平或竖直两个方向浏览图形。

11. 快速访问工具栏

快速访问工具栏在标题栏的左侧区域，可以通过此工具栏完成对常用命令的快速访问。

该工具栏包括"新建""打开""保存""另存为""打印""放弃""重做"和"工作空间"等几个最常用的工具。用户也可以根据需要向快速访问工具栏添加更多的工具，其一般方法是在快速访问工具栏中单击最右侧下拉按钮，接着从弹出的菜单列表中选择所需的命令进行设置，如图 1 - 3 所示。如果为快速访问工具栏添加了相当多的工具，那么超出工具栏最大长度范围的工具会以弹出按钮显示。

12. 菜单浏览器

AutoCAD 提供了一个实用的"菜单浏览器"按钮，位于图形界面的左上角，单击此按钮将打开图 1 - 11 所示的菜单，从中可以搜索命令及访问用于创建、打开、关闭和发布文件的工具。在菜单中，可以使用"最近使用的文档"列表来查看最近使用的文件。菜单浏览器支持对命令的实时搜索，搜索字段显示在菜单的顶部区域，搜索结果可以包括菜单命令、基本工具提示和命令提示文字字符串。

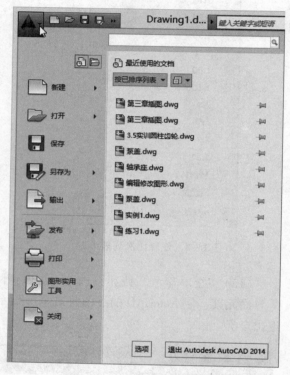

图 1 - 11　"菜单浏览器"菜单

1.3　初始绘图环境设置

1.3.1　图形单位设置

进入 AutoCAD 绘图环境后，需要首先进行图形单位的设置，其步骤如下：

设置显示菜单栏，在菜单栏中选择"格式"→"单位"命令，或者在命令窗口的当前命令行中输入"UNITS"命令并按 Space 键确认，系统弹出图 1 - 12 所示的"图形单位"对话框。

【选项说明】

（1）长度类型：在"长度"选项组的"类型"下拉列表框中设置长度尺寸的类型，可供选择的长度类型选项有"小数""科学""建筑""分数"和"工程"。在机械制图和建筑

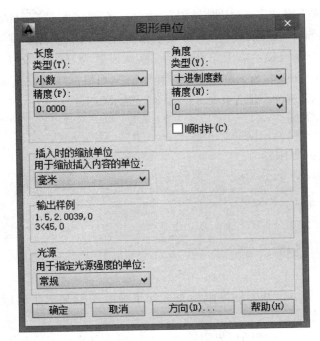

图 1-12 "图形单位"对话框

制图中，常使用"小数"类型的以十进制表示的长度单位。指定长度类型选项后，在"精度"下拉列表框中选择所需的单位精度值，如 0.0000。

（2）角度类型：在"角度"选项组的"类型"下拉列表框中选择角度单位类型，接着在"精度"下拉列表框中选择所需的单位精度值，并可以单击"顺时针"复选框将角度方向由默认的逆时针方向改为顺时针方向。在 AutoCAD 中，系统提供了 5 种角度单位类型选项，即"十进制度数""度/分/秒""弧度""勘测单位"和"百分度"。我国工程界多采用"十进制度数"。

（3）插入时的缩放单位：该选项组中，可以控制插入到当前图形中的块和图形的测量单位。如果块或图形创建时使用的单位与该选项指定的单位不同，则在插入这些块或图形时，将对其按比例缩放。插入比例是源块或图形使用的单位与目标图形使用的单位之比。如果插入块时不按指定单位缩放，则选择"无单位"。

（4）光源：设置用于指定光源强度的单位。

（5）方向：单击该按钮，系统显示"方向控制"对话框，如图 1-13 所示，可以从中设置基准角度。

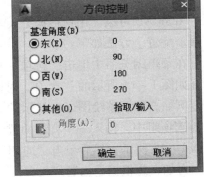

图 1-13 "方向控制"对话框

1.3.2 图形边界设置

默认情况下，系统对绘图范围没有限制，但是为了规范绘图的区域，用户在绘图前通常需要设置图纸的有效范围，即设置图形界限，其方法如下：

在菜单栏中选择"格式"→"图形界限"命令，或者在命令窗口的当前命令行中输入"LIMITS"命令并按 Space 键确认。命令行提示指定左下角点坐标，直接按 Space 键，即选择默认坐标（0，0）；系统提示右上角点坐标，默认设置为（420，297），即 A3 图纸尺寸，如果绘图为 A3 图纸，直接按 Space 键即可，其他情况则根据所选图纸大小进入设置，输入右上角点坐标值后，按 Space 键结束命令。命令行提示如下：

命令：LIMITS

重新设置模型空间界限：

指定左下角点或[开(ON)/关(OFF)] <0.0000,0.0000>:（输入图形边界左下角的坐标后按 Space 键确认）

指定右上角点 <420.0000,297.0000>:（输入图形边界右上角的坐标后按 Space 键确认）

【选项说明】

（1）开（ON）：表示打开图形界限检查，如果所绘图形超出了界限，则系统不绘制此图形并给出相应提示信息。

（2）关（OFF）：表示关闭图形界限检查，此时可在任意位置绘制图形。

在命令行中输入"Z"（zoom）命令，此时命令行提示如下：

命令：ZOOM

指定窗口的角点,输入比例因子(nX 或 nXP),或者

[全部(A)/中心(C)/动态(D)/范围(E)/上一个(P)/比例(S)/窗口(W)/对象(O)] <实时>:

输入"A"，按 Space 键，此时图形界限全部显示在屏幕上。

1.4 配置绘图系统

AutoCAD 可以由用户根据个人习惯、喜好和具体的绘图需要来对系统默认的绘图环境进行重新配置。方法如下：

在菜单浏览器中单击"选项"按钮，或者在菜单栏中选择"工具"→"选项"命令，将打开如图 1-14 所示的"选项"对话框。利用这些选项卡可以设置具体的配置项目。

例如，要调整绘图光标显示的大小，则需要切换到"显示"选项卡，在"十字光标大小"选项组中，输入一个有效的数值，或者拖动文本框右侧的滑块来选定十字光标的大小，如图 1-15 所示，然后单击"应用"按钮即可。

再如，想根据个人喜好设置二维模型空间的背景颜色为白色。可打开"显示"选项卡，在"窗口元素"选项组中单击"颜色"按钮，弹出"图形窗口颜色"对话框，确保"上下文"列表框中的"二维模型空间"选项处于被选中的状态，"界面元素"列表框选为"统一背景"，接着从"颜色"下拉列表框中选择"白"选项，如图 1-16 所示，单击"应用并关闭"按钮，然后在"选项"对话框中单击"确定"按钮。

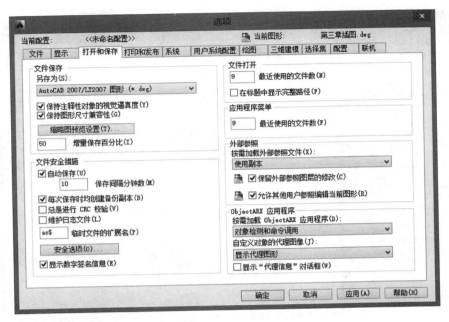

图 1-14 "选项"对话框

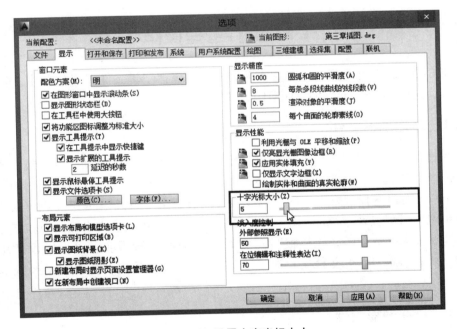

图 1-15 设置十字光标大小

另外，为了防止使用中出现异常，AutoCAD 默认在".dwg"文件保存时自动生成".bak"备份文件，如果不想生成备份文件，可打开"打开和保存"选项卡，取消选择"每次保存时均创建备份副本（B）"，然后单击"确定"按钮。

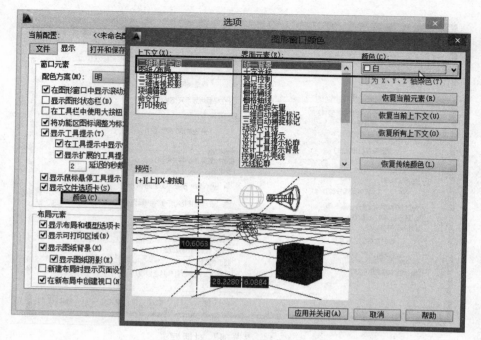

图 1-16   设置空间背景颜色

1.5   文件管理操作

本节将介绍有关文件管理的一些基本操作方法，包括新建文件、打开文件、保存文件、删除文件等，这些都是进行 AutoCAD 操作的基础知识。

1.5.1   新建图形文件

在"快速访问"工具栏中单击"新建"按钮，或者单击"菜单浏览器"按钮并在弹出的菜单中选择"新建"→"图形"命令，系统弹出图 1 – 17 所示的"选择样板"对话框。对于中国的用户，可以选择符合国标的公制样板，然后单击"打开"按钮（也可由用户自己定义"样板图"，详见后续章节内容）。如果单击位于"打开"按钮右侧的下拉按钮，还可以从出现的下拉菜单中选择"无样板"→"打开"→"英制"选项或者"无样板打开"→"公制"选项，从而不使用样板文件来创建一个基于英制测量系统或公制测量系统的新图形文件。

1.5.2   打开图形文件

在 AutoCAD 软件中，打开图形文件的方法主要有下列几种。

（1）单击"快速访问"工具栏中的"打开"按钮 📂。

（2）单击"菜单浏览器"按钮，接着将鼠标移至菜单的"打开"命令处，以展开其下一级菜单，或者在菜单浏览器中单击位于"打开"命令右侧的"展开"按钮▶来打开其下一级菜单，然后选择"图形"命令。

（3）在命令窗口的命令行中输入"OPEN"命令，按 Space 键。

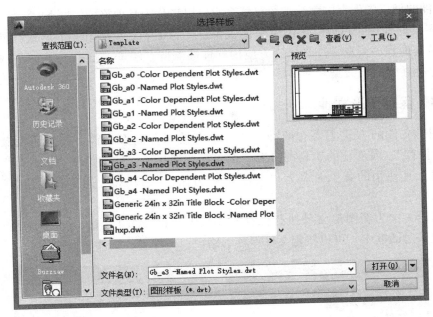

图1-17 选择样板

（4）使用 Ctrl + O 组合键。

执行上述操作工具（命令）后，系统弹出图1-18所示的"选择文件"对话框，选择所需要的图形文件，单击"打开"按钮即可。

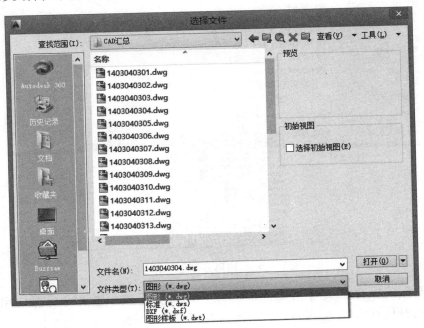

图1-18 "选择文件"对话框

在"文件类型"列表框中，用户可选".dwg"文件、".dws"文件、".dxf"文件和".dwt"文件。".dwg"是 AutoCAD 的图形文件，是 AutoCAD 软件的专用文件格式，一般机械 CAD 软件的加工图保存的都是这个格式，它可以转化为其他格式。".dws"主要在图层转换（laytrans）时使用，可以保留图层映射关系。".dxf"文件是用文本形式存储的图形文件，能够被其他程序读取，许多第三方应用软件都支持".dxf"文件。".dwt"文件是包含标准图层、标注样式、线型和文字样式的样板文件。

1.5.3　保存图形文件

保存图形文件的方式主要有两种：一种是直接保存图形文件，其使用的菜单命令为"文件"→"保存"，其对应的工具按钮为"保存"按钮；另一种则是以"另存为"的方式保存图形文件，其使用的菜单命令为"文件"→"另保存"，其对应的工具按钮为"另存为"按钮。

如果是第一次为新图形文件执行保存操作，则会打开图 1-19 所示的"图形另存为"对话框。在该对话框中，可以指定文件保存的路径、文件名、文件类型等。

图 1-19　"图形另存为"对话框

AutoCAD 默认保存的文件格式为".dwg"格式。注意，如果以后想使用低版本的 AutoCAD 来打开保存的文件，则需要将图形文件保存为某低版本格式的文件。

1.5.4　关闭图形文件

在不退出 AutoCAD 软件的情况下，关闭当前活动图形文件的方法主要有以下几种：

（1）单击当前图形文件的"关闭"按钮，或者按 Alt + F4 组合键。

（2）在菜单栏中选择"文件"→"关闭"命令，或者选择"窗口"→"关闭"命令。

（3）单击"菜单浏览器"按钮，接着从菜单浏览器中选择"关闭"命令，或展开"关闭"命令的下一级菜单，并从中选择"当前图形"命令。

（4）在命令窗口的命令行中输入"CLOSE"，按 Space 键。

如果要一次关闭打开的所有（多个）图形文件，则可以在菜单栏中选择"窗口"→"全部关闭"命令；或者单击"菜单浏览器"按钮，并在菜单中展开"关闭"命令的下一级菜单，然后选择"所有图形"命令，如图 1 - 20 所示。

在关闭文件之前，倘若用户对图形内容进行了修改而未及时执行保存操作，那么在执行文件关闭操作的过程中，系统会弹出图 1 - 21 所示的对话框，询问是否将改动保存到指定文件。

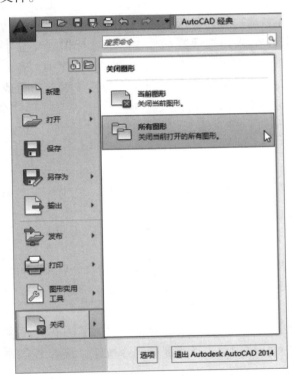

图 1 - 20　关闭当前打开的所有图形

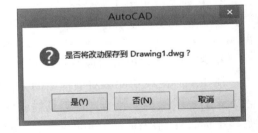

图 1 - 21　询问是否保存文件

1.6　AutoCAD 操作基础

1.6.1　命令的执行方式

在 AutoCAD 中，命令执行的输入方式有很多种，用户可根据自己的操作习惯来灵活选择适合自己的命令输入方式。实践证明，在很多场合，多种输入方式的巧妙混合使用能在一定程度上提高设计效率。

1. 在命令行窗口中输入命令

在命令行窗口中输入所需工具的命令，按 Space 键、Enter 键或鼠标右键，然后根据系统提示进一步完成绘图设置。

命令字符可不区分大小写。例如，要绘制一条直线，如图 1 – 22 所示，在命令行中输入"LINE"，按 Space 键，接着在命令行中输入"0，0"，按 Space 键确认第一点，再输入"150，90"并按 Space 键确认第二点，从而由指定的两点绘制一条直线段。

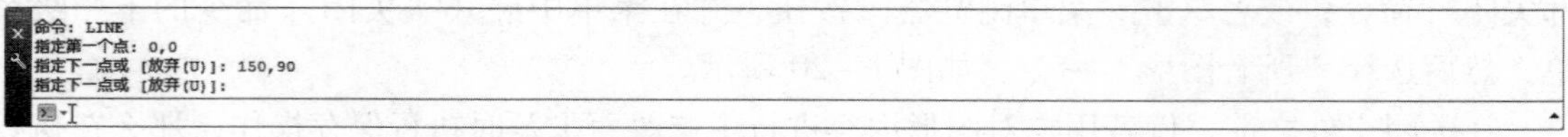

```
命令: LINE
指定第一个点: 0,0
指定下一点或 [放弃(U)]: 150,90
指定下一点或 [放弃(U)]:
```

图 1 – 22　在命令行中输入命令及参数

在命令行中输入命令后，需要了解当前命令行出现的文字提示信息。在文字提示信息中，"[ ]"中的内容为可供选择的选项，具有多选项时，各选项之间用"/"符号来隔开，如果要选择某个选项时，则可以在当前命令行中输入该选项圆括号中的选项标识（亮显字母），也可以使用鼠标在命令行中单击提示选项以选择它。在执行某些命令的过程中，若命令提示信息的最后有一个尖括号"<>"，该尖括号内的值或选项即为当前系统默认的值或选项，此时，若直接按 Space 键，则表示接受系统默认的当前值或选项。

例如，在命令行输入"ZOOM"并按 Space 键，接着输入"A"以选择"全部"选项，如图 1 – 23 所示，最后按 Space 键确认。

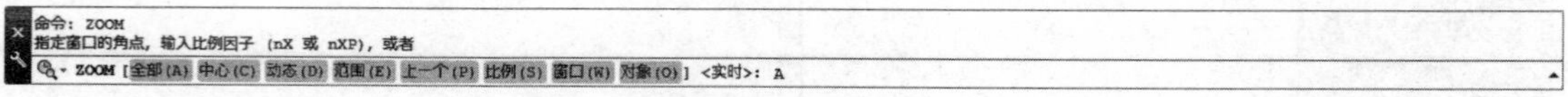

```
命令: ZOOM
指定窗口的角点，输入比例因子 (nX 或 nXP)，或者
 ZOOM [全部(A) 中心(C) 动态(D) 范围(E) 上一个(P) 比例(S) 窗口(W) 对象(O)] <实时>: A
```

图 1 – 23　执行显示全部的操作

2. 在命令行窗口中输入命令缩写

为了提高输入效率，也可直接在命令行窗口中输入命令缩写，如 L（line）、C（circle）、A（arc）、Z（zoom）、R（redraw）、M（more）、CO（copy）、PL（pline）、E（erase）等。

3. 单击工具栏中的对应图标按钮

使用工具栏或功能区对话框中的工具按钮进行制图，是较为直观的一种输入方式。该输入方式的一般操作步骤是，在工具栏或功能区对话框中单击所需要的命令按钮，接着结合键盘与鼠标，并利用命令行辅助执行余下的操作。

例如，在"绘图"工具栏中单击"多边形"按钮⬠，接着根据命令行提示进行如下操作即可绘制一个正五边形。

命令行提示如下：

命令：POLYGON
输入侧面数 < 4 >:5
指定正多边形的中心点或[边(E)]:60,60
输入选项[内接于圆(I)/外切于圆(C)] < I >:
指定圆的半径:20

4. 选择菜单命令

通过选择菜单栏中的相关命令或通过鼠标右键快捷菜单中的相关命令来操作，接着结合命令行提示来完成余下操作步骤。

例如，要在图形区域绘制一个圆，该圆半径为60，圆心位置为（30,50）。绘制步骤如下：

（1）从图1-24所示的"绘图"菜单中选择"圆"→"圆心、半径"命令。

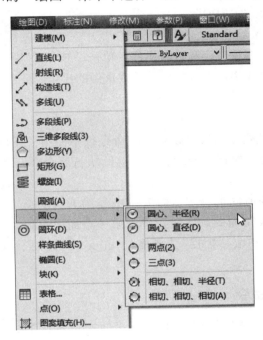

图1-24　选择菜单命令

（2）根据命令行提示进行如下操作。

```
命令:CIRCLE
指定圆的圆心或[三点(3P)/两点(2P)/相切、相切、半径(T)]:30,50
指定圆的半径或[直径(D)]:60
```

所绘制圆的效果如图1-25所示。

1.6.2　命令的重复、撤销与重做

1. 命令的重复

在命令行窗口中按 Enter 键或 Space 键，可重复调用上一个命令，不管上一个命令是完成了还是被取消了。

2. 命令的撤销

在命令执行的任何时刻都可以取消或终止命令的执行，执行方式有以下三种：

（1）从菜单栏中执行"编辑"→"放弃"命令。

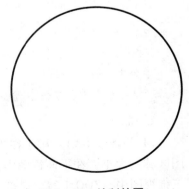

图1-25　绘制的圆

（2）在命令行中输入"UNDO"。

（3）快捷键：Esc 键。

3. 命令的重做

已被撤销的命令还可以恢复重做（注意，是恢复撤销的最后一个命令），执行方式有以下三种：

（1）从菜单栏中执行"编辑"→"重做"命令。

（2）在命令行中输入"REDO"。

（3）快捷键：Ctrl + Y 组合键。

该命令可以一次执行多重放弃和重做操作。单击"UNDO"或"REDO"按钮右侧的下拉按钮，在弹出的下拉列表中可以选择要放弃或重做的操作。

1.6.3 透明命令

在 AutoCAD 中，有些命令不仅可以直接在命令行中使用，还可以在其他命令的执行过程中插入并执行，待该命令执行完毕后，系统继续执行原命令，这种命令称为透明命令。

透明命令一般多为修改图形设置或打开辅助绘图工具的命令。比如，在利用"直线"命令画线时，单击第一点而没有单击下一点的情况下，可以更改"捕捉""栅格""正交""极轴"等状态。

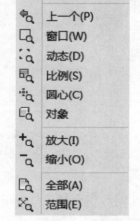

	实时(R)
	上一个(P)
	窗口(W)
	动态(D)
	比例(S)
	圆心(C)
	对象
	放大(I)
	缩小(O)
	全部(A)
	范围(E)

1.6.4 视图缩放命令

视图缩放命令用来改变视图的显示比例，以便操作者在不同的比例下观察图形。缩放工具菜单如图 1 – 26 所示。

1. 命令的调用方法有如下几种

（1）从菜单中执行"视图"→"缩放"命令。

（2）通过单击"标准"工具条中的"缩放"按钮 来调用。

（3）在命令行中输入"Z"(zoom)，按 Space 键。

（4）使用鼠标滚轮。

执行命令后，命令行提示如下：

图 1 – 26　缩放工具菜单

```
命令:ZOOM(执行缩放命令)
指定窗口的角点,输入比例因子(nX 或 nXP),或者
[全部(A)/中心(C)/动态(D)/范围(E)/上一个(P)/比例(S)/窗口(W)/对象(O)]
<实时>:(选择窗口缩放形式)
```

2. 选项说明

（1）全部（A）：用于在当前视口中显示整个图形，大小取决于图形界限设置或有效绘图区域的大小。在平面视图中，将图形缩放到栅格界限或当前范围两者中较大的区域中；在三维视图中，ZOOM 的"全部"选项与它的"范围"选项等价。即使图形超出了栅格界限，也能显示所有对象。

（2）中心（C）：中心点缩放，即指定一点作为视图显示的中心点，再指定比例因子或窗口高度，以确定视图的缩放。命令行继续提示如下信息：

指定中心点：	（指定点）
输入比例或高度＜当前值＞：	（输入值或按 Space 键默认当前值）

指定窗口高度是要指定新视图视窗的高度，尖括号中的数值是原来视窗的高度。缩放比例＝原来视窗高度/指定高度。指定高度小于原来视窗高度时增大，否则缩小。

（3）动态（D）：动态缩放是通过定义一个视图框来显示选定的图形区域，并且用户可以移动视图框和改变视图框的大小。进入动态缩放模式时，在屏幕中将显示一个带"×"的矩形方框，该矩形框表示新的窗口，移动鼠标可以确定矩形框的大小。单击鼠标左键，此时选择窗口中心的"×"消失，显示一个位于右边框的方向箭头，拖动鼠标可以改变选择窗口的大小，以确定选择区域大小，最后按下 Space 键，即可缩放图形。

（4）范围（E）：该选项将图形在视口内最大限度地显示出来。由于它总是引起视图重生成，所以不能透明执行。

（5）上一个（P）：缩放显示上一个视图。最多可恢复此前的 10 个视图。

（6）比例（S）：以指定的比例因子缩放显示。

（7）窗口（W）：缩放显示由两个角点定义的矩形窗口框定的区域。

（8）对象（O）：通过缩放，以便尽可能大地显示一个或多个选定的对象并使其位于绘图区域的中心。可以在启动 ZOOM 命令之前或之后选择对象。

（9）实时：该选项用于交互缩放当前图形窗口。选择该项后，光标变为带有加号"＋"和减号"－"的放大镜，按住光标向上移动将放大视图，按住光标向下移动将缩小视图。

1.6.5　视图平移命令

平移视图命令不改变显示窗口的大小、图形中对象的相对位置和比例，只是重新定位图形的位置。就像一张图纸放在面前，可以来回移动图纸，把要观察的部分移到眼前一样，使图中的特定部分位于当前的视区中，以便查看图形的不同部分。用户除了可以左、右、上、下平移视图外，还可以使用实时平移和定点平移两种模式。

1. 实时平移

实时平移命令的调用方法有以下 4 种：

（1）菜单命令：单击"视图"→"平移"→"实时"。

（2）通过单击"标准"工具条中的"实时平移"按钮 🖐。

（3）在命令行中输入"P"（pan），按 Space 键。

（4）按住鼠标中键实现平移。

启动实时平移命令后，光标变为手形光标，按住鼠标上的拾取键可以锁定光标于相对视口坐标系的当前位置，图形显示随光标向同一方向移动。当显示到所需的部位时，释放拾取键则停止平移，用户可根据需要调整鼠标，以便继续平移图形。

任何时候要停止平移，按 Esc 键或 Space 键即可结束操作。

2. 定点平移

定点平移的调用方法如下：

菜单命令：单击"视图"→"平移"→"定点"。

该模式可通过指定基点和位移值来移动视图。按命令行的提示，给定两个点的坐标或在屏幕上拾取两个点，AutoCAD 会计算出这两个点之间的距离和移动方向，相应地，把图形移到指定的位置。

1.6.6 选取对象的方式

要在 AutoCAD 中编辑图形，首先要选择图形，针对图形对象的复杂程度或选取对象数量的不同，有多种选择对象的方法，下面介绍几种常用的对象选择方法。

1. 点选对象

该方法也被称为直接选取，是最常用的对象选取方法。用户可以直接将光标拾取框移动到要选取的对象上，并单击左键，即可完成对象的选取操作。

选择一个对象后，可以继续选择其他的对象，所选的多个对象成为一个选择集。

如果要取消选择其中的某些对象，可以按住 Shift 键的同时单击要取消选择的对象。

2. 窗选对象

窗选对象是通过鼠标拖动生成一个矩形区域，对区域内的对象进行选择。根据拖动方向的不同，窗选又分为窗口选择和窗交选择。

（1）窗口选择。

窗口选择又称为"左框选"，使用该方法选取对象时，按住鼠标左键，自左向右拉，此时绘图区将会出现一个实线的蓝色矩形框，如图 1−27（a）所示；释放鼠标后，完全包含在矩形框中的对象才会被选取，而只有一部分进入矩形框中的对象将不会被选取，如图 1−27（b）所示。

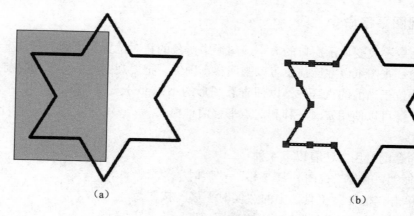

（a）　　　　　　　　　　　（b）

图 1−27　窗口选择

（a）选择对象；（b）选择后的效果

（2）窗交选择。

窗交选择又称为"右框选"，使用该方法选取对象时，按住鼠标左键，自右向左拉，此时绘图区将会出现一个虚线的绿色矩形框，如图 1−28（a）所示；释放鼠标后，只要是虚线框经过的地方，实体无论与其相交或包含在框内，均被选中，如图 1−28（b）所示，圆和矩形均被选中。

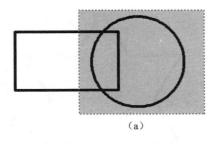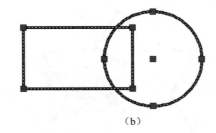

（a）　　　　　　　　　　　　　　　（b）

图 1 - 28　窗交选择

（a）选择对象；（b）选择后的效果

3. 围选对象

围选对象是根据需要自行绘制不规则的选择范围，包括圈围和圈交两种方法。

（1）圈围选择。

在命令行输入"SELECT"并按 Space 键确认，输入"WP"并按 Space 键确认，即可进入圈围选择模式。

圈围是一种多边形窗口选择方法，与窗口选择对象的方法类似，不同的是，圈围方法可以构成任意形状的多边形，如图 1 - 29（a）所示。完全包含在多边形区域内的对象才能被选中，如图 1 - 29（b）所示，虚线部分为被选择的部分。

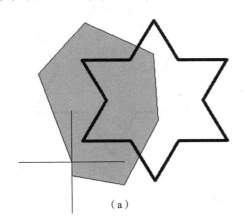

（a）　　　　　　　　　　　　　　　（b）

图 1 - 29　圈围选择

（a）选择对象；（b）选择后的效果

（2）圈交对象选择。

在命令行输入"SELECT"并按 Space 键确认，输入"CP"并按 Space 键确认，即可进入圈交选择模式。

圈交是一种多边形窗交选择方法，与窗交选择对象的方法类似，不同的是，圈交使用多边形边界框选图形，如图 1 - 30（a）所示。部分或全部处于多边形范围内的图形都将被选中，如图 1 - 30（b）所示，虚线部分为被选择的部分。

4. 栏选对象

在命令行输入"SELECT"并按 Space 键确认，输入"F"并按 Space 键确认，即可进入栏选模式。

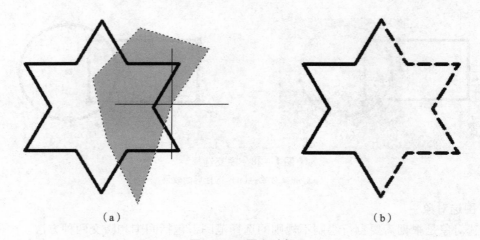

（a）　　　　　　　　　　　　　　　（b）

图 1 – 30　圈交对象

（a）选择对象；（b）选择后的效果

该方式与圈交选择模式类似，但它不用围成一个封闭的多边形。执行该方式时，与围线相交的图形均被选中，如图 1 – 31 所示。

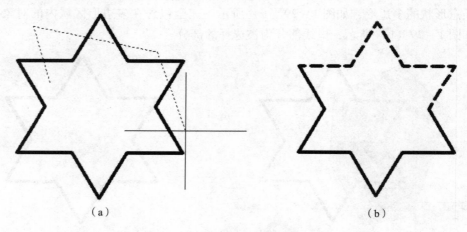

（a）　　　　　　　　　　　　　　　（b）

图 1 – 31　栏选对象

（a）选择对象；（b）选择后的效果

1.6.7　重画和重生成命令

1. 重画

在图形编辑过程中，删除一个图形对象时，其他与之相交或重合的图形对象从表面上看也会受到影响，留下对象的拾取标记，或者在作图过程中可能会出现光标痕迹。用"重画"命令刷新可达到图纸干净的效果，清除这些临时标记。

重画命令的调用方法有以下两种：

（1）菜单命令：单击"视图"→"重画"。

（2）在命令行中输入"R"（redraw），按 Space 键。

这个命令是透明命令，并且可以同时更新多个视口。

2. 重生成

为了提高显示速度，图形系统采用虚拟屏幕技术保存了当前最大显示窗口的图形矢量信息。由于曲线和圆在显示时分别是用折线和正多边形矢量代替的，相对于屏幕较小的圆，多边形的边数也较少，因此放大之后就显得很不光滑。重生成即按当前的显示窗口对图形重新进行裁剪、变换运算，并刷新帧缓冲器，因此不但图纸干净，而且曲线也比较光滑。

重生成与重画在本质上是不同的，利用重生成命令可以重生成屏幕，此时系统从磁盘中调用当前图形的数据，比重画命令执行的速度慢，更新屏幕花费时间较长。

1.7　图　层　设　置

AutoCAD 中的图层就如同在手工绘图中使用的重叠透明图纸，如图 1 - 32 所示，可以使用图层来组织不同类型的信息。在 AutoCAD 中，图形的每个对象都位于一个图层上，所有图形对象都具有图层、颜色、线型和线宽这 4 个基本属性。在绘图过程中，使用图层是一种最基本的操作，也是最有利的工作之一，它对图形文件中各类实体的分类管理和综合控制具有重要的意义。归纳起来主要有以下特点：

（1）大大节省了存储空间。

（2）能够统一控制同一图层对象的颜色、线条宽度、线型等属性。

（3）能够统一控制同类图形实体的显示、冻结等特性。

（4）在同一图形中可以建立任意数量的图层，并且同一图层的实体数量也没有限制。

（5）各图层具有相同的性质、绘图界限及显示时的缩放倍数，可同时对不同图层上的对象进行编辑操作。

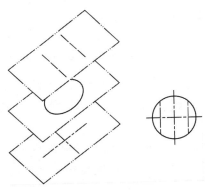

图 1 - 32　图层效果

图层的含义

在用图层功能绘图之前，首先要对图层的各项特性进行设置，包括建立和命名图层、设置当前图层，以及设置图层的颜色和线型、图层是否关闭、是否冻结、是否锁定及是否打印等。

本节主要对图层的这些相关操作进行介绍。

1.7.1　创建图层

新建的 CAD 文档中只能自动创建一个名为"0"的特殊图层。默认情况下，图层 0 将被指定使用 7 号颜色、Continuous 线型、"默认"线宽及 Normal 打印样式。不能删除或重命名图层 0。通过创建新的图层，可以将类型相似的对象指定给同一个图层，使其相关联。例如，可以将构造线、文字、标注和标题栏置于不同的图层上，并为这些图层指定通用特性。通过将对象分类放到各自的图层中，可以快速、有效地控制对象的显示及对其进行更改。

1. 命令调用

（1）从菜单中执行"格式"→"图层"命令。

（2）单击"图层"工具条中的"图层特性管理器"按钮 。

（3）在命令行中输入"LA"（layer），按 Space 键。

2. 操作步骤

执行上述命令后，系统打开"图层特性管理器"对话框，如图 1-33 所示。

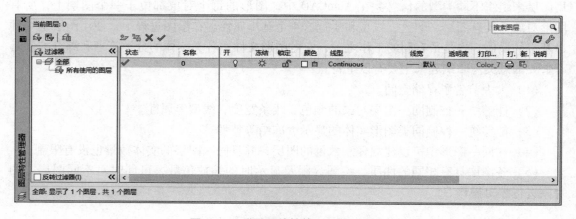

图 1-33 "图层特性管理器"对话框

在"图层特性管理器"对话框中单击"新建图层"按钮 ，在图层的列表中将出现一个名称为"图层 1"的新图层。默认情况下，新建图层与当前图层的状态、颜色、线型、线宽等设置相同。如果要更改图层名称，可单击该图层名，或者按 F2 键，然后输入一个新的图层名并按 Enter 键即可。

在一个图形中可以创建的图层数及在每个图层中可以创建的对象数实际上是无限的。图层最长可使用 255 个字符（字母或数字）命名，图层特性管理器按其名称的字母顺序排列图层。

【注意】

如果要建立多个图层，无须重复单击"新建"按钮，更有效的方法是在建立一个新的图层"图层 1"后，改变图层名，在其后输入一个逗号"，"，这样就又会自动建立一个新图层"图层 1"；改变图层名，再输入一个逗号，又一个新的图层建立了，依此类推，即可建立多个图层。另外，按两次 Enter 键，也可建立另一个新的图层。

在图层属性设置中，主要涉及图层名称、关闭/打开图层、冻结/解冻图层、锁定/解锁图层、图层线条颜色、图层线条线型、图层线条宽度、图层打印样式及图层是否打印等参数。下面将分别讲述如何设置这些图层参数。

1.7.2　设置图层特性

在"图层特性管理器"对话框中，其图层特性包括"颜色""线型""线宽"等。同样，在图层的"特性"工具栏中，当前图层的特性也会显示其中，如图 1 – 34 所示。

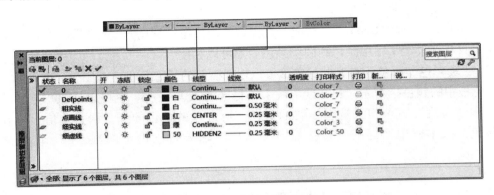

图 1 – 34　图层特性

1. 设置图层线条颜色

在工程制图中，整个图形包含多种不同功能的图形对象，如实体、剖面线与尺寸标注等。为了便于直观地区分它们，有必要针对不同的图形对象使用不同的颜色，例如实体使用白色、尺寸标注使用绿色等。

要改变图层的颜色时，单击图层所对应的颜色图标，弹出"选择颜色"对话框，如图 1 – 35 所示。这是一个标准的颜色设置对话框，其中包括"索引颜色""真彩色"和"配色系统" 3 个标签。选择不同的标签，即可针对颜色进行相应的设置。

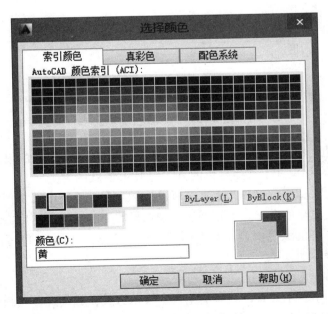

图 1 – 35　"选择颜色"对话框

（1）"索引颜色"标签：打开此标签，可以在系统所提供的 255 色索引表中选择所需要的颜色，如图 1 – 35 所示。

①"颜色索引"列表框：依次列出了 255 种索引色，可在此选择所需要的颜色。

②"颜色"文本框：所选择的颜色显示在"颜色"文本框中，也可以直接在该文本框中输入自己设定的颜色值来选择颜色。

③"ByLayer"和"ByBlock"按钮：选择这两个按钮，颜色分别按图层和图块设置。这两个按钮只有在设定了图层颜色和图块颜色后才可以利用。

（2）"真彩色"标签：打开此标签，可以选择需要的任意颜色，如图 1 – 36 所示。可以拖动调色板中的颜色指示光标和亮度滑块来选择颜色及其亮度。也可以通过"色调""饱和度"和"亮度"调节钮来选择需要的颜色。所选择的颜色的红、绿、蓝值显示在下面的"颜色"文本框中，也可以直接在该文本框中输入自己设定的红、绿、蓝值来选择颜色。

图 1 – 36 "真彩色"标签

在此标签的右边，有一个"颜色模式"下拉列表框，默认的颜色模式为 HSI 模式，如果选择 RGB 模式，在该模式下选择颜色的方式与 HSL 模式的下类似。

（3）"配色系统"标签：打开此标签，可以从标准配色系统中选择预定义的颜色，如图 1 – 37 所示。可以在"配色系统"下拉列表框中选择需要的系统，然后拖动右边的滑块来选择具体的颜色，所选择的颜色值显示在下面的"颜色"文本框中；也可以直接在该文本框中输入颜色值来选择颜色。

2. 设置图层线型

线型是指作为图形基本元素的线条的组成和显示方式，如实线、点画线等。在绘图工作中，常常以线型划分图层。为某一个图层设置适合的线型后，在绘图时，只需将该图层设为当前工作层，即可绘制出符合线型要求的图形对象，极大地提高了绘图的效率。

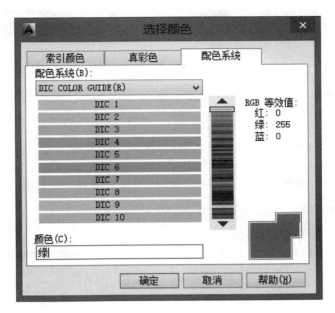

图 1 – 37 "配色系统"标签

单击图层所对应的线型图标，弹出"选择线型"对话框，如图 1 – 38 所示。默认情况下，在"已加载的线型"列表框中，系统只列出了 Continuous 线型。单击"加载"按钮，打开如图 1 – 39 所示的"加载或重载线型"对话框，可以看到 AutoCAD 还提供了许多其他的线型，选择所需线型，然后单击"确定"按钮，即可把该线型加载到"选择线型"对话框的"已加载的线型"列表框中。

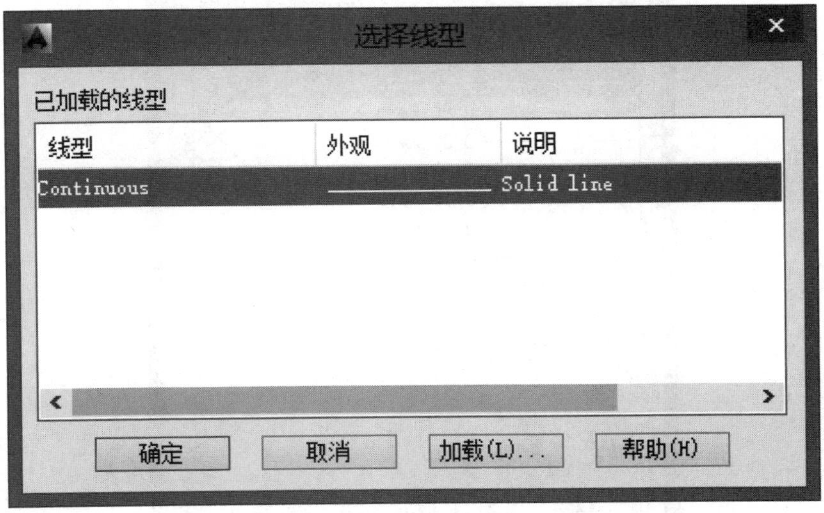

图 1 – 38 "选择线型"对话框

【提示】

按住 Ctrl 键可以选择几种线型同时加载。

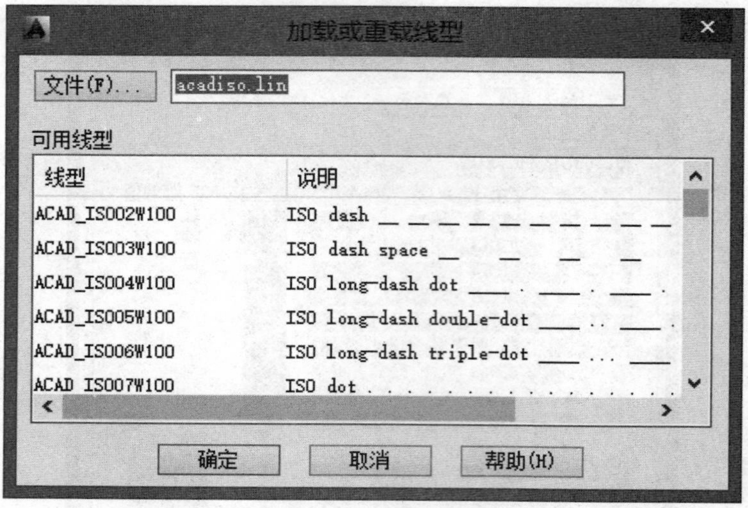

图 1 - 39 "加载或重载线型"对话框

3. 设置图层线宽

顾名思义，线宽设置就是改变线条的宽度。用不同宽度的线条表现图形对象的类型，可以提高图形的表达能力和可读性。例如，绘制外螺纹时，大径使用粗实线，小径使用细实线。

单击图层所对应的线宽图标，弹出"线宽"对话框，如图 1 - 40 所示。选择一种线宽，单击"确定"按钮，即可完成对图层线宽的设置。

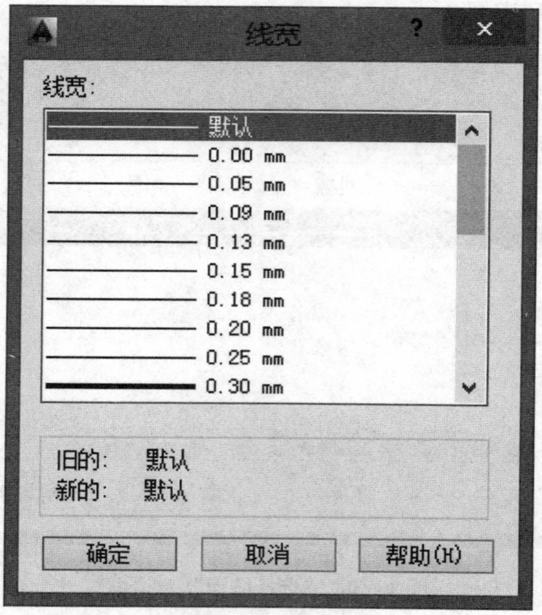

图 1 - 40 "线宽"对话框

线宽的默认值为 0.25 mm。当布局标签显示为"模型"状态时，显示的线宽同计算机的像素有关。当线宽为 0.00 mm 时，显示为 1 像素的线宽。单击状态栏中的"线宽"按钮，屏幕上显示的图形线宽与实际线宽成一定比例，但线宽不随着图形的放大和缩小而变化。当"线宽"功能关闭时，将不显示图形的线宽，而以默认的宽度值显示。用户可以在"线宽"对话框中选择需要的线宽。

1.7.3 设置图层状态

在"图层特性管理器"对话框中，其图层状态包括图层的"打开/关闭""冻结/解冻""锁定/解锁"等。此外，在"图层"工具栏中，用户还可以设置并管理各图层的特性，如图 1 –41 所示。

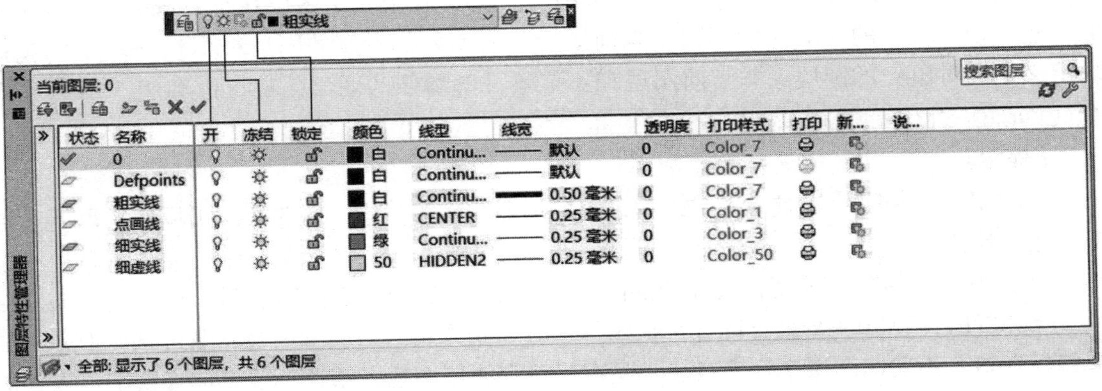

图 1 –41 图层状态

1. "打开/关闭"图层

在"图层"工具栏的列表框中单击相应图层的小灯泡图标，可以打开或关闭图层的显示与否。在打开状态下，灯泡的颜色为黄色，该图层的对象将显示在视图中，也可以在"输出设置"上打印；在关闭状态下，灯泡的颜色转为灰色，该图层的对象不能在视图中显示出来，也不能打印出来。

2. "冻结/解冻"图层

在"图层"工具栏的列表框中单击相应图层的太阳图标或雪花图标，可以冻结或解冻图层。当图层被冻结时，显示为雪花图标，其图层的图形对象不能被显示和打印出来，也不能编辑或修改图层上的图形对象；当图层被解冻时，显示为太阳图标，此时图层上的对象可以被编辑。

3. "锁定/解锁"图层

在"图层"工具栏的列表框中单击相应图层的小锁图标，可以锁定或解锁图层。当图层被锁定时，显示为锁定图标，此时不能编辑锁定图层上的对象，但仍然可以在锁定的图层上绘制新的图形对象。

【提示】

关闭图层与冻结图层的区别在于：冻结图层可以减少系统重生成图形的计算时间。若用户的计算机性能较好，并且所绘制的图形较为简单，则一般不会感觉到图层冻结的优越性。

4. 设置打印

打印样式可以应用于对象或图层。更改图层的打印样式可以替换对象的颜色、线型和线宽，以至于修改打印图形的外观。

在"图层特性管理器"对话框中，在相应图层的"打印"位置单击"打印"按钮 ⊜，则可以变为不打印状态；再次单击该按钮，则又还原为打印状态。

1.7.4　删除图层

用户在绘制图形的过程中，若发现有一些没有使用的图层，可以通过"图层特性管理器"对话框选择要删除的图层，然后单击"删除图层"按钮 ✖ 或按 Alt + D 组合键即可。如果要同时删除多个图层，可以配合 Ctrl 键或 Shift 键来选择多个连续或不连续的图层。

在删除图层的时候，只能删除未参照的图层。参照图层包括图层 0 及 Defpoints、包含对象（包括块定义中的对象）的图层、当前图层和依赖外部参照的图层；不包含对象（包括块定义中的对象）的图层、非当前图层和不依赖外部参照的图层，都可以利用"清理"命令（Purge）进行删除。

【提示】

有时用户在删除图层时，系统提示该图层不能删除等信息，这时用户可以使用以下几种方法进行删除。

（1）将无用的图层关闭，选择全部内容，按 Ctrl + C 组合键执行复制命令，然后新建一个 . dwg 文件，按 Ctrl + V 组合键进行粘贴，这时那些无用的图层就不会粘贴过来。但是，如果曾经在这个不要的图层中定义过块，又在另一个图层中插入了这个块，那么这个不需要的图层是不能用这种方法删除的。

（2）选择需要留下的图层，执行"文件"→"输出"菜单命令，确定文件名，在"文件类型"中选择"块 . dwg"选项，然后单击"保存"按钮，这样的块文件就是选中部分的图形了。如果这些图形中没有指定的层，这些层也不会被保存在新的块图形中。

（3）打开一个 CAD 文件，先关闭要删除的层，只留下用户需要的可见图形，选择"文件"→"另存为"菜单命令，确定文件名，在"文件类型"中选择" ∗ . dxf"选项，在弹出的对话框中选择"工具"→"选项"→"DXF"选项，再选择选项对象，然后依次单击"确定"和"保存"按钮，此时就可以选择保存的对象了，将可见或要用的图形进行选择即可。保存后退出刚保存的文件，再打开该文件查看，会发现不需要的图层已经被删除了。

（4）用 LAYTRANS 命令将需要删除的图层映射为"0"图层即可，这个方法可以删除具有实体对象或被其他块嵌套定义的图层。

1.7.5　设置当前图层

在 AutoCAD 中绘制图形对象，都是在当前图层中进行的，并且所绘制图形对象的属性也将继承当前图层的属性。将图层设置为当前图层，可以使用以下方法。

（1）在"图层特性管理器"对话框中选择一个图层，单击"置为当前"按钮 ✔，即可将该图层置为当前图层，并在图层名称前面显示 ✔ 标记，如图 1 – 42 所示。

（2）在"图层"对话框的"图层控制"下拉列表框中选择设置为当前的图层，如图 1 – 43 所示。

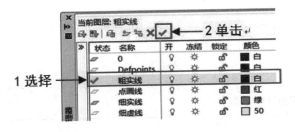

图 1-42　设置当前图层

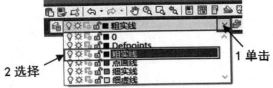

图 1-43　选择图层

（3）在"图层"面板中单击"将对象的图层设为当前图层"按钮 🖢，然后使用鼠标选择指定的对象，即可将选择的图形对象置为当前图层。

（4）在命令行输入 LAYMCUR 命令，根据命令行的提示，选择需要置为当前图层上的图形对象。

例如，当前图层为"粗实线"，执行该命令后，选择"细实线"图层上的任何一个对象，即可快速地将"细实线"图层置为当前层。

1.7.6　转换图层

对象的图层转换，是指将一个图层中的图形转换到另一个图层中。例如，将图层 1 中的图形转换到图层 2 中，被转换后的图形颜色、线型、线宽等将拥有图层 2 的特性。

在选择对象时，如果需要选择同一图层上的所有对象，可以使用 Select 命令，或者在绘图区右击鼠标，在弹出的快捷菜单中选择"快速选择"命令，如图 1-44 所示，系统将弹出"快速选择"对话框，如图 1-45 所示，然后根据不同的要求设置不同的参数，即可快速选择同一图层、同一颜色、同一线型等的对象。

图 1-44　右键快捷菜单

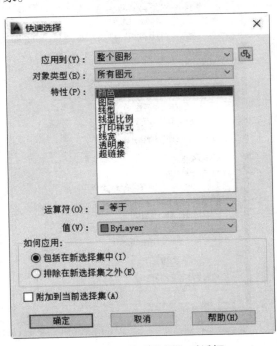

图 1-45　"快速选择"对话框

1.8 课 堂 实 训

根据表 1 - 2 中的要求创建图层。

表 1 - 2 创建图层设置要求

图线名称	颜色	线型	线宽/mm
粗实线	白	Continuous	0.5
细实线	白	Continuous	0.25
虚线	洋红	Hiddenx2	0.25
中心线	红	Center	0.25
尺寸线	绿	Continuous	0.25
剖面线	蓝	Continuous	0.25

可参考 1.7 节内容自行设置。

1.9 课 后 练 习

根据 1.4 节所学内容，参考图 1 - 46 所示，对系统的绘图环境进行重新配置：

（1）将文件的保存格式设置为 AutoCAD 2004。

（2）将自动保存当前处理文件的时间间隔设置为 10 min。

（3）调整十字光标、拾取框的大小并设置背景颜色。

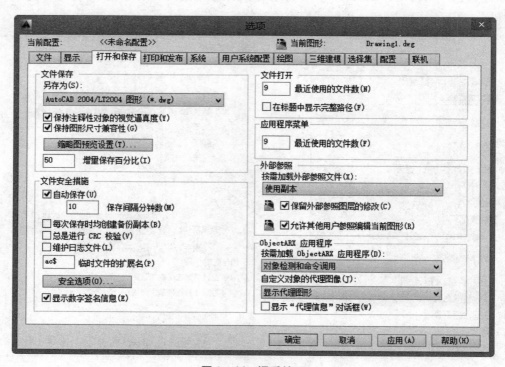

图 1 - 46 课后练习

操作步骤如下：

（1）在菜单浏览器中单击"选项"按钮，弹出"选项"对话框，然后切换至"打开和保存"选项卡，如图 1 - 46 所示。在"文件保存"选项组中，选择下拉菜单中的"Auto-CAD 2004/LT2004 图形（＊dwg）"选项。

（2）在"文件安全措施"选项组中选择"自动保存"复选框，并在其下的文本框中设置"保存间隔分钟数"为 10，表示文件每隔 10 min 即自动保存一次，最后单击"确定"按钮完成上述设置。

（3）切换到"显示"选项卡，通过改变"十字光标大小"选项组中的数值，调整光标的大小；切换到"选择集"选项卡，找到"拾取框大小"选项组，通过左右滑动改变拾取框的大小；切换到"显示"选项卡，在"窗口元素"选项组中选择"颜色"选项，通过修改"统一背景"中的颜色，进行背景颜色的设置。

如何调整十字光标、
拾取框的大小？如何
改变背景颜色？

第 2 章 精确绘图工具

在 AutoCAD 软件中，为了精确绘制图形，系统提供了多种绘图辅助工具。这些辅助工具能够帮助用户快速、准确地定位某些特殊点和特殊位置。例如，利用坐标可轻松定位点，利用捕捉功能可控制光标的移动，利用正交和极轴追踪功能可绘制水平、垂直或倾斜直线等。

2.1 使用坐标系

使用 AutoCAD 绘图时，尽管可以通过移动光标来定位点，但很难精确地移动到特殊的指定点。为了提高绘图的精度和效率，通常使用直接输入点的坐标值等方式来定位点。

2.1.1 坐标系简介

1. 世界坐标系

世界坐标系（World Coordinate System，WCS）是 AutoCAD 的基础坐标系统，它由相互垂直相交的坐标轴 X、Y 和 Z 轴组成。在绘制和编辑图形的过程中，WCS 是预设的坐标系，其坐标原点和坐标轴都不会改变。

默认情况下，X 轴以水平向右为正方向，Y 轴以垂直向上为正方向，Z 轴以垂直屏幕向外为正方向，坐标原点在绘图区左下角，世界坐标轴的交汇处显示方形标记"□"，如图 2-1 所示。

【提示】

在二维平面绘图中绘制和编辑图形时，只需要输入 X 轴和 Y 轴坐标，Z 轴的坐标值由系统自动赋值为 0。

图 2-1 世界坐标系示意图

2. 用户坐标系

在绘制三维图形时，需要经常改变坐标系的原点和坐标方向，使绘图更加方便。AutoCAD 提供了可改变坐标原点和坐标方向的坐标系，即用户坐标系（User Coordinate System），简称 UCS。

在用户坐标系中，原点和 X、Y、Z 轴方向都可以移动和旋转，甚至可以依赖于图形中某个特定的对象，在绘图过程中使用起来具有很大的灵活性。在默认情况下，用户坐标系与世界坐标系重合，当用户坐标系和世界坐标系不重合时，用户坐标系的图标中没有方形标记"□"，如图 2-2

图 2-2 用户坐标系示意图

所示，利用这个不同，很容易辨别当前绘图所属坐标系。

3. WCS 与 UCS 坐标系的转换

用户要改变坐标的位置，首先在命令行中输入"UCS"命令，此时使用鼠标将坐标移至新的位置，然后按 Enter 键即可。若要将用户坐标系改为世界坐标系，在命令行中输入"UCS"命令，然后在命令行中选择"世界(W)"选项，则其坐标轴位置回到原点位置。

2.1.2　坐标的输入

在 AutoCAD 中，点的坐标可以用直角坐标、极坐标、球面坐标和柱面坐标表示，每一种坐标又分别有两种输入方式：绝对坐标和相对坐标。其中直角坐标和极坐标最为常用，下面主要介绍它们的输入方法。

坐标的输入

1. 直角坐标法

直角坐标是指用点的 X、Y 坐标值表示的坐标。例如，在命令行中输入点的坐标"5,10"，则表示输入了一个 X、Y 的坐标值分别为 5、10 的点，此为绝对坐标输入方式，表示该点的坐标是相对于当前坐标原点的坐标值，如图 2-3（a）所示。

如果输入"@10,10"，则为相对坐标输入方式，表示该点的坐标是相对于前一点的坐标值，如图 2-3（b）所示。

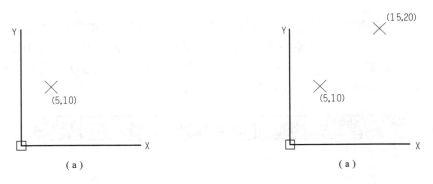

图 2-3　直角坐标法

（a）绝对坐标输入方式；（b）相对坐标输入方式

2. 极坐标法

极坐标是指用长度和角度表示的坐标，它只能用来表示二维坐标系下的点。点在绝对坐标输入方式下，表示为："长度＜角度"，如"50＜30"，其中长度 50 表示该点到坐标原点的距离，角度 30 表示该点到原点的连线与 X 轴正向的夹角，如图 2-4（a）中的 A 点所示。

相对极坐标是以上一点为参考基点，通过输入极距增量和角度值，来定义下一个点的位置。其输入格式为"@距离＜角度"。例如，在如图 2-4（b）所示的图形中，B 点相对于 A 点的坐标为"@30,160"，其中长度 30 为 B 点到 A 点的距离，角度 160 为该点至前一点的连线与 X 轴正向的夹角。

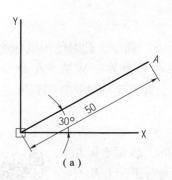
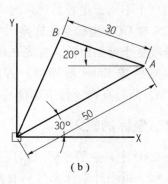

图 2－4　极坐标法

（a）绝对坐标输入方式；（b）相对坐标输入方式

【提示】

默认情况下，动态输入（其具体用法详见 2.5 节内容）的指针输入被设置为"相对坐标"形式，因此，虽未输入"@"符号，输入的坐标值依然为相对坐标。如果需要使用绝对坐标，可加"#"前缀，或关闭动态输入。

2.2　捕捉与栅格

AutoCAD 的精确绘图工具包括"推断约束""捕捉模式""栅格显示""正交模式""极轴追踪""对象捕捉""三维对象捕捉""对象捕捉追踪""允许/禁止动态 UCS""动态输入""显示/隐藏线宽"等，它们主要集中显示在状态栏上，可以通过单击对应的按钮来打开或关闭，如图 2－5 所示。本节主要介绍捕捉、栅格的使用方法。

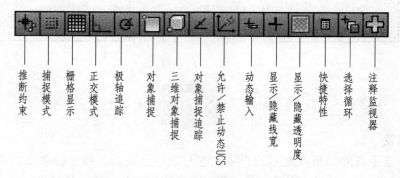

图 2－5　状态栏上的精确绘图工具按钮

2.2.1　使用捕捉与栅格

捕捉模式用于限制十字光标，使其只按照定义的间距移动。当捕捉模式打开时，光标附着或捕捉到不可见的栅格。捕捉模式有助于使用箭头键或定点设备来精确地定位点。

要打开或关闭捕捉模式，可使用以下方法：

（1）单击"状态栏"工具条中的"捕捉模式"按钮▦。

（2）按快捷键 F9。

栅格是点或线的矩阵，遍布指定为栅格界限的整个区域。图 2 - 6 所示为栅格显示的两种不同类型——点栅格与线栅格。如果用 Vscurrent 命令将视觉样式设置为"二维线框"，则显示为点栅格；如果设置为其他样式，则显示为线栅格。使用栅格相当于在图形下面放置一张坐标纸，利用栅格可以对齐对象，并直观显示对象之间的距离。栅格只在屏幕上显示，不打印输出。

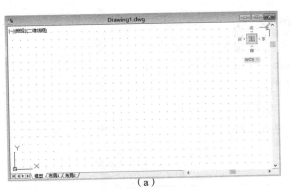 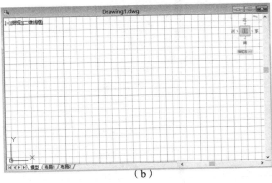

（a）　　　　　　　　　　　　　　　　　（b）

图 2 - 6　栅格模式
（a）点栅格；（b）线栅格

要打开或关闭栅格模式，可使用以下方法：
（1）单击"状态栏"工具条中的"栅格显示"按钮▦。
（2）按快捷键 F7。

栅格模式和捕捉模式各自独立，但这两者经常同时被打开，配合使用。例如，可以设置较宽的栅格间距用作参考，但使用较小的捕捉间距以保证定位点的精确性。

2.2.2　设置捕捉与栅格

AutoCAD 还可以设置栅格间距及捕捉的间距、角度和对齐。对栅格和捕捉的设置，可以通过"草图设置"对话框中的"捕捉和栅格"选项卡来实现，如图 2 - 7 所示。

在 AutoCAD 中打开"草图设置"对话框的方法有以下两种：
（1）在状态栏的任意精确绘图工具按钮上右击，在快捷菜单中选择"设置"命令。
（2）在命令行输入"DSETTINGS"，按 Space 键确认。

"启用捕捉"和"启用栅格"复选框分别用于打开和关闭捕捉模式及栅格模式，括号内的 F9 和 F7 分别代表它们的快捷键。如图 2 - 7 所示，"捕捉和栅格"选项卡主要分为两个部分，左侧用于捕捉设置，右侧用于栅格设置。

1. 捕捉设置

"草图设置"对话框左侧的捕捉设置部分主要包括"捕捉间距""极轴间距"和"捕捉类型"3 个设置区域。

（1）在"捕捉间距"设置区域，可设置捕捉在 X 轴和 Y 轴方向的间距。如果勾选"X 轴间距和 Y 轴间距相等"复选框，可以强制 X 轴和 Y 轴间距相等。

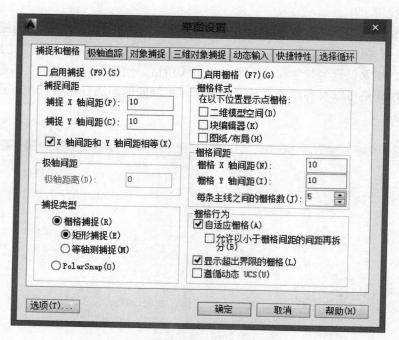

图 2-7 "草图设置"对话框的"捕捉和栅格"选项卡

（2）在"极轴间距"设置区域，"极轴距离"文本框用于设置极轴捕捉增量距离，必须在"捕捉类型"设置区域中选中"PolarSnap"（极轴捕捉）单选按钮才可用。如果该值为0，则极轴捕捉距离采用"捕捉 X 轴间距"的值。"极轴距离"设置与极坐标追踪或对象捕捉追踪结合使用，如果两个追踪功能都未启用，则"极轴距离"设置无效。

（3）在"捕捉类型"设置区域，可以分别选择"矩形捕捉""等轴测捕捉""栅格捕捉"与"PolarSnap" 4 种捕捉类型。"矩形捕捉"是指捕捉矩形栅格上的点，即捕捉正交方向上的点；"等轴测捕捉"用于将光标与 3 个等轴测轴中的两个轴对齐，并显示栅格，从而使二维等轴测图形的创建更加轻松；"栅格捕捉""PolarSnap"需与"极轴追踪"结合使用，当两者均打开时，光标将沿着"极轴追踪"选项卡上相对于极轴追踪起点设置的极轴对齐角度进行捕捉。

2. 栅格设置

"草图设置"对话框右侧的栅格设置部分主要包括"栅格间距"和"栅格行为"两个设置区域。

（1）在"栅格间距"设置区域，通过"栅格 X 轴间距"和"栅格 Y 轴间距"文本框，可设置栅格在 X 轴、Y 轴方向上的显示间距，如果它们设置为 0，那么栅格采用捕捉间距的值。

（2）在"栅格行为"设置区域，勾选"自适应栅格"复选框后，在视图缩小或放大时，自动控制栅格显示的比例。"允许以小于栅格间距的间距再拆分"复选框用于控制在视图放大时是否允许生成更多间距更小的栅格线。"显示超出界限的栅格"复选框用于设置是否显示超出 LIMITS 命令指定的图形界限之外的栅格。勾选"遵循动态 UCS"复选框后，可更改栅格平面，以跟随动态 UCS 的 XY 平面。

2.3　正交模式与极轴追踪

正交模式和极轴追踪是两个相对的模式。正交模式将光标限制在水平和垂直方向上移动，而极轴追踪将使光标按指定角度进行移动，如果配合使用极轴捕捉，光标将沿极轴角度按指定增量进行移动。

2.3.1　使用正交模式

正交是指在绘制图形时指定第一个点后，限制光标和起点的直线总是平行于 X 轴或 Y 轴。在"正交"模式下，绘图时就只能使用光标绘制平行于坐标线的水平直线或垂直直线，此时只要输入直线的长度即可，为绘图带来了很多的方便。

如图 2-8 所示，在绘制直线时，如果不打开正交模式，可以通过指定 A 点和 B 点绘制一条如图 2-8（a）所示的直线。但是如果打开正交模式，再通过 A 点和 B 点绘制直线时，将绘制水平方向的直线，如图 2-8（b）所示。

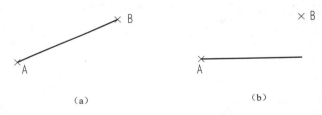

（a）　　　　　　　　　　　　　　（b）

图 2-8　使用正交模式绘制直线

（a）关闭正交模式；（b）打开正交模式

正交模式属于透明命令，此外，正交模式对光标的限制仅仅限于在命令的执行过程中，比如绘制直线时，在无命令的状态下，鼠标仍然可以在绘图区自由移动。

要打开或关闭正交模式，可使用以下方法：

（1）单击"状态栏"工具条中的"正交模式"按钮。

（2）按快捷键 F8。

（3）在命令行中输入"ORT"（ortho），按 Space 键。

2.3.2　使用极轴追踪

在绘图过程中，使用 AutoCAD 的极轴追踪功能可以显示由指定的极轴角度所定义的临时对齐路径，可以使用极轴追踪沿对齐路径按指定距离进行捕捉。

要打开或关闭极轴追踪，可使用以下方法：

（1）单击"状态栏"工具条中的"极轴追踪"按钮。

（2）按快捷键 F10。

（3）在命令行中输入"AUTOS"（autosnap），按 Space 键。

打开极轴追踪功能之后，在绘制或编辑图形的过程中，光标移动时，如果接近极轴角，将显示对齐路径和工具栏提示。

2.3.3 设置极轴追踪

极轴追踪也是在"草图设置"对话框中设置的。可以使用 2.2.2 节介绍的方法打开"草图设置"对话框，切换至"极轴追踪"选项卡设置极轴追踪的选项，如图 2-9 所示。

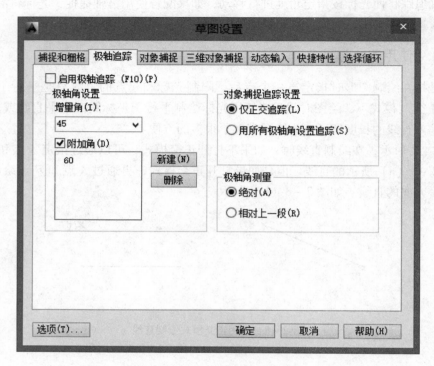

图 2-9 "草图设置"对话框的"极轴追踪"选项卡

（1）在"极轴角设置"设置区域，可设置极轴追踪的增量角与附加角。

"增量角"下拉列表框：用来选择极轴追踪对齐路径的极轴角增量，可输入任何角度，也可以从列表中选择 90°、45°、30°、22.5°等常用角度。注意，这里设置的是增量角，即选择某一角度后，将在这一角度的整数倍数角度方向显示极轴追踪的对齐路径。如选择的是15°增量角，那么在 0°、15°、30°、45°等方向上便会显示对齐路径。

"附加角"复选框：勾选该复选框后，可指定一些附加角度。单击"新建"按钮新建增量角度，新建的附加角度将显示在左侧的列表框内；单击"删除"按钮将删除选定的角度。最多可以添加 10 个附加极轴追踪对齐角度。

（2）在"对象捕捉追踪设置"区域，可设置对象捕捉和追踪的相关选项，这一区域的选项设置要求打开对象捕捉和对象追踪功能，这将在 2.4 节详细介绍。

"仅正交追踪"单选按钮：当对象捕捉与对象追踪功能打开时，仅显示已获得的对象捕捉（水平/垂直）追踪路径。

"用所有极轴角设置追踪"单选按钮：选中时，将极轴追踪设置应用于对象捕捉追踪。使用对象捕捉追踪时，光标将从获取的对象捕捉点起，沿极轴对齐角度进行追踪。

（3）在"极轴角测量"设置区域，可设置测量极轴追踪对齐角度的基准。

"绝对"单选按钮：选中该单选按钮表示根据当前用户坐标系（UCS）确定极轴追踪角度。如图 2-10（a）所示，在绘制完一条与 UCS 的 0°方向成一定角度的直线后，极轴追踪的对齐角度仍然以 UCS 的 0°方向为 0°方向。

"相对上一段"单选按钮：选中该单选按钮表示根据上一个绘制线段确定极轴追踪角度。如图 2-10（b）所示，在绘制完一条与 UCS 的 0°方向成一定角度的直线后，极轴追踪的对齐角度以绘制的直线方向为 0°方向。

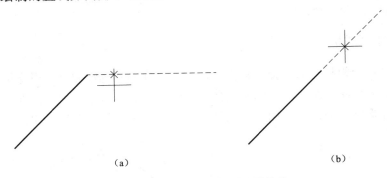

（a）　　　　　　　　　　　　　　（b）

图 2-10　设置极轴角的测量基准

（a）绝对；（b）相对上一段

2.3.4　实例：绘制特殊位置线段

利用极轴追踪功能绘制边长为 70 的等边三角形 ABC，如图 2-11 所示。

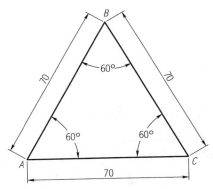

图 2-11　极轴追踪绘制实例

实例：绘制特殊位置线段

操作步骤如下：

（1）单击状态栏中的"极轴追踪"按钮，使其处于按下状态，打开极轴追踪。

（2）设置极轴追踪。右击状态栏中的"极轴追踪"按钮，在弹出的快捷菜单中执行"设置"命令。弹出的"草图设置"对话框自动处于"极轴追踪"选项卡状态，在"增量角"对话框中输入"60"，然后单击"确定"按钮。

（3）使用"直线"命令，鼠标左键单击确定第一点，移动光标，待出现 60°辅助极轴虚线时，输入直线长度"70"，绘制出直线 *AB*。

（4）同理，完成直线 *BC*、*CA* 的绘制。

2.4 对象捕捉与对象追踪

AutoCAD 中的对象捕捉和对象追踪工具都是针对指定对象上的特征点的精确定位工具。使用对象捕捉和对象追踪，可以快速而准确地捕捉到对象上的一些特征点，或根据特征点偏移出来的一系列点；另外，还可以很方便地解决绘图过程中的一些解析几何的问题，而不必一步一步地计算和输入坐标值。

2.4.1 对象捕捉

绘图时，系统会根据对象捕捉设置自动识别并捕捉一些特殊的点，当光标移到对象的对象捕捉位置时，光标将显示为特定的标记提示。图 2 – 12 所示分别为捕捉到直线的中点和圆的圆心。通过捕捉这些关键点，用户可以轻松构造出复杂的几何图形，比传统手工绘图更精确、更快捷。

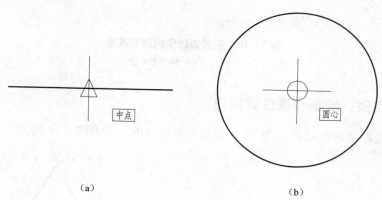

（a）   （b）

图 2 – 12 "对象捕捉"应用
（a）捕捉到中点；（b）捕捉到圆心

对象捕捉有以下两种模式。

1. 自动捕捉模式

用户可以通过以下三种方式来打开或关闭"对象捕捉"模式：

（1）单击"状态栏"工具条中的"对象捕捉"按钮▢。

（2）按快捷键 F3。

（3）按 Ctrl + F 组合键。

用户可以根据需要，在如图 2 – 13 所示的"草图设置"对话框中选择一个或多个自动捕捉的特征点，调用方法有以下几种：

（1）从菜单中执行"工具"→"绘图设置"命令。

（2）右键单击状态栏中的"对象捕捉"按钮，选择"设置"。

（3）在命令行中输入"OS"（osnap），按 Space 键。

在"草图设置"对话框的"对象捕捉"选项卡中，"对象捕捉模式"区域中列出了可以在执行对象捕捉时捕捉的特征点，各个复选框前的图标显示的是捕捉该特征点时的对象捕捉标记，勾选要使用的捕捉点，单击"确定"按钮即可。

图 2 – 13 "草图设置"对话框的"对象捕捉"选项卡

启动对象捕捉功能后，当系统提示输入点时，只要将光标移动到适当位置，系统就会自动捕捉到对象上符合条件的几何特征点，并显示出相应的标记。如果光标放在捕捉点 3 s 以上，则系统将显示捕捉的提示文字信息，如图 2 – 12 所示。

"对象捕捉"选项卡中主要选项的含义如下：

（1）启用对象捕捉：打开或关闭对象捕捉功能。当打开对象捕捉功能时，在"对象捕捉模式"区域中，选定的对象捕捉模式处于活动状态。

（2）启用对象捕捉追踪：打开或关闭对象捕捉追踪功能。使用对象捕捉追踪功能，在命令行中指定点时，光标可以沿基于其他对象捕捉点的对齐路径进行追踪。要使用对象捕捉追踪功能，必须打开一个或多个对象捕捉点。

（3）端点：捕捉到圆弧、椭圆弧、直线、多线、多段线、样条曲线、面域或射线最近的端点，或者捕捉宽线、实体或三维面域的最近角点。

（4）中点：捕捉到圆弧、椭圆、椭圆弧、直线、多线、多段线、面域、实体、样条曲线或参照线的中点。

（5）圆心：捕捉到圆弧、圆、椭圆或椭圆弧的圆心。

（6）节点：捕捉到点对象、标注定义点或标注文字起点。

（7）象限点：捕捉到圆弧、圆、椭圆或椭圆弧的象限点。

（8）交点：捕捉到圆弧、圆、椭圆、椭圆弧、直线、多线、多段线、射线、面域、样条曲线或参照线的交点。

（9）延长线：当光标经过对象的端点时，显示临时延长线或圆弧，以便用户在延长线或圆弧上指定点。注意，在透视视图中进行操作时，不能沿圆弧或椭圆弧的尺寸界线进行追踪。

（10）插入点：捕捉到属性、块、形或文字插入点。

（11）垂足：捕捉圆弧、圆、椭圆、椭圆弧、直线、多线、多段线、射线、面域、实体、样条曲线或参照线的垂足。当正在绘制的对象需要捕捉多个垂足时，将自动打开"递延垂足"捕捉模式。可以用直线、圆弧、圆、多段线、射线、参照线、多线或三维实体的边作为绘制垂直线的基础对象。可以用"递延垂足"模式在这些对象之间绘制垂直线。当靶框经过"递延垂足"捕捉点时，将显示 AutoSnap 工具栏提示和标记。

（12）切点：捕捉到圆弧、圆、椭圆、椭圆弧或样条曲线的切点。当正在绘制的对象需要捕捉多个切点时，将自动打开"递延切点"捕捉模式。可以使用"递延切点"模式来绘制与圆弧、多段线圆弧或圆相切的直线或构造线。当靶框经过"递延切点"捕捉点时，将显示标记和 AutoSnap 提示。

（13）最近点：捕捉到圆弧、圆、椭圆、椭圆弧、直线、多线、点、多段线、射线、样条曲线或参照线的最近点。

（14）外观交点：捕捉到不在同一平面但是可能看起来在当前视图中相交的两个对象的外观交点。

（15）平行线：将直线段、多段线线段、射线或构造线限制为与其他线性对象平行。指定线性对象的第一点后，可指定平行对象捕捉。与在其他对象捕捉模式中不同，用户可以将光标悬停移至其他线性对象，直到获得角度。然后，将光标移回正在创建的对象。如果对象在路径与上一个线性对象平行，则会显示对齐路径，用户可将其用于创建平行对象。

（16）单击"全部选择"按钮，可以全部勾选这些复选框。

（17）单击"全部清除"按钮，可以全部取消勾选这些选择。

在"草图设置"对话框中设置完捕捉特征点后，若要在绘图过程中捕捉特征点，就不需要单击"对象捕捉"工具栏中的按钮，AutoCAD 会根据"草图设置"对话框中的设置自动捕捉相应的特征点。

2. 临时捕捉模式

临时捕捉模式只对当前捕捉点有效，完成该捕捉功能后则无效。可以通过以下方法设置临时的对象捕捉特征点。

（1）按住 Shift 键的同时鼠标右击空白的绘图区域，弹出快捷菜单，直接单击选择需要的对象捕捉模式，如图 2-14 所示。

（2）在任意工具栏上右击，然后在弹出的快捷菜单中选择"对象捕捉"工具栏，将其打开，如图 2-15 所示。

图 2-14 "对象捕捉"快捷菜单

图 2-15 "对象捕捉"工具栏

（3）使用捕捉命令代号来实现临时捕捉：在指定点提示下输入表 2-1 中的对象捕捉命令代号，并按 Space 键确认。如果输入多个名称，名称间以逗号分隔。

表 2-1　捕捉命令代号

命令代号	含义	命令代号	含义	命令代号	含义
END	端点	MID	中点	CEN	圆心
NOD	节点	QUA	象限点	INT	交点
EXT	延长线	INS	插入点	PER	垂足
TAN	切点	NEA	最近点	APP	外观交点
PAR	平行线				

【技巧】

临时捕捉模式常用于以下两种情况：一是对于一些不常用的特征点，可以临时捕捉一次；二是当对象分布比较密集或者特征点分布比较密集时，难以准确捕捉到用户需要的特征点，可以使用临时捕捉模式，只捕捉特定特征点，从而避免捕捉到错误的特征点而导致绘图误差。

【提示】

"对象捕捉"与"捕捉"是有区别的，"对象捕捉"是把光标锁定在已有图形的特殊点上，它不是独立的命令，是在执行命令过程中结合使用的模式；而"捕捉"是将光标锁定在可见或不可见的栅格点上，是可以单独执行的命令。

2.4.2　实例：绘制垂线

如图 2-16（a）所示，已知直线 a 和直线外一点 A，要求过 A 点绘制一条直线垂直于直线 a，垂足为 B 点。

可用"自动捕捉"模式，操作步骤提示：

（1）打开"对象捕捉"模式，并在"草图设置"对话框的"对象捕捉"选项卡中勾选"节点"和"垂足"捕捉点，单击"确定"按钮。

（2）调用"直线"命令，当命令行提示"指定第一点"时，将光标移至 A 点附近，光标自动捕捉到 A 点并显示对象捕捉标记 ⊠，此时单击 A 点，指定其为直线的第一点。

（3）指定第一点后，命令行继续提示"指定下一点或［放弃（U）］"，然后将光标移至直线 a 附近，光标自动捕捉到垂足并显示对象捕捉标记 ㄴ，此时单击鼠标即可指定 B 点（即垂足点）为直线的第二点，如图 2-16（b）所示；然后按 Space 键或 Esc 键完成垂线绘制，绘制结果如图 2-16（c）所示。

2.4.3　实例：绘制公切线

如图 2-17（a）所示，两个相离的圆 a 与圆 b，它们的直径不相同，要求绘制它们的两条公切线。

可用"临时捕捉"模式，步骤提示如下：

（1）调用"直线"命令，当命令行提示"指定第一点"时，此时先不指定点；单击

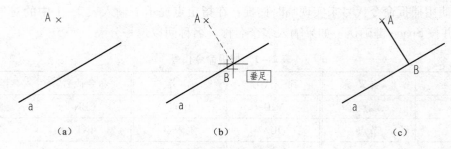

图 2－16　绘制垂线

（a）原图形；（b）捕捉垂足；（c）绘制结果

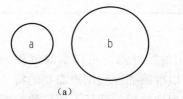
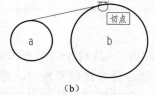
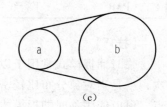

图 2－17　绘制公切线

（a）原图形；（b）捕捉切点；（c）绘制结果

"对象捕捉"工具栏中的"捕捉到切点"按钮，然后将光标移至圆 *a* 附近，光标自动捕捉到圆 *a* 上并显示对象捕捉标记ᵓ，此时单击即可指定切点为直线的第一点。

（2）命令行继续提示"指定下一点或〔放弃（U）〕"，此时也先不指定点，单击"对象捕捉"工具栏中的"捕捉到切点"按钮，然后将光标移至圆 *b* 附近，光标自动捕捉到圆 *b* 上并显示对象捕捉标记ᵓ，此时单击即可指定切点为直线的第二点，如图 2－17（b）所示。按 Space 键或 Esc 键完成公切线的绘制，绘制结果如图 2－17（c）所示。

2.4.4　对象捕捉追踪

对象捕捉追踪是指先捕捉一个临时参考点，然后根据该临时参考点沿正交方向或极轴方向进行追踪，获得所需定点。在对象捕捉追踪时，必须同时开启对象捕捉功能，以便先捕捉临时参考点，然后再追踪获得另一点。

要打开或关闭对象捕捉追踪，可使用以下方法：

（1）单击"状态栏"工具条中的"对象捕捉追踪"按钮 ◢。

（2）按快捷键 F11。

启用对象追踪功能后，当绘图过程中命令行提示指定点时，可将光标移动至对象的特征点上（类似于对象捕捉），但无须单击该特征点指定对象，而只需将光标在特征点上停留几秒使光标显示为特征点的对象捕捉标记，然后移动鼠标至其他位置。

如图 2－18（a）所示，在捕捉到"中点"后，鼠标右移，虚线即为追踪线，进行下一步操作的位置可保持与"中点"水平。对象捕捉追踪也可双向进行，如图 2－18（b）所示，在捕捉到"中点"并出现追踪线后，将光标移动至"端点"特征点上，即可同时捕捉现有图形的两个特征点，并分别对其进行追踪。

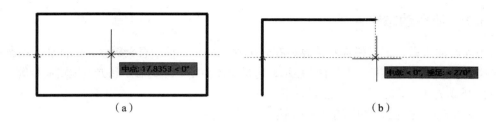

（a）　　　　　　　　　　　　　　（b）

图 2 - 18　使用对象捕捉追踪

（a）单向追踪；（b）双向追踪

2.4.5　实例：绘制指定位置图形

如图 2 - 19（a）所示，已知点 A 位置，现想绘制一个半径为 20 mm 的圆，圆心位于 A 点的 45°方向，并距 A 点 40 mm 的位置上。

绘制步骤如下：

（1）单击状态栏中的"极轴追踪"按钮、"对象捕捉"按钮和"对象追踪"按钮，打开这 3 种功能，并在"草图设置"对话框的"极轴追踪"选项卡中选中"用所有极轴角设置追踪"单选按钮，选择增量角 45°，单击"确定"按钮。

（2）调用"圆"命令。

（3）在命令行提示"指定圆的圆心或 ［一点(3P)/两点(2P)/相切、相切、半径(T)]" 时，将光标移至 A 点附近，捕捉到 A 点，但是不要单击指定 A 点；然后拖动鼠标，捕捉到 45°极轴，输入"40"表示圆心到 A 点的距离，按 Space 键指定圆心。

（4）当命令行提示"指定圆的半径或 ［直径(D)]："时，输入"20"为圆的半径，完成绘制，结果如图 2 - 19（b）所示。

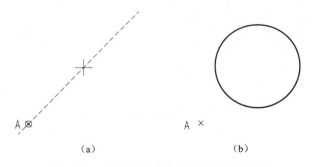

（a）　　　　　　　　　　（b）

图 2 - 19　使用对象追踪在指定位置绘制圆

（a）使用对象追踪；（b）绘制结果

2.5　动 态 输 入

在 AutoCAD 中，"动态"的含义为跟随光标。动态输入是指在光标附近显示一个动态的命令界面，可显示和输入坐标值等绘图信息，绘图信息随着光标的移动而及时更新。

2.5.1 使用动态输入

启用动态输入后，工具栏提示信息将在光标附近显示，该信息会随着光标移动而动态更新。动态输入信息只有在命令执行过程中才显示，包括绘图命令、编辑命令和夹点编辑命令等。

要打开或关闭动态输入，可使用以下方法：

（1）单击状态栏工具条中的"动态输入"按钮 ╈。

（2）按快捷键 F12。

动态输入有指针输入、标注输入和动态提示 3 个组件，在"草图设置"对话框的"动态输入"选项卡中可以设置启用动态输入时每个组件所显示的内容。

（1）指针输入：当启用指针输入且有命令在执行时，十字光标附近的工具栏显示为坐标。这些坐标值会随着光标的移动自动更新，并可以在此输入坐标值，按 Tab 键可以在两个坐标值之间切换。

（2）标注输入：启用标注输入后，当命令提示输入第二点时，工具栏提示将显示距离和角度值。工具栏提示中的值将随着光标移动而改变。

一般来说，指针输入是在命令行提示"指定第一个点"时显示，而标注输入是在命令行提示"指定第二个点"时显示。例如，执行绘制圆的命令时，如图 2 - 20 所示，当命令行提示"指定圆的圆心或［三点(3P)/两点(2P)/相切、相切、半径(T)］"时，显示指针输入，此时可输入圆心的坐标值；而当命令行提示"指定圆的半径或［直径(D)］<0.0000>"时，显示的是标注输入，此即所谓的命令行提示的"第一个点"和"第二个点"，实际上是命令执行过程中指定点的顺序。

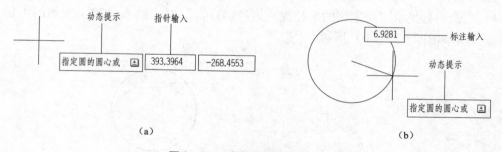

图 2 - 20 动态输入的 3 个组件

【注意】

当打开动态输入时，第二个点和后续点的默认设置为相对极坐标，不需要输入"@"符号。如果需要使用绝对坐标，则使用"#"前缀。例如，要将对象移到原点，则在提示输入第二个点时，输入"#0,0"。

（3）动态提示：启用动态提示后，命令行的提示信息将在光标处显示。用户可以在工具栏提示（而不是命令行）中输入响应。按↓键可以查看和选择选项，按↑键可以显示最近的输入。

2.5.2 实例：绘制正六边形

利用动态输入绘制如图 2 - 21 所示的图形，已知圆心位置为（0,0），半径为 30 mm。

步骤提示如下：

（1）单击状态栏中的"动态输入"按钮，打开动态输入功能。

（2）调用"圆"命令，命令行提示"指定圆的圆心或［三点（3P）/两点（2P）/相切、相切、半径（T）］"时，可见在光标处显示动态提示和指针输入，如图2-22（a）所示，此时可直接输入0，再按Tab键切换到Y坐标，也输入0，然后按Space键，完成指定圆心坐标。

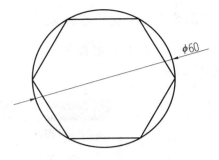

图2-21　绘制结果

命令行提示"指定圆的半径或［直径（D）］<0.0000>"时，在光标处显示动态提示和标注输入，如图2-22（b）所示，此时可直接输入"30"后按Space键，指定圆的半径，完成圆的绘制。

（3）调用"多边形"命令，命令行提示"输入侧面数<6>"的同时，光标处也显示提示信息，如图2-22（c）所示，此时输入多边形的边数"6"，然后按Space键。命令行提示"指定正多边形的中心或［边（E）］"的同时，光标处也显示动态提示与指针输入，如图2-22（d）所示，此时可参照步骤（2）的操作指定其中心点坐标为（0,0）。

命令行提示"输入选项［内接于圆（I）/外切于圆（C）]<I>"的同时，光标处也显示动态提示，单击"内接于圆"选项，如图2-22（e）所示。

命令行提示"指定圆的半径："时，光标处也显示动态提示与指针输入，此时可直接输入外接圆的半径"30"，如图2-22（f）所示，然后按Space键完成正六边形的绘制。绘制结果如图2-21所示。

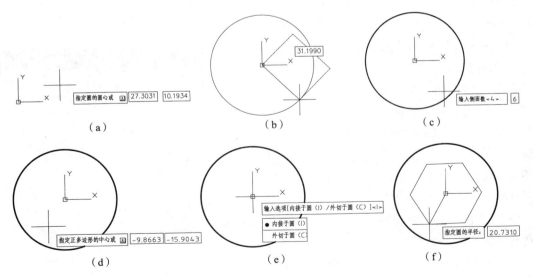

图2-22　利用动态输入绘制正多边形

（a）指定圆心；（b）指定圆半径；（c）输入边数；

（d）指定中心点坐标；（e）选择正多边形类型；（f）指定圆的半径

2.5.3 设置动态输入

设置动态输入可以通过"草图设置"对话框的"动态输入"选项卡来完成，如图 2 – 23 所示。

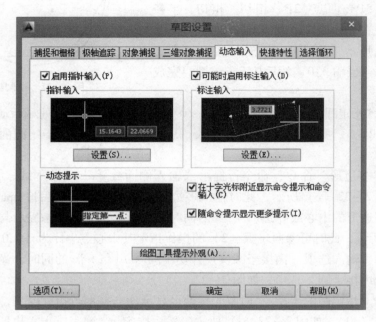

图 2 – 23 "动态输入"选项卡

"启用指针输入""可能时启用标注输入""在十字光标附近显示命令提示和命令输入"3 个复选框分别用于开启和关闭动态输入的 3 个组件。"动态输入"选项卡包括"指针输入""标注输入"和"动态提示"3 个设置区域。

1. 指针输入设置

单击"指针输入"区域的"设置"按钮，可弹出"指针输入设置"对话框，如图 2 – 24 所示。通过该对话框，可设置输入坐标的格式和可见性。格式包括极坐标与笛卡尔坐标（即直角坐标），还有绝对坐标和相对坐标。可见性是指在什么样的命令状态下显示指针输入，可设置 3 种情况：

（1）"输入坐标数据时"，即仅当开始输入坐标数据时才显示工具栏提示。

（2）"命令需要一个点时"，即只要命令提示输入点，就显示工具栏提示。

（3）"始终可见 – 即使未执行命令"，即不管有无命令请求，始终显示工具栏提示。

这可分别通过选择对应的单选按钮进行设置。

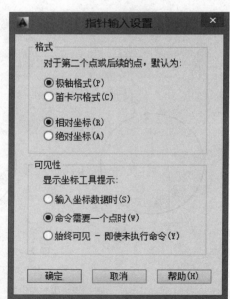

图 2 – 24 "指针输入设置"对话框

2. 标注输入设置

单击"标注输入"区域的"设置"按钮，可弹出"标注输入的设置"对话框，如图 2 – 25 所示。通过该对话框，可设置标注输入的显示特性，可通过分别选中"每次仅显示 1 个标注输入字段"和"每次显示 2 个标注输入字段"单选按钮选择显示 1 个或 2 个标注输入字段。如果选中"同时显示以下这些标注输入字段"单选按钮，则其下方的多个复选框变为可用，通过它们可选择要显示的标注字段。

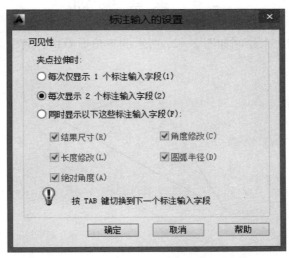

图 2 – 25 "标注输入的设置"对话框

3. 工具提示外观

单击"绘图工具提示外观"按钮，可弹出"工具提示外观"对话框，如图 2 – 26 所示。

图 2 – 26 "工具提示外观"对话框

该对话框用于设置动态输入的外观显示。单击"颜色"按钮，可弹出"图形窗口颜色"对话框，从中可设置动态输入的颜色；在"大小"和"透明度"设置区域，可设置动态输入的大小和透明度；如果选中"替代所有绘图工具提示的操作系统设置"单选按钮，那么设置将应用于所有的工具栏提示，从而替代操作系统中的设置；如果选中"仅对动态输入工具提示使用设置"按钮，那么这些设置仅应用于动态输入中使用的绘图工具栏提示。

2.6　课堂实训

利用两种不同的方法来绘制如图 2 – 27 所示的三角形 *OAB*，其中，*O* 点为坐标原点。

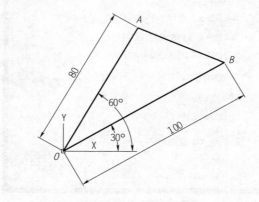

图 2 – 27　绘制三角形

操作步骤如下。

方法一：利用"极轴追踪"模式

（1）打开"草图设置"对话框，切换到"极轴追踪"选项卡。

（2）在"增量角"编辑框中，输入增量角度为"30"，单击"确定"按钮，如图 2 – 28 所示。

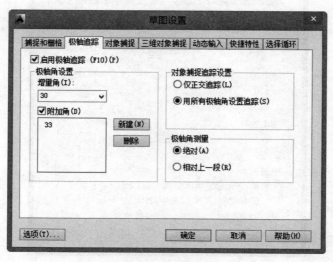

图 2 – 28　"极轴追踪"选项卡

（3）调用"直线"命令，输入坐标值"0，0"作为直线的第一点。移动鼠标，捕捉到 30°追踪线时，输入直线的长度"100"，绘制出 *OB* 直线。

（4）调用"直线"命令，捕捉 *O* 点作为直线的第一点，移动鼠标，捕捉到 60°追踪线时，输入直线的长度"80"，绘制出 *OA* 直线。继续单击 *B* 点，完成三角形 *OAB* 的绘制。

方法二：利用极坐标

（1）单击状态栏中的"动态输入"按钮，使其处于关闭状态，否则，除第一点外，后面输入的坐标均为相对坐标。

（2）调用"直线"命令，输入坐标值"0，0"作为直线的第一点，在命令行中继续输入 *B* 点极坐标"@100＜30"，按 Space 键确认，完成 *OB* 直线的绘制。

（3）调用"直线"命令，输入坐标值"0，0"作为直线的第一点，在命令行中继续输入 *A* 点极坐标"@80＜60"，按 Space 键确认，完成 *OA* 直线的绘制。继续单击 *B* 点，完成三角形 *OAB* 的绘制。

2.7　课后练习

练习一

打开"草图设置"对话框，将对象捕捉模式设置为捕捉以下特征点：端点、中点、圆心、交点和垂足。

操作提示：

根据 2.4.1 节所学内容，打开"草图设置"对话框，切换到"对象捕捉"选项卡，进行如图 2－29 所示的设置即可。

课后练习

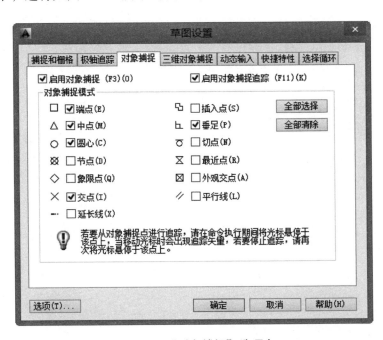

图 2－29　"对象捕捉"选项卡

练习二

如图 2 - 30 所示，已知五边形和圆，绘制出图中的折线 1 - 2 - 3 - 4 - 5 - 6，其中 1 点为交点，2 点为圆上最右点（象限点），3 点为中点，4 点为圆心，5 点为垂足点，6 点为切点。

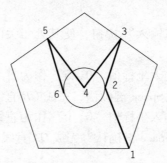

图 2 - 30　绘制折线

要求：在不增加"练习一"中对象捕捉特征点的情况下绘制折线。

操作提示：

使用临时捕捉模式绘制点 2 和点 6。

第3章 二维图形的绘制

AutoCAD 绘图命令是绘制工程图样的基本命令，能否准确、灵活、高效地绘制图形，关键在于是否熟练掌握绘图命令及其应用技巧。本章将介绍点、直线和射线、圆和圆弧、正多边形、样条曲线、图案填充的绘制。AutoCAD 提供的常用绘图工具都集中在如图 3-1 所示的"绘图"工具栏中，其对应的菜单命令如图 3-2 所示。

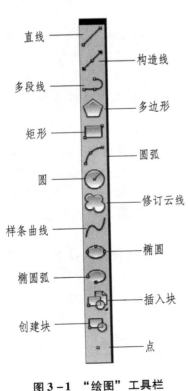

图 3-1 "绘图"工具栏

图 3-2 菜单中的绘图命令

3.1 线的绘制

线是机械绘图中出现最多的图形元素。AutoCAD 中的线包括直线、射线、构造线等。

3.1.1 "直线"命令

1. 功能

"直线"命令用于绘制直线段。直线段是由起点和端点确定的图形对象。连续绘制的多条直线段之间是相互独立的，单独编辑其中的任一线段对其他线段不产生影响。

2. 命令调用

（1）从菜单中执行"绘图"→"直线"命令。

（2）单击"绘图"工具栏中"直线"按钮 。

（3）在命令行中输入"L"（line），按 Space 键。

3. 操作示例

要绘制如图 3-3 的图形，命令提示如下：

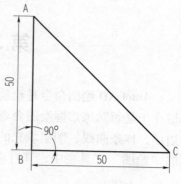

图 3-3　直线命令应用

```
命令:_line 指定第一点：            （执行直线命令,指定直线第一点 A）
指定下一点或[放弃(U)]:@0,-100    （输入 B 点相对 A 点的坐标,绘制直线段 AB）
指定下一点或[放弃(U)]:@100,0     （输入 C 点相对 B 点的坐标,绘制直线段 BC）
指定下一点或[闭合(C)/放弃(U)]:C  （输入"C",使直线段闭合,绘制直线段 CA）
```

4. 选项说明

（1）指定第一点：指定直线段的起点，可以使用光标选择点，也可以输入起点的坐标。若用 Enter 键响应"指定第一点"提示，系统会把上次绘线（或弧）的终点作为本次操作的起始点。特别地，若上次操作为绘制圆弧，按 Enter 键响应后绘出通过圆弧终点的与该圆弧相切的直线段，该线段的长度由鼠标在屏幕上指定的一点与切点之间线段的长度确定。

（2）指定下一点：指定该直线段的终点坐标，可以使用光标选择点，也可以输入终点的坐标，还可以利用光标指定相应的方向输入距离。在"指定下一点"提示下，用户可以指定多个端点，从而绘出多条直线段，但每一段直线又都是一个独立的对象，可以进行单独的编辑操作。

（3）闭合（C）：使画出的折线段首尾连接，形成封闭图形，并结束命令。

（4）放弃（U）：取消刚刚绘制的直线段，可连续取消，直至线段起点。

3.1.2　实例：绘制螺栓

绘制如图 3-4 所示的螺栓。

本实例主要执行"直线"命令，由于图形中出现了不同的线型，所以需要设置图层来管理线型。步骤提示如下：

（1）参考 1.7 节内容，建立三个新图层，命名为"粗实线""细实线"和"中心线"，并设置好颜色、线型和线宽。

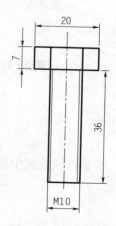

图 3-4　绘制螺栓

（2）绘制中心线。

将"中心线"图层设置为当前图层。选择菜单栏中的"绘图"→"直线"命令，打开"正交模式"，绘制一条长 50 mm 的竖直线，命令行提示与操作如下（按快捷键 Ctrl + 9 可调出或关闭命令行）：

```
命令:_line
指定第一个点:
指定下一点或[放弃(U)]:50
```

（3）绘制螺帽外轮廓。

将"粗实线"图层设置为当前图层。选择菜单栏中的"绘图"→"直线"命令，打开"对象捕捉"，捕捉到中心线端点后，鼠标竖直下移到合适位置，如图 3 – 5 中的 A 点所示，单击指定直线第一个点，使螺帽水平轮廓线的起点位于中心线上，命令行提示与操作如下：

```
命令:_line
指定第一个点:                          （鼠标移至 A 点后,单击"确定"按钮）
指定下一点或[放弃(U)]:10               （顺次画出各条线段）
指定下一点或[放弃(U)]:7
指定下一点或[闭合(C)/放弃(U)]:20
指定下一点或[闭合(C)/放弃(U)]:7
指定下一点或[闭合(C)/放弃(U)]:c       （选择"闭合"或输入长度"10"）
```

结果如图 3 – 5 所示。

（4）绘制螺杆。

选择菜单栏中的"绘图"→"直线"命令，绘制螺杆。捕捉线段 AB 中点作为直线起点，命令行提示与操作如下：

```
命令:_line
指定第一个点:                          （移动鼠标,捕捉到线段 AB 中点后,单击"确
                                       定"按钮）
指定下一点或[放弃(U)]:43               （输入线段长度）
指定下一点或[放弃(U)]:10               （顺次画出各条线段）
指定下一点或[闭合(C)/放弃(U)]:         （竖直向上移动鼠标,捕捉到垂足后,单击"确
                                       定"按钮）
指定下一点或[闭合(C)/放弃(U)]:         （选择"闭合"或输入长度"5"）
```

结果如图 3 – 6 所示。

（5）绘制螺纹。

将"细实线"图层设置为当前图层。选择菜单栏中的"绘图"→"直线"命令，打开"对象捕捉追踪"，捕捉到 C 点后，鼠标水平右移，待显示追踪线后，输入螺纹线起点偏移值，命令行提示与操作如下：

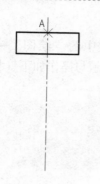

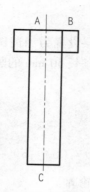

图 3-5　绘制螺帽　　　　　图 3-6　绘制螺杆

```
命令:_line
指定第一个点:4.25
             （捕捉到 C 点后,鼠标水平右移,待显示追踪线后,输入螺纹线起点
             偏移值4.25）
指定下一点或[放弃(U)]:      （鼠标上移,捕捉到垂足后,单击"确定"按钮）
指定下一点或[放弃(U)]:
命令:_line              （按 Space 键结束直线命令,再按 Space 键重复
                        调用直线命令）
指定第一个点:4.25        （同上,鼠标左移,绘制另一条螺纹线）
指定下一点或[放弃(U)]:
指定下一点或[放弃(U)]:
```

3.1.3 "构造线"命令

1. 功能

构造线是在屏幕上产生的向两端无限延长的直线，它没有起点和终点，在绘图中通常用于绘制辅助线。

2. 命令调用

（1）从菜单中执行"绘图"→"构造线"命令。

（2）单击"绘图"工具条中的"构造线"按钮。

（3）在命令行中输入"XL"（xline），按 Space 键。

3. 操作示例

要绘制如图 3-7 所示角度的二等分线，命令提示如下：

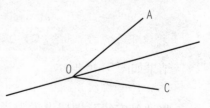

图 3-7　绘制等分角度的构造线

命令:_xline
指定点或[水平(H)/垂直(V)/角度(A)/二等分(B)/偏移(O)]:B
　　　　　　　　　（执行构造线命令,选择绘制构造线的方式,二等分方式）
指定角的顶点：　　　（指定定点 O）
指定角的起点：　　　（指定角度起点 C）
指定角的端点：　　　（指定角度端点 A）
指定角的端点：　　　（按 Space 键确认）

4. 选项说明

（1）指定点：给出构造线上的一点，系统接着提示指定通过点，过两点绘制出一条无限长的直线。

（2）水平或垂直：绘制一系列平行于 X 轴或 Y 轴的构造线。

（3）角度：绘制一系列带有倾角的构造线。

（4）二等分：用来对角进行平分，要求首先指定角的顶点，然后分别指定构成此角的两条边上的两个点，从而绘制出通过该角顶点的角平分线。

（5）偏移：绘制距离已知直线一定距离的平行线。

3.1.4 "射线"命令

1. 功能

射线是指向一个方向无限延伸的直线，它有起点，但没有终点。

2. 命令调用

（1）从菜单中执行"绘图"→"射线"命令。

（2）单击"绘图"工具条中的"射线"按钮。

（3）在命令行中输入"ray"，按 Space 键。

3. 操作示例

要绘制如图 3 - 8 所示的以 A 点为起点，通过 B 点的射线，命令提示如下：

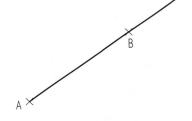

图 3 - 8　绘制射线

命令:ray　　　　　　　　　（执行射线命令）
指定角的起点：　　　　　　（指定角度起点 A）
指定通过点：　　　　　　　（指定角度端点 B）
指定通过点：　　　　　　　（按 Space 键确认）

3.2　圆、弧类的绘制

在 AutoCAD 中，圆、圆弧、椭圆和椭圆弧都属于曲线对象，它们的绘制方式多样，绘制这类曲线时，需要根据已知的条件灵活地选择绘制方式。

3.2.1 "圆"命令

1. 功能

"圆"命令用于在指定位置绘制圆，包括过三点或两点，已知圆心、半径或直径，与两个或三个对象相切等方式绘制圆。

2. 命令调用

（1）从菜单中执行"绘图"→"圆"命令。

（2）单击"绘图"工具条中的"圆"按钮⊙。

（3）在命令行中输入"C"（circle），按 Space 键。

AutoCAD 给出了 6 种绘制圆的方式，如图 3 - 9 所示。

绘制圆的方法

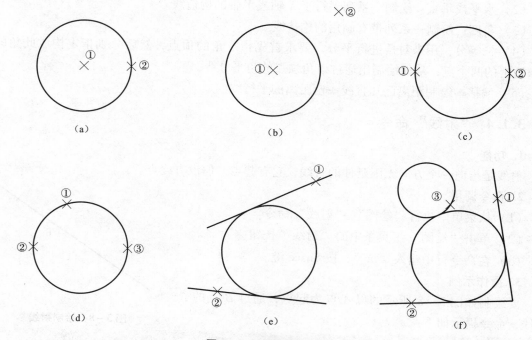

图 3 - 9 绘制圆的方法

（a）圆心和半径方式；（b）圆心和直径方式；（c）两点方式；
（d）三点方式；（e）相切、相切和半径方式；（f）相切、相切和相切方式

3. 操作示例

（1）通过"圆心、半径或直径"的方式绘制圆。

通过指定圆心绘制圆的方式为系统的默认方式，如图 3 - 10 所示。现分别以 O_1 为圆心、50 为半径及 O_2 为圆心、100 为直径为例介绍其命令操作。

命令:_circle 指定圆的圆心或[三点(3P)/两点(2P)/相切、相切、半径(T)]:

（指定圆心 O_1）

指定圆的半径或[直径(D)]:50

（输入圆的半径50）

命令:_circle 指定圆的圆心或[三点(3P)/两点(2P)/相切、相切、半径(T)]
（指定圆心 O_2）

指定圆的半径或[直径(D)]<50.0000>:D　　（输入"D",选择"直径"绘制方式）

指定圆的直径 <100.0000>:100

（输入圆的直径"100",由于此时默认值也为100,因此可以直接按 Space 键确定）

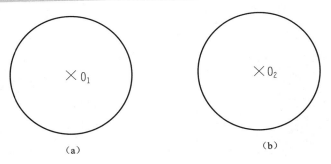

（a）　　　　　　　　　　　　　　　　　　（b）

图 3-10　"圆心、半径或直径"的方式绘制圆

（2）通过"三点"的方式绘制圆。

通过指定三点绘制圆，如图 3-11 所示，现以通过点 *A*、*B*、*C* 绘制圆为例介绍其命令操作。

命令:_circle 指定圆的圆心或[三点(3P)/两点(2P)/相切、相切、半径(T)]:3P
（执行"圆"命令,输入"3P",选择"三点"绘制圆的方式）

指定圆上的第一个点:　　　　（选择圆上第一点 *A*）

指定圆上的第二个点:　　　　（选择圆上第二点 *B*）

指定圆上的第三个点:　　　　（选择圆上第三点 *C*）

这里选择三点的顺序变化对结果没有影响。

（3）通过"两点"的方式绘制圆。

通过指定圆直径上的两点绘制圆，如图 3-12 所示，现以通过点 *A*、*B* 绘制圆为例介绍其命令操作。

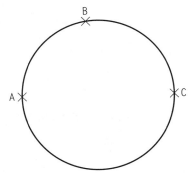

图 3-11　"三点"的方式绘制圆

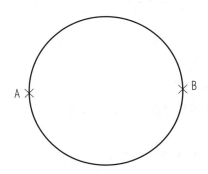

图 3-12　"两点"的方式绘制圆

命令：_circle 指定圆的圆心或[三点(3P)/两点(2P)/相切、相切、半径(T)]:2P

（执行"圆"命令，输入"2P"，选择"三点"绘制圆的方式）

指定圆直径的第一个端点：　　　　　　　　　（选择圆直径上第一点 A）

指定圆直径的第二个端点：　　　　　　　　　（选择圆直径上第二点 B）

（4）通过"相切、相切、半径"的方式绘制圆。

通过指定与圆相切的两个图形及圆的半径绘制圆，如图 3 - 13 所示，现以绘制与圆 O_1 相切于 A 点、与圆 O_2 相切于 B 点，半径为 50 的圆为例介绍其命令操作。

命令：_circle 指定圆的圆心或[三点(3P)/两点(2P)/相切、相切、半径(T)]:T

（执行"圆"命令，输入"T"，选择"相切、相切、半径"绘制圆的方式）

指定对象与圆的第一个切点：　　　　（选择与 O_1 圆的切点 A）

指定对象与圆的第二个切点：　　　　（选择与 O_2 圆的切点 B）

指定圆的半径 <12.0000 >:50　　（输入圆的半径 50）

（5）通过"相切、相切、相切"的方式绘制圆。

单击"绘图"工具条中的"圆"按钮，选择"相切、相切、相切"命令，该命令通过指定与圆相切的三个图形绘制圆，如图 3 - 14 所示。现以绘制与圆 O_1、圆 O_2、直线 L 相切的圆为例，命令操作如下：

指定圆上的第一个点:_tan 到　　　　　　　（选择圆 O_1 上第一点 A）

指定圆上的第二个点:_tan 到　　　　　　　（选择圆 O_2 上第二点 B）

指定圆上的第三个点:_tan 到　　　　　　　（选择直线 L 上第三点 C）

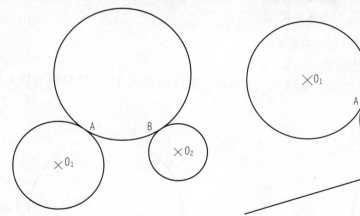

图 3 - 13 "相切、相切、半径"的方式绘制圆

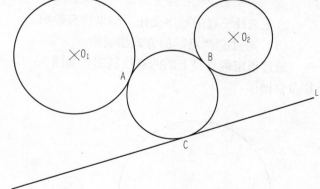

图 3 - 14 "相切、相切、相切"的方式绘制圆

3.2.2 "圆弧"命令

1. 功能

"圆弧"命令用于绘制给定参数的圆弧，参数包括圆弧的起点、端点、圆心、半径、角

度等信息。在默认情况下，AutoCAD 将以逆时针方向为正来绘制圆弧。

2. 命令调用

（1）从菜单中执行"绘图"→"圆弧"命令。

（2）单击"绘图"工具条中的"圆弧"按钮 。

（3）在命令行中输入"A"（arc），按 Space 键。

3. 操作示例

如图 3 - 15（a）所示，利用以 O_1 为圆心的圆弧连接直线的端点 A、C，再用以 O_2 为圆心的圆弧连接直线的端点 B、D，完成结果如图 3 - 15（b）所示。

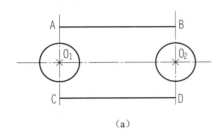 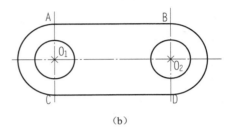

（a）　　　　　　　　　　　　　　　　　　　（b）

图 3 - 15　圆弧连接

（a）图形文件；（b）结果文件

命令:_arc 指定圆弧的起点或[圆心(C)]:	（选取 A 点作为圆弧起点）
指定圆弧的第二个点或[圆心(C)/端点(E)]:C	（选择"点、圆心、端点"的方式绘制圆弧）
指定圆弧的圆心:	（选取 O_1 点作为圆弧圆心）
指定圆弧的端点或[角度(A)/弦长(L)]:	（选取 C 点作为圆弧端点，按 Space 键结束命令）
命令:	（按 Space 键重复上一条命令）
_arc 指定圆弧的起点或[圆心(C)]:	（选取 D 点作为圆弧端点）
指定圆弧的第二个点或[圆心(C)/端点(E)]:C	（选择"点、圆心、端点"的方式绘制圆弧）
指定圆弧的圆心:	（用鼠标选取 O_2 点作为圆弧圆心）
指定圆弧的端点或[角度(A)/弦长(L)]:	（选取 B 点作为圆弧端点，按 Space 键结束命令）

4. 选项说明

AutoCAD 共给出 11 种绘制圆弧的方式，如图 3 - 16 所示，可根据不同的圆弧参数进行选择。

（1）"圆心、起点、端点"与"起点、圆心、端点""圆心、起点、角度"与"起点、圆心、角度""圆心、起点、长度"与"起点、圆心、长度"均属于参数相同，只是参数的输入顺序不同。

（2）"起点、圆心、长度"总是从起点开始绕圆心按逆时针绘制圆弧，若弦长为正，绘制劣弧（圆心角小于180°）；若弦长为负，绘制优弧。

（3）"连续"绘制圆弧中，系统自动以上一命令的终点为该圆弧的起点，绘制与上一图元相切的圆弧，图 3-16（h）中，A 点为绘制上一图元的终点。

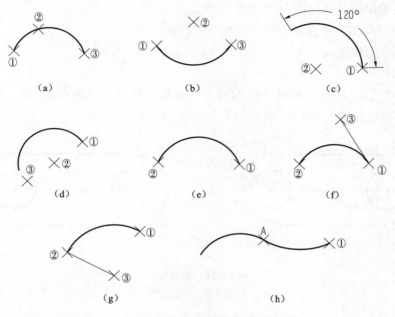

（a）　　　　　　　　　（b）　　　　　　　　　（c）

（d）　　　　　　　　　（e）　　　　　　　　　（f）

（g）　　　　　　　　　　　　（h）

图 3-16　绘制圆弧的方式

（a）三点方式；（b）起点、圆心、端点方式；（c）起点、圆心、角度方式；（d）起点、圆心、长度方式；
（e）起点、端点、角度方式；（f）起点、端点、方向方式；（g）起点、端点、半径方式；（h）连续方式

3.2.3　"椭圆"与"椭圆弧"命令

1. 功能

按指定方式在指定位置绘制椭圆或椭圆弧。

2. 命令调用

（1）从菜单中执行"绘图"→"椭圆"命令。

（2）单击"绘图"工具条中的"椭圆"按钮 或
"椭圆弧"按钮 。

（3）在命令行中输入"EL"（ellipse），按 Space 键。

3. 操作示例

（1）如图 3-17 所示，已知椭圆的长轴 AB，以及短轴的长度 5，绘制椭圆，命令提示如下：

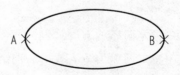

图 3-17　轴长绘制椭圆

命令:_ellipse	（调用"椭圆"命令）
指定椭圆的轴端点或[圆弧（A）/中心点（C）]:	（选取椭圆长轴的一个端点 A）
指定轴的另一个端点:	（选取椭圆长轴的另一个端点 B）
指定另一条半轴长度或[旋转（R）]:5	
（输入短轴长度"5"，这里也可以点选距离椭圆中心距离为 5 的点，按 Space 键确认完成命令）	

（2）如图 3-18 所示，已知椭圆的中心 O、长轴端点 A，以及短轴长度 5，绘制椭圆，

命令提示如下：

> 命令:_ellipse   （调用"椭圆"命令）
> 指定椭圆的轴端点或[圆弧(A)/中心点(C)]:C   （选择利用中心的方式绘制椭圆）
> 指定椭圆的中心点：   （选取椭圆中心 O 点）
> 指定轴的端点：   （选取椭圆长轴的一个端点 A）
> 指定另一条半轴长度或[旋转(R)]:5
> （输入短轴长度"5"，这里也可以点选距离椭圆中心距离为 5 的点，按 Space 键完成命令）

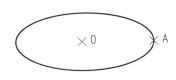

图 3 – 18　中心绘制椭圆

4. 选项说明

（1）指定椭圆的轴端点：根据两个端点定义椭圆的第一条轴。第一条轴的角度确定了整个椭圆的角度。第一条轴既可以定义椭圆的长轴，也可以定义短轴。

（2）旋转（R）：其短轴长度是以绕长轴旋转的角度来确定的（其取值范围为 $0° \leqslant$ 转角 $< 89.4°$）。

（3）中心点（C）：通过指定的中心点创建椭圆。

（4）圆弧（A）：该选项用于创建一段椭圆弧，与"绘图"工具条中"椭圆弧" 功能相同。其中第一条轴的角度确定了椭圆弧的角度。第一条轴既可以定义椭圆弧长轴，也可定义椭圆弧短轴。其中各选项含义如下：

①角度：指定椭圆弧端点的两种方式之一。十字光标与椭圆中心点连线的夹角为椭圆端点位置的角度。

②参数（P）：指定椭圆弧端点的另一种方式。该方式同样是指定椭圆弧端点的角度，但通过以下矢量参数方程创建椭圆弧：$p(u) = c + a\cos u + b\sin u$，其中，$c$ 为椭圆的中心点；a 和 b 分别为椭圆的长轴和短轴；u 为光标与椭圆中心点连线的夹角。

③包含角度（I）：定义从起始角度开始的包含角度。

3.2.4　实例：绘制圆弧类图形

绘制如图 3 – 19 所示的图形。

步骤提示：

（1）绘制中心线，绘制如图 3 – 19 所示的 5 条点画线。

（2）利用"圆"命令分别捕捉中心线的交点为圆心，绘制四个圆。

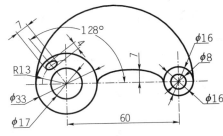

图 3 – 19　实例图形

（3）利用"圆弧"命令中的"起点、端点、角度"，结合对象捕捉功能首先选取小圆上的象限点，再选取大圆上的象限点，绘制角度为 180°的圆弧。

（4）利用"椭圆弧"命令，以大圆与水平中心线的右交点为椭圆长轴的一个端点，以 $\phi 16$ 圆与水平中心线的左交点为椭圆长轴的另一端点，短半轴长度为 7，椭圆弧起点角度为 $180°$，端点为大圆与中心线的交点。

（5）利用"椭圆"命令，选择倾斜 $128°$ 的中心线与 $R13$ 圆弧的交点为椭圆的中心点，输入"@2 < 128"绘制椭圆短轴，再输入"3.5"作为另一半轴长度。

3.3 平面图形的绘制

有一些常用的特定图形利用"直线"等命令可以绘制，但是步骤较多，计算复杂。本节列举 AutoCAD 中绘制特定图形的命令。

3.3.1 "多边形"命令

1. 功能

使用"多边形"命令时，首先输入边数，再选择按边或按中心来画。若按中心，则又分为按外接圆半径或内切圆半径两种画法。

2. 命令调用

（1）从菜单中执行"绘图"→"多边形"命令。

（2）单击"绘图"工具条中的"多边形"按钮⬠。

（3）在命令行中输入"POL"（polygon），按 Space 键。

3. 操作示例

（1）绘制以 O_1 为中心的六边形，该六边形的中心 O_1 到边的距离为 10。命令提示如下：

```
命令:_polygon
输入侧面数 <4>:6                              （执行"多边形"命令,输入边数"6"）
指定正多边形的中心点或[边(E)]:               （用鼠标选取多边形的中心点 O）
输入选项[内接于圆(I)/外切于圆(C)] <I>:C      （选择外切于圆的方式绘制多边形）
指定圆的半径:10                               （输入圆的半径"10",按 Space 键
                                              结束命令）
```

完成结果如图 3 – 20 所示，若内接圆已经提前绘制完成，之后一步也可以点选圆周。

（2）如图 3 – 21 所示，已知正六边形的两个相邻顶点 A、B，现绘制这个多边形。命令提示如下：

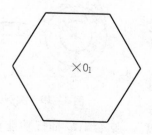

图 3 – 20 利用中心绘制多边形

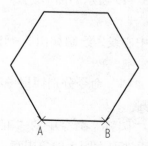

图 3 – 21 利用边长绘制多边形

命令:_polygon 输入侧面数 <6 >:　　　　（尖括号内数值为当前默认边数,按 Space 键确认）

指定正多边形的中心点或[边(E)]:E　　　（选择了以边长的方式绘制多边形）

指定边的第一个端点:指定边的第二个端点:（先后选择六边形的顶点 A、顶点 B）

顶点选取的方向决定正多边形的绘制方向,以选择顶点的方向继续逆时针绘制多边形。

4. 选项说明

（1）边（E）:以边长方式绘制正多边形。如果选择"边"选项,则只要指定多边形的一条边,系统就会按逆时针方向创建该正多边形,如图 3 - 21 所示。

（2）内接于圆（I）:以内接于圆的方式绘制多边形,圆的半径等于正多边形中心到顶点的距离。

（3）外切于圆（C）:以外切于圆的方式绘制多边形,圆的半径等于正多边形中心到边的距离。

3.3.2 "矩形"命令

1. 功能

矩形是最简单的封闭直线图形,在机械制图中常用来表达平行投影平面的面,可以直接绘制带倒角或圆角的矩形。

2. 命令调用

（1）从菜单中执行"绘图"→"矩形"命令。

（2）单击"绘图"工具条中的"矩形"按钮▭。

（3）在命令行中输入"REC"（rectang）,按 Space 键。

3. 操作示例

（1）如图 3 - 22 所示,绘制以点 A 为角点,边长为 60 mm ×40 mm 的矩形。命令提示如下:

命令:_rectang　　　　　　　　　　　　　　（执行"矩形"命令）

指定第一个角点或[倒角(C)/标高(E)/圆角(F)/厚度(T)/宽度(W)]:　（选取矩形的第一个角点 A）

指定另一个角点或[面积(A)/尺寸(D)/旋转(R)]:@60,40

（输入矩形的另一个角点相对于第一角点的坐标,按 Space 键结束命令）

（2）如图 3 - 23 所示,绘制以点 A 为角点,边长为 60 mm ×40 mm,倒角为 10 mm × 10 mm 的矩形。命令提示如下:

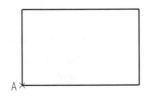

图 3 - 22　普通矩形

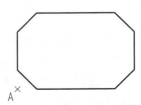

图 3 - 23　带倒角矩形

> 命令：_rectang　　　　　　　　　　　　　　　　（执行"矩形"命令）
> 指定第一个角点或[倒角(C)/标高(E)/圆角(F)/厚度(T)/宽度(W)]:C
> 　　　　　　　　　　　　　　　　　　　　　　（绘制带倒角的矩形）
> 指定矩形的第一个倒角距离<0.0000>:10　　　（设置第一个倒角的距离）
> 指定矩形的第二个倒角距离<10.0000>:　　　　（设置第二个倒角的距离）
> 指定第一个角点或[倒角(C)/标高(E)/圆角(F)/厚度(T)/宽度(W)]:
> 　　　　　　　　　　　　　　　　　（选取多矩形的第一个角点 A）
> 指定另一个角点或[面积(A)/尺寸(D)/旋转(R)]:@60,40
> 　　　（输入矩形的另一个角点相对于第一角点的坐标,按 Space 键结束命令）

（3）如图 3-24 所示，绘制以点 A 为角点，边长为 60 mm×40 mm，圆角半径为 10 mm 的矩形。命令提示如下：

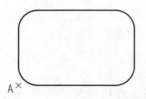

图 3-24　带圆角的矩形

> 命令：_rectang　　　　　　　　　　　　　　　　（执行"矩形"命令）
> 指定第一个角点或[倒角(C)/标高(E)/圆角(F)/厚度(T)/宽度(W)]:F
> 　　　　　　　　　　　　　　　　　　　　　　（绘制带圆角的矩形）
> 指定矩形的圆角半径<0.0000>:10　　　　　　　（设置圆角的半径）
> 指定第一个角点或[倒角(C)/标高(E)/圆角(F)/厚度(T)/宽度(W)]:
> 　　　　　　　　　　　　　　　　　（选取多矩形的第一个角点 A）
> 指定另一个角点或[面积(A)/尺寸(D)/旋转(R)]:@60,40
> 　　　（输入矩形的另一个角点相对于第一角点的坐标,按 Space 键结束命令）

4. 选项说明

（1）指定第一个角点：在默认情况下，通过指定两个对角点来绘制矩形。当指定了矩形的第一个角点之后，在命令提示下，指定矩形的对角点，即可直接绘制一个矩形。

（2）倒角（C）：用于绘制带倒角的矩形，需要指定矩形的两个倒角距离。当设定了倒角距离后，仍返回系统中提示的第二行，完成矩形的绘制。

（3）标高（E）：指定矩形所在的平面高度，在默认情况下，矩形在 XY 平面内。该选项一般用于三维绘图。

（4）圆角（F）：用于绘制带圆角的矩形，需要指定矩形的圆角半径。

（5）厚度（T）：按设定的厚度绘制矩形，该选项一般用于三维绘图。

（6）宽度（W）：按设定的宽度绘制矩形，需指定矩形的宽度。

（7）面积（A）：以指定矩形的面积和一边边长来绘制矩形。

（8）尺寸（D）：以指定矩形的长度、宽度和矩形其中一角点位置的方式绘制矩形。

（9）旋转（R）：以指定的旋转角度和选取两个参考点绘制矩形。

（10）长度（L）：用于以面积形式绘制矩形时设置水平边的长度。

在使用矩形命令时，所设置的选项内容将作为当前设置，下一次使用矩形命令时，仍按上次的设置绘制矩形直至重新设置。另外，在绘制带有圆角和倒角的矩形时，如果长度或宽度太小而无法使用当前设置绘制矩形，系统将自动忽略倒角或圆角设置而绘制普通矩形。

3.4　点 的 绘 制

点在 AutoCAD 中有多种不同的表示方式，用户可以根据需要进行设置。同时，也可以设置定数等分和定距等分。为了使点更明显，AutoCAD 为点设置了各种样式，用户可以根据需要来选择。

3.4.1　"点"命令

1. 功能

通常认为，点是最简单的图形单元。在工程图形中，点通常用来标定某个特殊的坐标位置，或者作为某个绘制步骤的起点和基础。

2. 命令调用

（1）从菜单中执行"绘图"→"点"→"单点"或"多点"命令。

（2）单击"绘图"工具栏中的"点"按钮　，调用多点命令。

（3）在命令行中输入"PO"（point），按 Space 键，调用多点命令。

3. 操作示例

命令:POINT

指定点: 　　　　　　　　　　　　　　　　　　　　（指定点所在的位置）

4. 选项说明

（1）多点的绘制与单点的相同，只是在完成一点绘制后不自动退出命令，可连续绘制下一点。

（2）可以打开状态栏中的"对象捕捉"开关设置节点捕捉模式，帮助用户拾取点。

（3）在 AutoCAD 中，点的默认样式为小圆点，为调整点的样式及大小，可选择"格式"→"点样式 "，在弹出的"点样式"对话框（如图 3 - 25 所示）中进行设置。该对话框给出了 20 种点的样式，用鼠标单击任何一种样式，方框反黑显示，表示选中。在"点大小"文本框中输入需要绘制点的大小，"相对于屏幕设置大小"和"按绝对单位设置大小"单选按钮决定了点大小的控制方法，完成设置后，单击"确定"按钮，关闭对话框，退出设置。

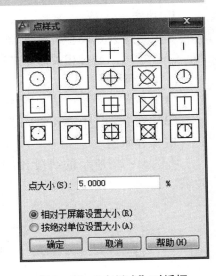

图 3 - 25　"点样式"对话框

3.4.2 "定数等分"命令

1. 功能

有时需要把某个线段或曲线按一定的份数进行等分，这一点在手工绘图中很难实现，但在 AutoCAD 中可以通过相关命令轻松完成。

2. 命令调用

（1）从菜单中执行"绘图"→"点"→"定数等分"命令。

（2）在命令行中输入"DIV"（divide），按 Space 键，调用"定数等分"命令。

3. 操作示例

通过对点样式和大小的设置，将图 3–26 所示的圆形 8 等分，命令示例如下：

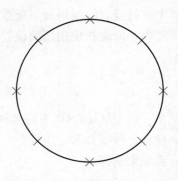

图 3–26　定数分点操作实例

命令:DIV	（执行"定数等分"命令）
选择要定数等分的对象：	（选择要定数等分的图形,如图 3–26 所示的圆）
输入线段数目或[块(B)]:8	（输入等分的数量,本示例中为 8 份,按 Space 键确定）

4. 选项说明

（1）等分数范围为 2～32 767。

（2）在等分点处，按当前点样式设置画出等分点。

（3）在第二提示行选择"块（B）"选项时，表示在等分点处插入指定的块（BLOCK）（见后续章节相关内容）。

绘制等分点

3.4.3 "定距等分"命令

1. 功能

和定数等分点类似，有时需要把某个线段或曲线以给定的长度为单元进行等分。在 AutoCAD 中可以通过相关命令来完成。

2. 命令调用

（1）从菜单中执行"绘图"→"点"→"定距等分"命令。

（2）在命令行中输入"ME"（measure），按 Space 键，调用定距等分点命令。

3. 操作示例

将图 3–27 所示的线段 *AB* 从端点 *A* 开始，画出以每隔 10 mm 插入一点的定距等分效果。

图 3–27　定距等分线段 **AB**

命令示例如下：

命令:ME	（执行"定距等分"命令）
选择要定距等分的对象:	（选择要定距等分的图形,靠近 A 端选择线段 AB）
指定线段长度或[块(B)]:10	（输入等分的数量,本示例中为 10 mm,按 Space 键确定）

4. 选项说明

（1）设置的起点一般是指定线的绘制起点。

（2）在第二提示行选择"块(B)"选项时，表示在测量点处插入指定的块。

（3）在等分点处按当前点样式设置画出等分点。

（4）最后一个测量段的长度不一定等于指定分段长度。

3.4.4　实例：绘制图形

绘制如图 3-28 所示的简易图形。

本实例需利用"正交"和"对象捕捉"模式，执行"直线"和"定数等分"命令，步骤提示：

（1）打开"正交"模式，绘制长度为 50 和 25 的两条直线，然后选择"闭合"，完成三角形的绘制。

（2）等分直线：

①选择菜单栏中的"格式"→"点样式"命令，在弹出的对话框内选择如图 3-29 所示的点样式，并将点的大小设置为相对于屏幕设置大小的 5%，单击"确定"按钮。

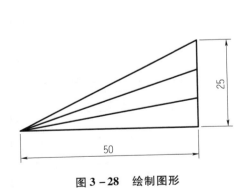

图 3-28　绘制图形

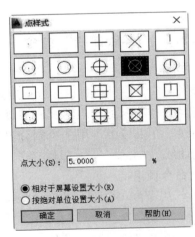

图 3-29　"点样式"对话框

②利用"绘图"→"点"→"定数等分"命令，将长度为 25 的直线 3 等分，如图 3-30 所示。

（3）绘制等分斜线：利用菜单栏中的"绘图"→"直线"命令，单击左侧端点作为直线第一点，然后单击鼠标右键，在弹出的对话框中选择"捕捉替代"→"节点"，如图 3-31 所示（调用临时捕捉模式），再连接相应等分点，完成一条等分斜线的绘制；同理完成另一条斜线。

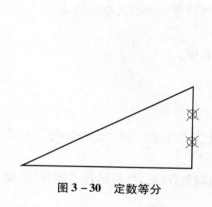

图 3-30　定数等分

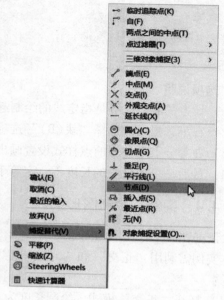

图 3-31　临时捕捉节点

（4）删除节点，或将点样式设置成"空白"，结果如图 3-28 所示。

3.5　高级绘图命令

3.5.1　"样条曲线"命令

1. 功能

样条曲线是一种通过或接近指定点的拟合曲线。在 AutoCAD 中，样条曲线的类型是非均匀有理 B 样条，适合表达具有不规则变化曲率半径的曲线，在机械中常用于绘制分界线、断面等不规则的曲线。

2. 命令调用

（1）从菜单中执行"绘图"→"样条曲线"命令。

（2）单击"绘图"工具条中的"样条曲线"按钮～。

（3）在命令行中输入"SPL"（spline），按 Space 键。

3. 操作示例

如图 3-32 所示，利用样条曲线绘制机械制图

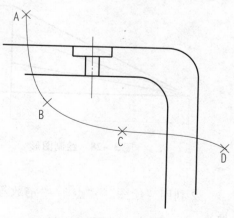

图 3-32　样条曲线

中确定剖切范围的曲线。命令提示如下：

```
命令:_spline
当前设置:方式 = 拟合节点 = 弦                   （执行"样条曲线"命令）
指定第一个点或[方式(M)/节点(K)/对象(O)]：      （选取样条曲线的第一个点 A）
输入下一个点或[起点切向(T)/公差(L)]：          （选取样条曲线的第二个点 B）
输入下一个点或[端点相切(T)/公差(L)/放弃(U)]： （选取样条曲线的第三个点 C）
输入下一个点或[端点相切(T)/公差(L)/放弃(U)/闭合(C)]：
                                              （选取样条曲线的第四个点 D）
输入下一个点或[端点相切(T)/公差(L)/放弃(U)/闭合(C)]：
                                              （按 Space 键结束命令）
```

4. 选项说明

（1）方式（M）：设置样条曲线的创建方式，其创建方式有拟合（F）方式和控制点（CV）方式两种。

（2）节点（K）：指定节点的参数变化形式，它会影响曲线在通过拟合点时的形状。它有弦（C）、平方根（S）和统一（U）三种形式。

（3）对象（O）：将二维或三维的二次或三次样条曲线拟合多段线转换成等效的样条曲线并删除多段线。

（4）起点切向（T）：设置样条曲线起始点切矢量。

（5）端点相切（T）：设置样条曲线终止点切矢量。

（6）公差（L）：设定拟合公差。

（7）放弃（U）：放弃上一次操作。

（8）闭合（C）：闭合样条曲线。

3.5.2 "多段线"命令

1. 功能

二维多段线是作为单个平面对象创建的相互连接的线段序列。使用"多段线"命令可以创建直线段、圆弧段或两者的组合线段，每一段可以具有宽度，各段的宽度可以不同，同一段的宽度也可以不同。

2. 命令调用

（1）从菜单中执行"绘图"→"多段线"命令。

（2）单击"绘图"工具条中的"多段线"按钮 ⌐ 。

（3）在命令行中输入"PL"（pline），按 Space 键。

3. 操作示例

（1）利用"多段线"命令绘制如图 3 - 33 所示的圆角半径为 10 mm 的图形。命令提示如下：

命令:_pline   （执行"多段线"命令）

指定起点: （选取多段线的第一点 A）

当前线宽为 0.0000

指定下一个点或[圆弧(A)/半宽(H)/长度(L)/放弃(U)/宽度(W)]:

                                 （选取多段线的第二点 B）

指定下一点或[圆弧(A)/闭合(C)/半宽(H)/长度(L)/放弃(U)/宽度(W)]:A

                                 （改为绘制圆弧）

指定圆弧的端点或[角度(A)/圆心(CE)/闭合(CL)/方向(D)/半宽(H)/直线(L)/半径(R)/第二个点(S)/放弃(U)/宽度(W)]:CE   （选择以圆心方式绘制圆弧）

指定圆弧的圆心:@0,-10   （输入圆心相对于点 B 的坐标）

指定圆弧的端点或[角度(A)/长度(L)]:A   （选择以角度方式绘制圆弧）

指定包含角:-90   （顺时针方向绘制 90°圆弧）

指定圆弧的端点或

[角度(A)/圆心(CE)/闭合(CL)/方向(D)/半宽(H)/直线(L)/半径(R)/第二个点(S)/放弃(U)/宽度(W)]:L

                                 （改为绘制直线）

指定下一点或[圆弧(A)/闭合(C)/半宽(H)/长度(L)/放弃(U)/宽度(W)]:

                                 （选取多段线的第四点 A）

指定下一点或[圆弧(A)/闭合(C)/半宽(H)/长度(L)/放弃(U)/宽度(W)]:

（按 Space 键确认）

（2）利用"多段线"命令绘制如图 3 - 34 所示的箭头。命令提示如下：

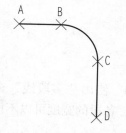

图 3 - 33　直线与圆弧多线段

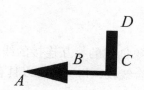

图 3 - 34　箭头

利用"多段线"命令绘制箭头

命令:_pline   （执行"多段线"命令）

指定起点: （用鼠标选取 A 点作为多段线的起点）

当前线宽为 0.0000   （起点宽度为默认值 0，按 Space 键确认）

指定下一个点或[圆弧(A)/半宽(H)/长度(L)/放弃(U)/宽度(W)]:W

                             （设置 AB 段多段线宽度）

指定起点宽度<0.0000>:0   （输入起点宽度 0）

指定端点宽度<0.0000>:10   （输入终点宽度 10）

指定下一个点或[圆弧(A)/半宽(H)/长度(L)/放弃(U)/宽度(W)]:20

（输入 AB 段长度 20）

指定下一点或[圆弧(A)/闭合(C)/半宽(H)/长度(L)/放弃(U)/宽度(W)]:W

（设置 BC 段多段线宽度）

指定起点宽度 <10.0000>:2　　　　　　　　　　（输入起点宽度 2）

指定端点宽度 <2.0000>:2　　　　　　　　　　　（输入终点宽度 2）

指定下一点或[圆弧(A)/闭合(C)/半宽(H)/长度(L)/放弃(U)/宽度(W)]:20

（输入 BC 段长度 20）

指定下一点或[圆弧(A)/闭合(C)/半宽(H)/长度(L)/放弃(U)/宽度(W)]:W

（设置 CD 段多段线宽度）

指定起点宽度 <2.0000>:5　　　　　　　　　　（输入起点宽度 5）

指定端点宽度 <5.0000>:5　　　　　　　　　　（输入终点宽度 5）

指定下一点或[圆弧(A)/闭合(C)/半宽(H)/长度(L)/放弃(U)/宽度(W)]:20

（输入 CD 段长度 20）

指定下一点或[圆弧(A)/闭合(C)/半宽(H)/长度(L)/放弃(U)/宽度(W)]:

（按 Space 键确认）

4. 选项说明

（1）圆弧（A）：由直线多段线切换到圆弧多段线方式。选择该选项，AutoCAD 继续提示：

[角度(A)/圆心(CE)/方向(D)/半宽(H)/直线(L)/半径(R)/第二个点(S)/放弃(U)/宽度(W)]:

在此提示下，用户可以选择不同的绘制圆弧方式，这与 3.2.2 节中介绍的基本相同，此处不再赘述。其中，"直线（L）"选项为由绘制圆弧方式改为绘制直线方式；"第二个点（S）"为三点绘制圆弧方式。

（2）闭合（CL）：封闭多段线，首尾以圆弧或直线段闭合。

（3）半宽（H）：确定多段线的半宽。

（4）长度（L）：设定新的多段线长度。如果前一段是直线，延长方向与该直线相同；如果前一段是圆弧，延长方向为端点处圆弧的切线方向。

（5）放弃（U）：取消前次操作，可顺序回溯。

（6）宽度（W）：用来设定多段线的宽度。

3.6　图案填充

在绘制图形时，常常需要标识某一区域的用途，如表现建筑表面的装饰纹理、颜色及地板的材质等。在地图中，也常用不同的颜色与图案来区分不同的区域等。

重复绘制某些图案以填充图形中的一个区域，从而表达该区域的特征，这种填充操作称为图案填充。在机械工程图中，可以用图案填充表达一个剖面的区域，也可以使用不同的图案填充来表达不同的零件或者材料。

3.6.1 设置图案填充

当进行图案填充时，首先要确定填充图案的边界。定义边界的对象只能是直线、双向射线、单向射线、多段线、样条曲线、圆弧、圆、椭圆、椭圆弧、面域等对象或用这些对象定义的块，并且作为边界的对象在当前图层上必须全部可见。

用户可以通过以下方法设置图案填充：

（1）从菜单中执行"绘图"→"图案填充"命令。

（2）单击"绘图"工具栏中的"图案填充"按钮。

（3）在命令行中输入"H"（hatch），按 Space 键。

执行上述命令后，系统打开如图 3 – 35 所示的"图案填充和渐变色"对话框，选择"图案填充"选项卡，各选项组介绍如下。

图 3 – 35　"图案填充"选项卡

1."类型和图案"选项组

此选项组用于设置图案填充的类型和具体图案。

（1）"类型"下拉列表框：设置填充的图案类型，有"预定义""用户定义"和"自定义"3 个选项。其中，选择"预定义"选项，可以使用 AutoCAD 提供的图案，这些图案存储在"acad. pat"文本文件和"acadiso. pat"文本文件中；选择"用户定义"选项，则需要临时定义图案，该图案由一组平行线或者相互垂直的两组平行线组成；选择"自定义"选项，可以使用事先定义好的图案。

（2）"图案"下拉列表框：当选择了"预定义"填充类型填充图案时，此下拉列表框可用于选择填充图案。用户可以通过该下拉列表框选择图案，也可以单击右边的██按钮，从弹出的"填充图案选项板"对话框中进行选择，如图 3 – 35 所示。

"填充图案选项板"对话框中有"ANSI""ISO""其他预定义"和"自定义" 4 个选项卡，如图 3 – 36 所示。如果用户没有自定义图案，则"自定义"选项卡内容为空，用户可以根据需要从某一个选项卡中选择合适的图案进行填充，机械制图中常用的剖面线图案为 ANSI31。

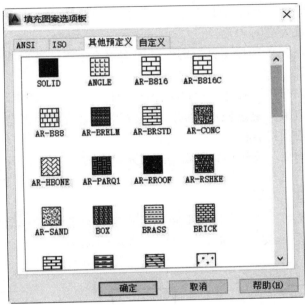

图 3 – 36　填充图案选项板

（3）"样例"框：用于显示当前填充图案的图案示例，可以单击"样例"以显示"填充图案选项板"对话框。

2. "角度和比例"选项组

此选项组可以用于指定选定填充图案的角度和比例。

（1）"角度"下拉列表框：确定填充图案的旋转角度。0°旋转角为图案定义时的图案角度。用户可以直接输入填充图案时的图案旋转角，也可以从对应的下拉列表框中选择角度值。

（2）"比例"下拉列表框：确定填充图案时的比例值。每种图案在定义时的初始比例是 1，用户可以根据需要放大或缩小填充图案，只需直接输入比例值，或者从对应的下拉列表框中选择比例值即可。只有将"类型"设置为"预定义"或"自定义"时，"比例"项才可以使用。

（3）"双向"复选框：对于用户定义的图案，将绘制第二组直线，这些直线与原来的直线成 90°，从而构成交叉线。只有将"类型"设置为"用户定义"时，此选项才可以使用。

（4）"相对图纸空间"复选框：相对图纸空间单位缩放填充图案。使用此选项，可以很容易地做到以适用于布局的比例显示填充图案。该选项仅适用于布局。

（5）"间距"文本框：指定用户定义图案中的直线间距。

（6）"ISO 笔宽"下拉列表框：基于选定笔宽缩放 ISO 预定义图案。只有将"类型"设置为"预定义"，并将"图案"设置为可用的 ISO 图案的一种时，此选项才可以使用。

3. "图案填充原点"选项组

此选项组控制填充图案生成的起始位置。某些图案填充需要与图案填充边界上的一点对齐，如填充砖块图案时。在默认情况下，所有图案填充原点都对应于当前的 UCS 原点。

（1）"使用当前原点"单选按钮：使用存储于 HPORIGINMODE 系统变量中的设置。在默认情况下，原点设置为（0，0）。

（2）"指定的原点"单选按钮：指定新的图案填充原点。选取此选项可以使以下选项可用。

① "单击以设置新原点"按钮：通过鼠标拾取直接指定新的图案填充原点。

② "默认为边界范围"复选框：根据图案填充对象边界的矩形范围计算新原点，可以选择该范围的 4 个角点及其中心。

③ "存储为默认原点"复选框：将新图案填充原点的值存储在 HPORIGINMODE 系统变量中。

4. "边界"选项组

（1）"添加：拾取点"按钮：以拾取点的形式自动确定填充区域的边界。在填充的区域内任意拾取一点，系统会自动确定出包围该点的封闭填充边界，并且以高亮度显示，如图 3 – 37 所示。

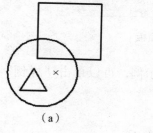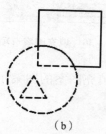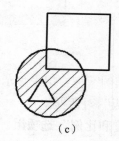

（a）　　　　　　　　　　（b）　　　　　　　　　（c）

图 3 – 37　拾取点
（a）选择一点；（b）填充区域；（c）填充结果

（2）"添加：选择对象"按钮：以选择对象的方式确定填充区域的边界。用户可以根据需要选取构成填充区域的边界。同样，被选择的边界也会以高亮度显示，如图 3 – 38 所示。

（3）"删除边界"按钮：从边界定义中删除以前添加的对象，如图 3 – 39 所示。

（4）"重新创建边界"按钮：围绕选定的填充图案或填充对象创建多段线或面域。

（5）"查看选择集"按钮：查看填充区域的边界。单击该按钮，AutoCAD 临时切换到绘图屏幕，将所选择的作为填充边界的对象以高亮度显示。只有通过"拾取点"按钮或"选

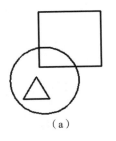 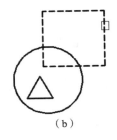 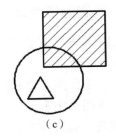

（a） （b） （c）

图 3－38 选择对象

（a）原始图形；（b）选取边界对象；（c）填充结果

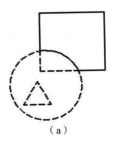 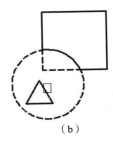 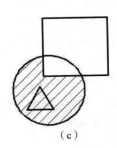

（a） （b） （c）

图 3－39 删除边界

（a）选取边界对象；（b）删除边界；（c）填充结果

择对象"按钮选取了填充边界，"查看选择集"按钮才可以使用。

5."选项"选项组

（1）"注释性"复选框：指定填充图案为注释性。

（2）"关联"复选框：用于确定填充图案与边界的关系。若选中该复选框，那么填充图案与填充边界保持着关联关系，即图案填充后，当用钳夹（Grips）功能对边界进行拉伸等编辑操作时，AutoCAD 会根据边界的新位置重新生成填充图案。

（3）"创建独立的图案填充"复选框：当指定了几个独立的闭合边界时，用来控制是创建单个图案填充对象还是创建多个图案填充对象，如图 3－40 所示。

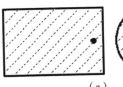 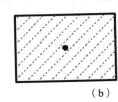

（a） （b）

图 3－40 独立与不独立

（a）不独立，选中时是一个整体；（b）独立，选中时不是一个整体

（4）"绘图次序"下拉列表框：指定图案填充的顺序。图案填充可以放在所有其他对象之后、所有其他对象之前、图案填充边界之后或图案填充边界之前。

6."继承特性"按钮

该按钮的作用是继承特性，即选用图中已有的填充图案作为当前的填充图案。

3.6.2 设置渐变色填充

单击"图案填充和渐变色"对话框中的"渐变色"选项卡，将切换到"渐变色"选项卡，如图 3 – 41 所示。

渐变填充是实体图案填充，能够体现出光照在平面上而产生的过渡颜色效果。可以使用渐变填充在二维图形中表示实体。

在"渐变色"选项卡中，"单色"单选按钮用于实现单色填充；"双色"单选按钮用于实现在两种颜色之间平滑过渡的双色渐变填充。单击"单色"下方的 …按钮，系统将弹出"选择颜色"对话框，如图 3 – 42 所示。当使用"双色"填充时，可以单击"双色"下方的 …按钮，通过"选择颜色"对话框来确定"颜色 1"和"颜色 2"的颜色。选项卡中间提供了 9 种填充方式，单击某个图像按钮即可选择该填充方式。此外，用户还可以通过"居中"复选框决定是否采用对称渐变配置，通过"角度"下拉列表框确定渐变填充时的角度。

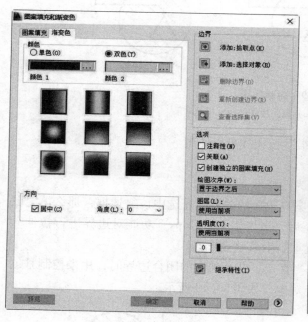

图 3 – 41 "渐变色"选项卡

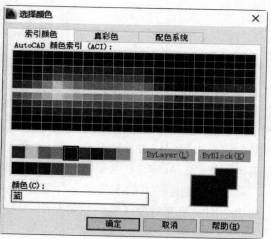

图 3 – 42 "选择颜色"对话框

3.7 课堂实训

实训一

绘制如图 3 – 43 所示的简易棘轮（18 齿）。

本实例主要执行"直线""圆"和"定数等分"命令，步骤提示如下：

（1）绘制棘轮中心线。

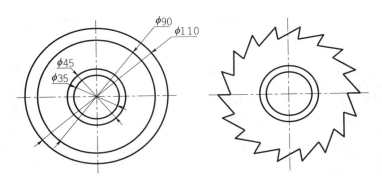

图 3 – 43　棘轮

（2）绘制棘轮内孔及轮齿内外圆：利用"圆"命令，打开"对象捕捉"，以两条中心线的交点为圆心，绘制直径分别为 $\phi35$、$\phi45$、$\phi90$ 和 $\phi110$ 的圆形。

（3）等分圆形：

①选择菜单栏中的"格式"→"点样式"命令，在弹出的对话框内，选择如图 3 – 29 所示的点样式，并将点的大小设置为相对于屏幕设置大小的 5%，单击"确定"按钮。

②利用"绘图"→"点"→"定数等分"命令，将直径分别为 $\phi90$ 与 $\phi110$ 的圆 18 等分，如图 3 – 44 所示。

（4）绘制齿廓：利用菜单栏中的"绘图"→"直线"命令，连接相应等分点，结果如图 3 – 45 所示，绘制齿廓。

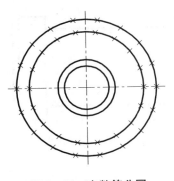

图 3 – 44　定数等分圆

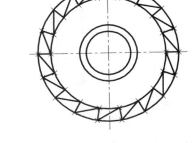

图 3 – 45　绘制齿廓

（5）删除多余的点和线：选中直径分别为 $\phi90$ 与 $\phi110$ 的圆和所有的点，按 Delete 键，将选中的点和线删除，结果如图 3 – 43 所示。

实训 2

绘制如图 3 – 46 所示的滚花零件。

本实例利用"直线"和"样条曲线"命令绘制零件轮廓，并利用"图案填充"命令填充滚花零件。步骤提示如下：

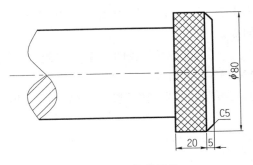

图 3 – 46　滚花零件

（1）设置图层：新建"粗实线""细实线""点画线""剖面线"4 个图层，如图 3 – 47 所示。

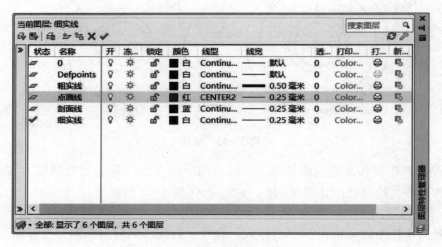

图 3 – 47　图层设置

（2）分别将"点画线"和"粗实线"设置为当前图层，利用"直线"或"矩形"命令绘制零件主体部分，如图 3 – 48 所示。

（3）绘制断裂线：将当前图层设置为"细实线"图层，单击"绘图"工具栏中的"样条曲线"按钮，绘制零件断裂部分示意线，如图 3 – 49 所示。

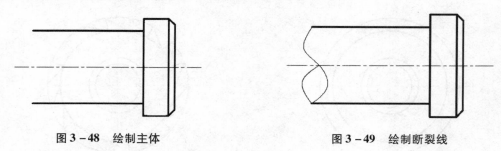

图 3 – 48　绘制主体　　　　　　　　　　　图 3 – 49　绘制断裂线

（4）填充断面：将当前图层设置为"剖面线"图层，单击"绘图"工具栏中的"图案填充"按钮，在弹出的对话框中，设置"图案"为 ANSIA31，"角度"为 0°，"比例"为 1.5，如图 3 – 50 所示。通过"添加：拾取点"方式，在断面处拾取一点，填充断面处。

（5）填充滚花表面：单击"绘图"工具栏中的"图案填充"按钮，设置"图案"为 ANSIA37，"角度"为 0°，"比例"为 1。通过"添加：选择对象"方式，选择矩形轮廓，填充滚花处。最终绘制的图形如图 3 – 46 所示。

图 3 - 50　图案填充设置

3.8　课后练习

练习 1

利用"构造线"命令辅助完成如图 3 - 51 所示三视图的绘制。

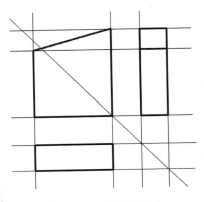

图 3 - 51　绘制三视图

操作提示：

（1）利用"构造线"命令绘制竖直、水平及 45°辅助线。

（2）利用"直线"和"矩形"命令绘制三视图。

练习 2

完成如图 3-52 所示三角形的绘制，无须标注尺寸。

操作提示：

利用"构造线"和"圆形"命令辅助找到三角形顶点。

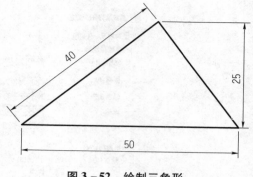

图 3-52　绘制三角形

练习 3

完成如图 3-53 所示图形的绘制，并填充相应的图案，无须标注尺寸。

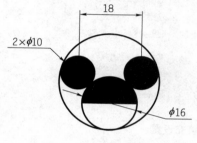

图 3-53　绘制图形

课后练习

操作提示：

（1）以"圆心、半径"的方法绘制两个小圆。

（2）以"相切、相切、半径"的方法绘制中间与两个小圆均相切的大圆。

（3）执行"绘图"→"圆"→"相切、相切、相切"菜单命令，以已经绘制的 3 个圆为相切对象，绘制最外面的大圆。

（4）利用"直线"及"图案填充"命令完成全部图形的绘制。

练习 4

按尺寸要求绘制如图 3-54 所示图形，注意所绘图形的先后顺序。

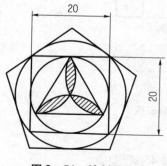

图 3-54　绘制图形

课后练习

操作提示：

绘制顺序可参考图 3 - 55 所示的标注序号。

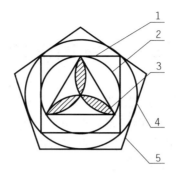

图 3 - 55　绘制顺序

练习 5

绘制如图 3 - 56 所示图形，无须标注尺寸。

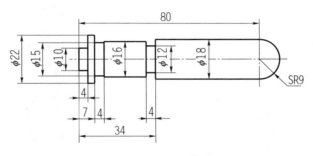

图 3 - 56　阀芯平面图

练习 6

绘制如图 3 - 57 所示图形，无须标注尺寸。

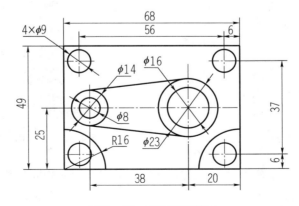

图 3 - 57　平面图形练习

第4章 二维图形的编辑

在 AutoCAD 中使用绘图命令或绘图工具可以创建出基本图形，要实现对复杂图形的绘制，需要借助图形编辑修改命令。图形编辑修改是指对图形进行修改、复制、移动、旋转、修剪和删除等操作。AutoCAD 提供了丰富的图形编辑修改工具和命令，适当而灵活地利用这些工具和命令可以显著地提高绘图效率和质量。AutoCAD 提供的常用编辑修改工具都集中在如图 4-1 所示的"修改"工具栏（也称"编辑"工具栏）中，其对应的菜单命令如图 4-2 所示。

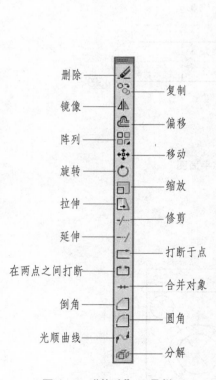

图 4-1 "修改"工具栏   图 4-2 菜单中的修改命令

AutoCAD 的编辑工具或命令可分为三大类：一是用于生成相同、相似的对象，操作命令有复制、镜像、偏移和阵列等；二是对图形的变换，操作命令有旋转、缩放和拉伸等；三是对图形的编辑，操作命令有修剪、延伸、打断、倒角、圆角和分解等。

4.1　生成相同、相似对象

众所周知，在绘制工程图样时会遇到大量需要重复绘制的图形。如果重新绘制，会影响绘图的速度甚至质量，因此，学会应用"复制"类的命令对提高绘图速度与质量具有十分重要的意义。

4.1.1　"复制"命令

1. 功能

复制操作可以从原对象以指定的角度和方向创建对象的一个或多个副本，复制生成的每个对象都是相互独立的。若使用坐标、栅格捕捉、对象捕捉和其他工具，还可以精确复制对象。

2. 命令调用

（1）从菜单中执行"修改"→"复制"命令。

（2）单击"修改"工具条中的"复制"按钮  。

（3）在命令行中输入"CO"（copy），按 Space 键。

3. 操作示例

如图 4－3 所示，可以通过"复制"命令将图形文件复制出需要绘制的结果图形。命令行提示如下：

命令：copy	（执行"复制"命令）
选择对象：	（选择图 4－3（a）中心处的圆，按 Space 键确认）
当前设置：复制模式＝多个	（提示当前的复制模式）
指定基点或［位移（D）/模式（O）］＜位移＞：	（选择圆的圆心）
指定第二个点或［阵列（A）］＜使用第一个点作为位移＞：	
	（选择十字线交点作为目标点）
指定第二个点或［阵列（A）/退出（E）/放弃（U）］＜退出＞：	
	（选择第二个十字线交点作为目标点）
指定第二个点或［阵列（A）/退出（E）/放弃（U）］＜退出＞：	
	（选择第三个十字线交点作为目标点）
指定第二个点或［阵列（A）/退出（E）/放弃（U）］＜退出＞：	
	（选择最后一个十字线交点作为目标点）
指定第二个点或［阵列（A）/退出（E）/放弃（U）］＜退出＞：	
	（按 Esc 键退出"复制"命令）

【选项说明】

（1）指定基点：使用由基点及后跟的第二点指定的距离和方向复制对象。指定的两点定义一个矢量，指示复制的对象移动的距离和方向。

（2）位移（D）：使用坐标指定相对距离和方向。

（3）模式（O）：控制是否自动重复此命令。若选择模式（O），则可进一步选择［单个（S）/多个（M）］两种复制模式，例如，选用"多个（M）"，即可连续复制出多个副本。

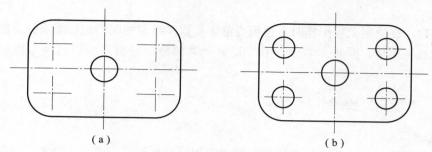

（a）　　　　　　　　　　　　　　　　　　　（b）

图4-3　复制

（a）复制前；（b）复制后

4.1.2 "镜像"命令

1. 功能

镜像操作是把选择的对象绕指定轴翻转做对称复制。巧用"镜像"命令可以提高绘图效率，比如一些轴对称图形，可以绘制半个图形，然后将其镜像，得到整个图形。

2. 命令调用

（1）从菜单中执行"修改"→"镜像"命令。

（2）单击"修改"工具条中的"镜像"按钮。

（3）在命令行中输入"MI"（mirror），按 Space 键。

3. 操作示例

如图4-4所示，可以通过镜像命令将图形文件翻转成需要绘制的结果图形。命令行提示如下：

命令:mirror　　　　　　　　　（执行"镜像"命令）

选择对象：　　　　　　　　　　（选择图4-4(a)中除中心线外的所有直线,按 Space 键确认）

指定镜像线的第一点：　　　　　（指定中心线上的某一点,例如图4-4(a)中左侧的点）

指定镜像线的第二点：　　　　　（指定中心线上的另一点,例如图4-4(a)中右侧的点）

要删除对象吗？［是(Y)/否(N)］<N>:（确定是否删除原对象）

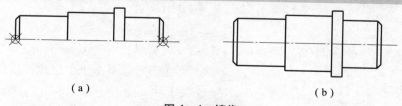

（a）　　　　　　　　　　　　　　　　　　（b）

图4-4　镜像

（a）镜像前；（b）镜像后

【选项说明】

默认情况下，镜像文字、属性和属性定义时，它们在镜像图像中不会反转或倒置。文字的对齐和对正方式在镜像对象前后相同。如果确实要反转文字，可以将 MIRRTEXT 系统变量设置为 1，即命令行中输入"MIRRTEXT"，按 Space 键，再输入"1"（"1"表示翻转，"0"表示复制），按 Space 键。

4.1.3　实例：绘制压盖

绘制如图 4 - 5 所示的压盖。

步骤提示：

（1）将"中心线"设定为当前图层，利用"直线"命令绘制中心线（右侧中心线不画）。

（2）将"粗实线"设定为当前图层，利用"圆"命令绘制直径为 36 和直径为 22 的两个圆。

（3）利用"直线"命令，结合对象捕捉功能，绘制一条切线。

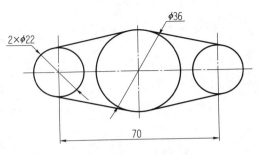

图 4 - 5　压盖

（4）利用"镜像"命令，以水平中心线为"镜像线"镜像已绘制的切线。

（5）按 Space 键重复上一命令，以中间竖直中心线为"镜像线"，选择"镜像线"左边的图形对象，进行镜像。

4.1.4　"偏移"命令

1. 功能

"偏移"命令与"复制"命令类似，不同的是，"偏移"命令要输入新、旧两个图形的具体距离，即偏移值。"偏移"命令可以将指定的直线、圆、圆弧等对象做等距复制，即创建一个与选定对象类似的新对象，并将偏移的对象放置在离原对象一定距离的位置上，同时保留原对象。

2. 命令调用

（1）从菜单中执行"修改"→"偏移"命令。

（2）单击"修改"工具条中的"偏移"按钮 ⬚。

（3）在命令行中输入"O"（offset），按 Space 键。

3. 操作示例

如图 4 - 6 所示，可以通过"偏移"命令将图形文件偏移出需要绘制的结果图形。命令行提示如下：

```
命令:OFFSET                            (执行"偏移"命令)
当前设置:删除源 = 否图层 = 源　OFFSETGAPTYPE = 0
指定偏移距离或[通过(T)/删除(E)/图层(L)] <通过 >:5
                              (输入偏移距离 5,按 Space 键)

选择要偏移的对象,或[退出(E)/放弃(U)] <退出 >:
                              (选择直线)

指定要偏移的那一侧上的点,或[退出(E)/多个(M)/放弃(U)] <退出 >:
                              (鼠标移到直线左上方空白处,单击指定
                               方向)
```

选择要偏移的对象，或[退出(E)/放弃(U)]<退出>：

（选择圆形）

指定要偏移的那一侧上的点，或[退出(E)/多个(M)/放弃(U)]<退出>：

（鼠标移到圆外侧，单击指定方向）

选择要偏移的对象，或[退出(E)/放弃(U)]<退出>：

（选择圆弧）

指定要偏移的那一侧上的点，或[退出(E)/多个(M)/放弃(U)]<退出>：

（鼠标移到圆弧外侧，单击指定方向）

选择要偏移的对象，或[退出(E)/放弃(U)]<退出>：

（选择五边形）

指定要偏移的那一侧上的点，或[退出(E)/多个(M)/放弃(U)]<退出>：

（鼠标移到五边形外侧，单击指定方向）

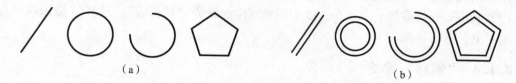

（a） （b）

图 4-6 偏移

（a）偏移前；（b）偏移后

【选项说明】

（1）指定偏移距离：输入一个距离值，按 Space 键，系统把该距离值作为偏移距离，如图 4-6（b）所示。

（2）通过（T）：指定偏移对象要通过的点。

（3）删除（E）：指定是否在执行"偏移"命令后，删除源图形对象。

（4）图层（L）：确定将偏移对象创建在当前图层上还是源对象所在的图层上。

4.1.5 实例：绘制挡圈

绘制如图 4-7 所示的挡圈。

步骤提示：

（1）将"中心线"设定为当前图层，利用"直线"命令绘制中心线。

（2）将"粗实线"设定为当前图层，利用"圆"命令捕捉两条中心线的交点为圆心，绘制直径为 14 的圆。

（3）利用"偏移"命令绘制出其余三个同心圆。

（4）利用"圆"命令绘制直径为 4 的小孔。

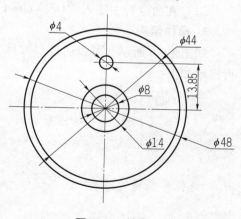

图 4-7 挡圈

4.1.6　"阵列"命令

1. 功能

"阵列"命令可以将被阵列的源对象按一定的规则复制多个副本并进行阵列排列。阵列包括矩形阵列、环形阵列和路径阵列三种。在二维制图中使用矩形阵列，可以控制行和列的数目及它们之间的距离；使用环形阵列，可以围绕中心点在环形阵列中均匀分布对象副本；使用路径阵列，可以沿路径或部分路径均匀分布对象副本。注意，在创建阵列的过程中，可以设置阵列的关联性。

2. 命令调用

（1）从菜单中执行"修改"→"阵列"→"矩形阵列"/"路径阵列"/"环形阵列"命令。

（2）单击"修改"工具条中的"矩形阵列"按钮▦，或单击该按钮右下角的小三角，选择"路径阵列"或"环形阵列"。

（3）在命令行中输入"AR"（array），按 Space 键。

3. 操作示例

下面通过实例分别介绍矩形阵列、环形阵列和路径阵列的具体操作方法。

（1）矩形阵列。

如图 4-8 所示，可以通过"矩形阵列"命令将图形文件阵列出需要绘制的结果图形，命令行提示如下：

```
命令:ARRAYRECTANGLE
选择对象:                          （选择要阵列的原图形）
类型 = 矩形关联 = 否
选择夹点以编辑阵列或[关联(AS)/基点(B)/计数(COU)/间距(S)/列数(COL)/行数
(R)/层数(L)/退出(X)]<退出>:           （选择计数选项以确定阵列的
                                        行数和列数）

输入列数或[表达式(E)]<4>:4            （4 列）
输入行数或[表达式(E)]<3>:4            （4 行）
选择夹点以编辑阵列或[关联(AS)/基点(B)/计数(COU)/间距(S)/列数(COL)/行数
(R)/层数(L)/退出(X)]<退出>:S           （确定行间距和列间距）
指定列之间的距离或[单位单元(U)]<25.9443>:25  （列间距25）
指定行之间的距离<25.9443>:20          （行间距20）
选择夹点以编辑阵列或[关联(AS)/基点(B)/计数(COU)/间距(S)/列数(COL)/行数
(R)/层数(L)/退出(X)]<退出>:as
创建关联阵列[是(Y)/否(N)]<否>:n        （确定所创建的副本之间不关
                                        联）

选择夹点以编辑阵列或[关联(AS)/基点(B)/计数(COU)/间距(S)/列数(COL)/行数
(R)/层数(L)/退出(X)]<退出>:
```

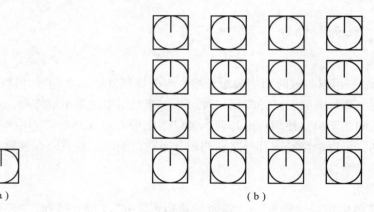

图 4 – 8　矩形阵列

（a）矩形阵列前；（b）矩形阵列后

【注意】

在矩形阵列中，行偏移和列偏移有正负之分。默认情况下，若行偏移为正值，则行添加在上面；反之，则行添加在下面。若列偏移为正值，则列添加在右侧；反之，则列添加在左侧。

（2）环形阵列。

如图 4 – 9 所示，可以通过"环形阵列"命令将图形文件阵列出需要绘制的结果图形，命令行提示如下：

```
命令:ARRAYPOLAR
选择对象:找到 1 个                    （选择最小的圆作为要阵列的对象）
选择对象:
类型 = 极轴关联 = 否
指定阵列的中心点或[基点(B)/旋转轴(A)]: （选择大圆的圆心作为中心点）
选择夹点以编辑阵列或[关联(AS)/基点(B)/项目(I)/项目间角度(A)/填充角度
(F)/行(ROW)/层(L)/旋转项目(ROT)/退出(X)] <退出 >:I
                                    （选择项目选项）
输入阵列中的项目数或[表达式(E)] <6 >:5  （输入阵列后希望得到的图形数量）
选择夹点以编辑阵列或[关联(AS)/基点(B)/项目(I)/项目间角度(A)/填充角度
(F)/行(ROW)/层(L)/旋转项目(ROT)/退出(X)] <退出 >:F
                                    （选择填充角度选项）
指定填充角度( + =逆时针、- =顺时针)或[表达式(EX)] <360 >:
                                    （输入 0°~360°任意角度数）
选择夹点以编辑阵列或[关联(AS)/基点(B)/项目(I)/项目间角度(A)/填充角度
(F)/行(ROW)/层(L)/旋转项目(ROT)/退出(X)] <退出 >:AS
创建关联阵列[是(Y)/否(N)] <否 >:y      （确定所创建的副本之间相关联）
选择夹点以编辑阵列或[关联(AS)/基点(B)/项目(I)/项目间角度(A)/填充角度
(F)/行(ROW)/层(L)/旋转项目(ROT)/退出(X)] <退出 >:
```

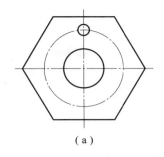
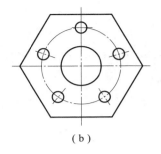

（a）　　　　　　　　　　　　　（b）

图 4 - 9　环形阵列

（a）环形阵列前；（b）环形阵列后

该环形阵列为关联阵列，整个阵列为单一对象，所以阵列对象作为整体可以进行编辑和修改，方法如下：在绘图区双击阵列对象，会弹出图 4 - 10 所示的"快捷特性"选项板，可以利用它们对所选的阵列对象进行快捷的编辑和修改。

阵列（环形）	
图层	中心线即点划线
方向	逆时针
项数	5
项目间的角度	72
填充角度	360
旋转项目	是

图 4 - 10　"快捷特性"选项板

（3）路径阵列。

如图 4 - 11 所示，可以通过"路径阵列"命令将图形文件阵列出需要绘制的结果图形，命令行提示如下：

```
命令:ARRAYPATH
选择对象:找到 1 个                    （选择图 4 -11（a）中的三角形对象）
选择对象:
类型 = 路径关联 = 是
选择路径曲线:                        （选择图 4 -11（a）中的二维多段线）
选择夹点以编辑阵列或[关联(AS)/方法(M)/基点(B)/切向(T)/项目(I)/行(R)/层
(L)/对齐项目(A)/Z 方向(Z)/退出(X)]<退出>:M（选择方法选项）
输入路径方法[定数等分(D)/定距等分(M)]<定距等分>:D
                                    （在多段线上根据数目等分的方式）
选择夹点以编辑阵列或[关联(AS)/方法(M)/基点(B)/切向(T)/项目(I)/行(R)/层
(L)/对齐项目(A)/Z 方向(Z)/退出(X)]<退出>:I（选择项目选项）
输入沿路径的项目数或[表达式(E)]<16>:10　（输入阵列后的三角形个数）
```

> 选择夹点以编辑阵列或[关联(AS)/方法(M)/基点(B)/切向(T)/项目(I)/行(R)/层(L)/对齐项目(A)/Z 方向(Z)/退出(X)]<退出>:AS
>
> 创建关联阵列[是(Y)/否(N)]<是>:N　　　　　（确定所创建的副本之间不关联）
>
> 选择夹点以编辑阵列或[关联(AS)/方法(M)/基点(B)/切向(T)/项目(I)/行(R)/层(L)/对齐项目(A)/Z 方向(Z)/退出(X)]<退出>:

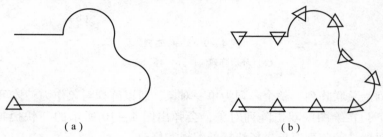

（a）　　　　　　　　　　　　　　　　（b）

图 4 – 11　路径阵列

（a）路径阵列前；（b）路径阵列后

在命令行中输入"ARRAYCLASSIC"，可弹出"阵列"命令的经典对话框，如图 4 – 12 和图 4 – 13 所示。用此对话框可更直观地执行"矩形阵列"和"环形阵列"命令。

图 4 – 12　"矩形阵列"标签

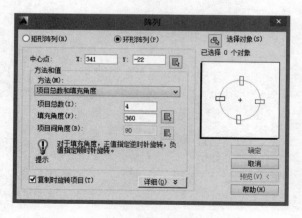

图 4 – 13　"环形阵列"标签

4.1.7　实例：绘制图形

绘制如图 4 – 14 所示的图形。

步骤提示：

（1）将"粗实线"设定为当前图层，利用"直线"或"矩形"命令绘制最外侧长方形。

（2）将"中心线"设定为当前图层，根据图示尺寸，利用"直线"命令绘制左下角的中心线。

（3）将"粗实线"设定为当前图层，利用"圆"命令绘制左下角圆形。

（4）利用"ARRAYCLASSIC"命令，调用如图 4 – 12 所示的对话框，输入行数"2"，列数"4"，行偏移"16"，列偏移"20"，阵列角度"30"，结果如图 4 – 14 所示。

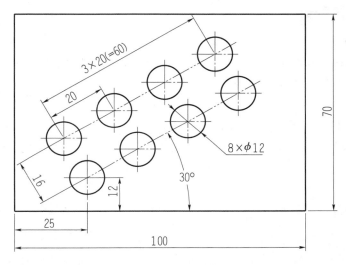

图 4 – 14　阵列图形

4.2　变　换　对　象

这一类编辑命令的功能是按照指定要求改变当前图形或图形某部分的位置，主要包括移动、旋转、缩放和拉伸命令。

4.2.1　"移动"命令

1. 功能

"移动"命令是把单个对象或多个对象从一个位置移动到另一个位置，但不会改变对象的方位和大小。

2. 命令调用

（1）从菜单中执行"修改"→"移动"命令。

（2）单击"修改"工具条中的"移动"按钮 ✥。

（3）在命令行中输入"M"（move），按 Space 键。

3. 操作示例

该命令选项的功能与"复制"命令的类似。命令行提示如下：

命令:MOVE

选择对象:找到 1 个 　　　　　　　　　　　　　　（选择一个或多个对象）

选择对象:

指定基点或［位移(D)］<位移>: 　　　　　　　　（指定基点或位移）

指定第二个点或<使用第一个点作为位移>:

【选项说明】

（1）指定基点：使用由基点及后跟的第二点指定的距离和方向复制对象。即指定的两点定义一个矢量，指示复制的对象移动的距离和方向。

（2）位移（D）：使用坐标指定相对距离和方向。

4.2.2 "旋转"命令

1. 功能

可以绕指定基点旋转图形中的对象。旋转对象的方式包括按指定角度旋转对象、通过拖动旋转对象、旋转对象到绝对角度等。

2. 命令调用

（1）从菜单中执行"修改"→"旋转"命令。

（2）单击"修改"工具条中的"旋转"按钮 ↻ 。

（3）在命令行中输入"RO"（rotate），按 Space 键。

3. 操作示例

命令:ROTATE

UCS 当前的正角方向：ANGDIR = 逆时针　ANGBASE = 0

选择对象: 　　　　　　　　　　　　　　（选择要旋转的对象）

指定基点: 　　　　　　　　　　　　　　（指定旋转的基点）

指定旋转角度,或［复制(C)/参照(R)］<0>: 　　（指定旋转角度或其他选项）

【选项说明】

（1）复制（C）：选择该项，则在旋转对象的同时保留原对象。

（2）参照（R）：选择该项，可以将未知角度的图形旋转至与目标对象同一角度。如图 4-15 所示，可以把上方的粗实线旋转到下方的点画线的方向上，使二者完全重合。命令行提示如下：

命令:ROTATE

UCS 当前的正角方向：ANGDIR = 逆时针　ANGBASE = 0

找到 1 个 　　　　　　　　　　　　　（选择粗实线）

指定基点: 　　　　　　　　　　　　　（第一点指定两线交点为基点）

指定旋转角度,或［复制(C)/参照(R)］<306>:R　（选择参照选项）

指定参照角<28>:　指定第二点: 　　　　　（第二点指定要旋转直线的另一点）

指定新角度或［点(P)］<335>: 　　　　　　（选择参照直线的另一点）

图 4 - 15 参照旋转

（a）旋转前；（b）旋转后

【注意】

参照旋转的前提是二者要有交点，才能让前者参照后者来旋转。

4.2.3 实例：绘制曲柄

绘制如图 4 - 16 所示的曲柄。

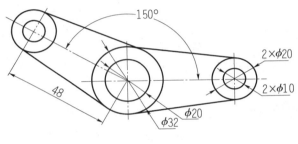

图 4 - 16 曲柄

步骤提示：

（1）将"中心线"设定为当前图层，利用"直线"命令绘制曲柄水平部分的中心线。

（2）将"粗实线"设定为当前图层，利用"圆"命令和"直线"命令绘制曲柄水平部分的圆和切线。

（3）通过复制旋转得到整个图形。

4.2.4 "缩放"命令

1. 功能

"缩放"命令可以将对象按指定的比例因子相对于基准点进行尺寸缩放，比例因子大于 0 而小于 1 时缩小对象，比例因子大于 1 时放大对象。

2. 命令调用

（1）从菜单中执行"修改"→"缩放"命令。

（2）单击"修改"工具条中的"缩放"按钮![按钮]。

（3）在命令行中输入"SC"（scale），按 Space 键。

3. 操作示例

如图 4 - 17 所示，通过"缩放"命令将原图形复制放大一倍，命令行提示如下：

命令：SCALE

选择对象：指定对角点：找到 3 个　　　　　　　（全部选中图 4 - 17(a) 中的图形)

选择对象：

指定基点：　　　　　　　　　　　　　　　　（指定圆心为基点)

指定比例因子或 [复制(C) /参照(R)]：C　　（选择复制缩放对象)

缩放一组选定对象。

指定比例因子或 [复制(C) /参照(R)]：2　　（设置比例因子为 2）

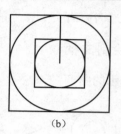

（a）　　　　　　　　　　　　　　（b）

图 4 - 17　复制缩放

（a）复制缩放前；（b）复制缩放后

【选项说明】

（1）复制（C）：选择该项，则在复制对象的同时保留原对象。

（2）参照（R）：参照缩放模式会要求提供"参照长度"和"新的长度"两个数据，缩放比例 = 参照长度/新的长度。

4.2.5　"拉伸"命令

1. 功能

使用"拉伸"命令，可以将所选对象在其他端点不动的前提下，通过拉伸选定的端点，达到使对象形状发生变化的目的。

2. 命令调用

（1）从菜单中执行"修改"→"拉伸"命令。

（2）单击"修改"工具条中的"拉伸"按钮。

（3）在命令行中输入"S"（stretch），按 Space 键。

3. 操作示例

如图 4 - 18 所示，通过"拉伸"命令对原图形进行拉伸，其命令行提示如下：

命令：STRETCH

以交叉窗口或交叉多边形选择要拉伸的对象 ...

选择对象：指定对角点：找到 3 个　　　　　　（使用鼠标光标从图 4 - 18(a) 所

　　　　　　　　　　　　　　　　　　　　　　示的点 1 拖移到点 2 处）

选择对象：

指定基点或 [位移(D)] < 位移 >：0,0

指定第二个点或 < 使用第一个点作为位移 >：30,0　（将图形拉长 30 mm）

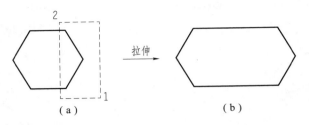

图 4 - 18　拉伸

（a）拉伸前；（b）拉伸后

【注意】

"拉伸"命令必须通过框选或围选的方式才能进行，例如圆、椭圆和块都无法进行拉伸。"拉伸"命令既可以拉伸实体，又可以移动实体。若选择的对象全部在选择窗口内，则"拉伸"命令可以将对象从基点移动到终点；若选择对象只有部分在选择窗口内，则"拉伸"命令可以对实体进行拉伸。

对于直线、圆弧、区域填充和多段线等对象，若其所有部分均在选择窗口内，它们将被移动，若只有一部分在选择窗口内，则遵循以下拉伸原则。

（1）直线：位于窗口外的端点不动，位于窗口内的端点移动。

（2）圆弧：与直线类似，但圆弧的弦高保持不变，需调整圆心的位置和圆弧的起始角与终止角的值。

（3）区域填充：位于窗口外的端点不动，位于窗口内的端点移动。

（4）多段线：与直线和圆弧类似，但多段线两端的宽度、切线方向及曲线拟合信息均不变。

（5）其他对象：如果其定义点位于选择窗口内，对象可移动，否则不动。

4.3　编 辑 对 象

在使用 AutoCAD 绘制图形的过程中，使用编辑对象类的命令在对指定对象进行编辑后，会使对象的几何特性或本身的某些特性发生改变，从而方便地进行图形绘制。

4.3.1　"修剪"命令

1. 功能

绘制好基本的图形后，通常要将一些不需要的线段修剪掉，使图线精确地终止于指定的边界。被修剪的对象可以是直线、圆、弧、多段线、样条曲线和射线等。选择要修剪的对象，系统将以剪切边为边界，将被修剪对象上位于拾取点一侧的部分修剪掉。

2. 命令调用

（1）从菜单中执行"修改"→"修剪"命令。

（2）单击"修改"工具条中的"修剪"按钮 /--。

（3）在命令行中输入"TR"（trim），按 Space 键。

3. 操作示例

如图 4-19 所示，通过"修剪"命令将矩形的 A、B 两个角修剪掉，命令行提示如下：

> 命令:TRIM　　　　　　　　　　　　　　（执行"修剪"命令）
>
> 当前设置:投影 = UCS,边 = 无
>
> 选择剪切边 ...
>
> 选择对象或 < 全部选择 >:找到 1 个　　　（选择图形中 A 点对应的圆弧）
>
> 选择对象:　　　　　　　　　　　　　　（按 Space 键完成对象的选择）
>
> 选择要修剪的对象,或按住 Shift 键选择要延伸的对象,或[栏选(F)/窗交(C)/投影
> (P)/边(E)/删除(R)/放弃(U)]:　　　　（选择 A 点处需要修剪的水平线,结果
> 　　　　　　　　　　　　　　　　　　　　如图 4-19(b)所示）
>
> 选择要修剪的对象,或按住 Shift 键选择要延伸的对象,或[栏选(F)/窗交(C)/投影
> (P)/边(E)/删除(R)/放弃(U)]:　　　　（接着选择竖线,结果如图 4-19(c)
> 　　　　　　　　　　　　　　　　　　　　所示）
>
> 选择要修剪的对象,或按住 Shift 键选择要延伸的对象,或[栏选(F)/窗交(C)/投影
> (P)/边(E)/删除(R)/放弃(U)]:　　　　（按 Space 键结束修剪操作）

依照同样的方法修剪图 4-19（a）中的 B 角，修剪结果如图 4-19（d）所示。

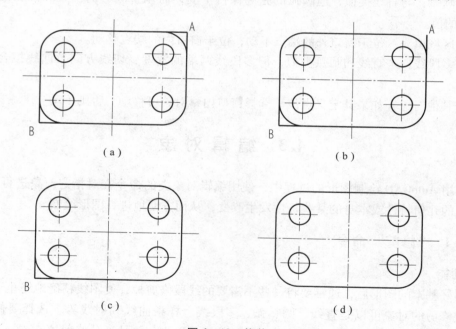

图 4-19　修剪

（a）修剪前；（b）修剪一；（c）修剪二；（d）修剪后

【选项说明】

（1）全部选择：按 Space 键可快速选择所有可见的几何图形，用作剪切边或边界边。

（2）栏选（F）：使用栏选的方式一次性选择多个需要进行修剪的对象。

（3）窗交（C）：使用窗交的方式一次性选择多个需要进行修剪的对象。

（4）投影（P）：指定修剪对象时，AutoCAD 使用投影模式，该选项常在三维绘图中应用。

（5）边（E）：可以选择对象的修剪方式，有延伸（E）和不延伸（N）两种。延伸是指延伸边界进行修剪，在此方式下，如果剪切边没有与要修剪的对象相交，系统会延伸剪切边直至与对象相交，然后再修剪。不延伸是指不延伸边界修剪对象，只修剪与剪切边相交的对象。

（6）删除（R）：直接删除选择的对象。

（7）放弃（U）：撤销上一步修剪操作。

【注意】

在命令行中执行"修剪"命令的过程中，按住 Shift 键可转换为执行"延伸"命令。如在选择要修剪的对象时，某线段未与修剪边界相交，则按住 Shift 键后单击该线段，可将其延伸到最近的边界。

4.3.2 实例：绘制卡盘

绘制如图 4 - 20 所示的卡盘。

步骤提示：

（1）将"中心线"设定为当前图层，利用"直线"命令绘制中心线（左侧竖直中心线不绘制）。

（2）将"粗实线"设定为当前图层，利用"圆""直线"和"多段线"命令绘制中间两圆和图形的右上部分，如图 4 - 21 所示。

（3）利用"镜像"命令分别以水平和竖直中心线为轴，镜像出图形的外边界。

（4）利用"修剪"命令修剪所绘制的图形，命令行提示如下：

```
命令:TRIM
当前设置:投影=UCS,边=无选择剪切边...
选择对象或<全部选择>:                    (选择外边界作为剪切边,如
                                        图4-22所示的虚线切线)

...总计4个
选择对象:
选择要修剪的对象,或按住Shift键选择要延伸的对象,或[栏选(F)/窗交(C)/投影
(P)/边(E)/删除(R)/放弃(U)]:          (分别选择中间大圆的左、右
                                        段)
```

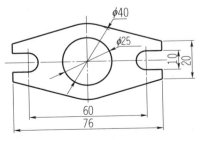

图 4 - 20 卡盘

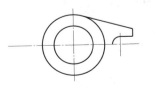

图 4 - 21 绘制右上部分

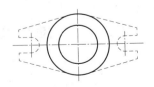

图 4 - 22 选择对象

4.3.3 "延伸"命令

1. 功能

延伸的操作方法与修剪的基本相同。"延伸"命令可以将被选对象精确地延伸至由其他对象定义的边界边，这些边界可以是直线、圆弧等。

2. 命令调用

（1）从菜单中执行"修改"→"延伸"命令。

（2）单击"修改"工具条中的"延伸"按钮 --/。

（3）在命令行中输入"EX"（extend），按 Space 键。

3. 操作示例

如图 4-23 所示，通过"延伸"命令将直线 L 延长至 A 点处，补全直线 L 和点 A 之间缺少的直线段，命令行提示如下：

命令：EXTEND	（执行"延伸"命令）
当前设置：投影 = UCS,边 = 无	
选择边界的边 …	
选择对象或 < 全部选择 >：找到 1 个	（选择延伸的终止线,即 A 点所在的水平线）
选择对象：	（确认选择的对象,同时结束对象选择）
选择要延伸的对象,或按住 Shift 键选择要修剪的对象,或[栏选(F)/窗交(C)/投影(P)/边(E)/放弃(U)]：	（选择要延伸的线,即竖线 L）
选择要延伸的对象,或按住 Shift 键选择要修剪的对象,或[栏选(F)/窗交(C)/投影(P)/边(E)/放弃(U)]:取消	（按 Esc 键取消"延伸"命令）

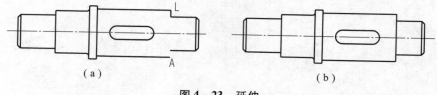

图 4-23 延伸

(a) 延伸前；(b) 延伸后

【注意】

选择对象时，如果按住 Shift 键，系统就自动将"延伸"命令转换成"修剪"命令。

4.3.4 "打断"命令

1. 功能

"打断"命令又称"以两点方式打断对象"，它可以在对象上创建两个打断点，使对象以一定的距离断开。"打断"命令可以应用在大多数几何对象上，但不包括块、标注、多段线和面域对象。

2. 命令调用

（1）从菜单中执行"修改"→"打断"命令。

（2）单击"修改"工具条中的"打断"按钮 。

（3）在命令行中输入"BR"（break），按 Space 键。

3. 操作示例

如图 4-24 所示，通过"打断"命令将两打断点之间的直线删除，命令行提示如下：

命令:BREAK	（执行"打断"命令）
选择对象:	（选择要打断的对象,默认拾取点作为第一个断点）
指定第二个打断点或[第一点(F)]:	（在对象上要打断的另一位置处单击）

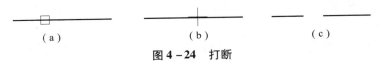

（a）　　　　　　　　　（b）　　　　　　　　　（c）

图 4-24　打断

（a）选择要打断的对象；（b）指定第二个打断点；（c）打断效果

【注意】

（1）默认情况下，以选择对象时的拾取点作为第一个断点，然后再指定第二个断点。如果直接选取对象上的另一点或者在对象的一端之外拾取一点，这时将删除对象上位于两个拾取点之间的部分。

（2）在确定第二个打断点时，如果在命令行输入"@"，可以使第一个断点和第二个断点重合，从而将对象一分为二。

（3）在对圆、矩形等封闭图形使用"打断"命令时，AutoCAD 将沿逆时针方向把第一断点到第二断点之间的线段删除。

4.3.5　"打断于点"命令

1. 功能

"打断于点"命令是将对象在指定点处一分为二，但两者之间没有间隙。

2. 命令调用

（1）从菜单中执行"修改"→"打断于点"命令。

（2）单击"修改"工具条中的"打断"按钮 。

（3）在命令行中输入"BR"（break），按 Space 键。

3. 操作示例

"打断于点"命令与"打断"命令类似，命令行提示如下：

命令:BREAK	（执行"打断于点"命令）
选择对象:	（选择要打断的对象）

指定第二个打断点或[第一点(F)]:_f（系统自动执行"第一点(F)"选项）

指定第一个打断点： （选择打断点）

指定第二个打断点:@ （系统自动忽略此提示）

4.3.6 "合并"命令

1. 功能

"合并"命令可以将相似的对象合并，以形成一个完整的对象；可以合并的对象包括圆弧、椭圆弧、直线、多段线和样条曲线。

2. 命令调用

（1）从菜单中执行"修改"→"合并"命令。

（2）单击"修改"工具条中的"合并"按钮 ➤←。

（3）在命令行中输入"J"（join），按 Space 键。

3. 操作示例

如图 4－25 所示，通过"合并"命令将两根线段合并成一根直线段（成为一个完整的对象），命令行提示如下：

命令:JOIN （执行合并操作）

选择源对象或要一次合并的多个对象： 找到 1 个 （选择一根线段）

选择要合并的对象:找到 1 个,总计 2 个 （选择另一根线段）

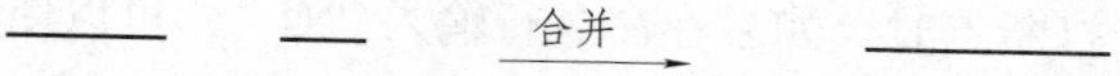

图 4－25 合并

【注意】

在对同一个圆上的两段圆弧进行合并时，要注意选择对象的先后顺序对合并结果的影响，在默认情况下，圆弧合并是沿逆时针方向进行的。如果选择"闭合（L）"选项，表示可以将选择的任意一段圆弧闭合为一个整圆。

4.3.7 "分解"命令

1. 功能

"分解"命令可以将合成对象进行分解。

2. 命令调用

（1）从菜单中执行"修改"→"分解"命令。

（2）单击"修改"工具条中的"分解"按钮 。

（3）在命令行中输入"EXP"（explode），按 Space 键。

3. 操作示例

如图 4－26 所示，通过"分解"命令将齿轮的图案填充部分进行分解。命令行提示如下：

> 命令:EXPLODE　　　　　　　　　　　（执行"分解"命令）
> 选择对象:找到 1 个　　　　　　　　（选择图 4 -26(a)所示的图案填充部分）
> 选择对象:　　　　　　　　　　　　　（按 Space 键确认）
> 已删除图案填充边界关联性。

分解之后的图案填充如图 4 - 26（b）所示，每条直线都是独立存在的，相互之间没有任何关联。

4.3.8　"倒角"命令

1. 功能

在机械制图中，倒角是较为常见的一种结构表现形式。在 AutoCAD 中，可直接使用"倒角"命令，在两个不平行的线型对象之间生成斜线倒角。可以倒角的图形包括直线、多段线、射线、构造线和三维实体。

2. 命令调用

（1）从菜单中执行"修改"→"倒角"命令。

（2）单击"修改"工具条中的"倒角"按钮 ▱ 。

（3）在命令行中输入"CHA"（chamfer），按 Space 键。

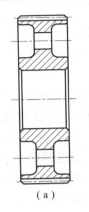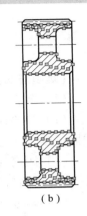

（a）　　　　　　　（b）

图 4 - 26　分解

（a）分解前；（b）分解后

3. 操作示例

如图 4 - 27 所示，通过"倒角"命令将矩形的 *A*、*B*、*C*、*D* 四个角进行倒角（距离为 5 mm、角度为 45°），命令行提示如下：

> 命令:CHAMFER　　　　　　　　　　　　　（执行"倒角"命令）
> （"修剪"模式）当前倒角距离 1 =1.0000,距离 2 =1.0000
> 　　　　　　　　　　　　　　　　　　　（显示当前的系统设置）
> 选择第一条直线或[放弃(U)/多段线(P)/距离(D)/角度(A)/修剪(T)/方式(E)/多个(M)]:D
> 　　　　　　　　　　　　　　　　　　　（选择倒角的修剪方式）
> 指定第一个倒角距离 <1.0000 >:5　　　　（设置第一个倒角距离,5 mm）
> 指定第二个倒角距离 <1.0000 >:5　　　　（设置第一个倒角距离,5 mm）
> 选择第一条直线或[放弃(U)/多段线(P)/距离(D)/角度(A)/修剪(T)/方式(E)/多个(M)]:
> 　　　　　　　　　　　　　　　　　　　（选择拐点 A 处的水平直线）
> 选择第二条直线,或按住 Shift 键选择直线以应用角点或[距离(D)/角度(A)/方法(M)]:
> 　　　　　　　　　　　　　　　　　　　（选择拐点 A 处的竖直直线）

A 点倒角后的结果如图 4 - 27（b）所示。再以同样的方法对 *B*、*C*、*D* 三个角创建倒角，倒角后的结果如图 4 - 27（c）所示。

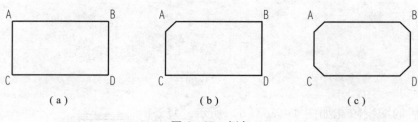

图 4 - 27　倒角

（a）矩形；（b）倒角一次；（c）结果图形

【选项说明】

（1）放弃（U）：恢复在命令中执行的上一个操作。

（2）多段线（P）：以当前设置的倒角大小对多段线的各顶点倒角。如果多段线包含的线段过短，以至于无法容纳倒角距离，则不对这些线段倒角。

（3）距离（D）：设置倒角大小，即倒角与选定边端点间的距离。如果将两个距离均设置为零，"倒角"命令将延伸或修剪两条直线，以使它们终止于同一点。

（4）角度（A）：根据第一个倒角距离和角度来设置倒角尺寸。

（5）修剪（T）：设置倒角后是否保留原拐角边。

（6）方式（E）：设置倒角的方法，命令行显示"输入修剪方法［距离（D）/角度（A）］<距离>："，"距离（D）"是以两条边的倒角距离来创建倒角，"角度（A）"是以一条边的距离及相应的角度来创建倒角。

（7）多个（M）：对多个对象创建倒角。

4.3.9　实例：绘制齿轮轴

绘制如图 4 - 28 所示的齿轮轴。

实例讲解——绘制齿轮轴

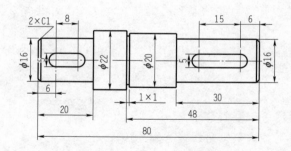

图 4 - 28　齿轮轴

步骤提示：

（1）将"中心线"设定为当前图层，利用"直线"命令绘制中心线。

（2）将"粗实线"设定为当前图层，利用"直线"和"偏移"命令绘制图形的上半部分轮廓线，如图 4 - 29 所示。

（3）利用"修剪"命令修剪相关图线，结果如图 4 - 30 所示。

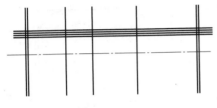

图 4 - 29　偏移直线

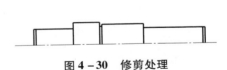

图 4 - 30　修剪处理

（4）利用"镜像"命令将上一步绘制的轴以水平中心线为镜像线进行镜像，并完成倒角处理，结果如图 4 - 31 所示。

（5）利用"偏移"命令绘制键槽圆心位置，并利用"圆""直线"命令完成图 4 - 32 的绘制，最后通过"修剪"命令完成如图 4 - 28 所示的齿轮轴的绘制。

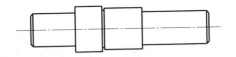

图 4 - 31　镜像处理

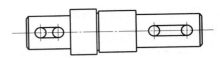

图 4 - 32　绘制键槽

4.3.10　"圆角"命令

1. 功能

"圆角"命令可以创建出与对象相切并且具有指定半径的圆弧。

2. 命令调用

（1）从菜单中执行"修改"→"圆"命令。

（2）单击"修改"工具条中的"倒圆"按钮 ⬜ 。

（3）在命令行中输入"F"（fillet），按 Space 键。

3. 操作示例

如图 4 - 33 所示，通过"圆角"命令对直线创建圆角，其操作方法与"倒角"命令类似。命令行提示如下：

命令:FILLET	（执行"圆角"命令）
当前设置:模式 = 修剪,半径 = 2.0000	（提示系统当前设置）
选择第一个对象或[放弃(U)/多段线(P)/半径(R)/修剪(T)/多个(M)]:	
	（选择第一对象或其他选项）
选择第二个对象,或按住 Shift 键选择对象以应用角点或[半径(R)]:	
	（选择第二个对象）

【选项说明】

（1）放弃（U）：恢复在命令中执行的上一个操作。

（2）多段线（P）：以当前设置的圆角大小对多段线的各顶点创建圆角。

（3）半径（R）：定义圆角半径的尺寸。

（4）修剪（T）：确定创建圆角后是否对选定边进行修剪，如图 4 - 33 所示。

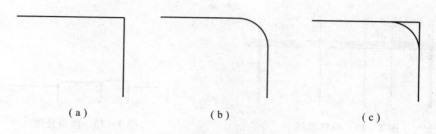

图 4 – 33　圆角连接

（a）倒圆角前；（b）修剪方式倒圆角后；（c）不修剪方式倒圆角后

（5）多个（M）：同时对多个对象创建圆角。

4.3.11　实例：绘制图形

绘制如图 4 – 34 所示的图形。

步骤提示：

（1）将"中心线"设定为当前图层，利用"直线"命令绘制中心线，再利用"偏移"命令确定部分轮廓线所在位置，如图 4 – 35 所示。

（2）将"粗实线"设定为当前图层，利用"直线"命令描出部分轮廓线，如图 4 – 36 所示。

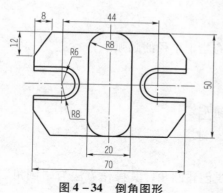

图 4 – 34　倒角图形

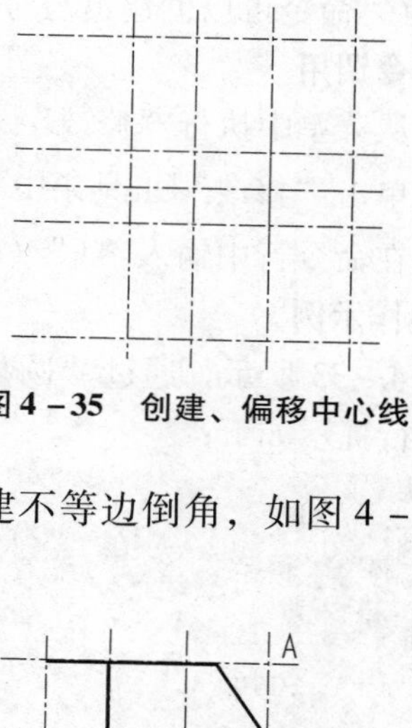

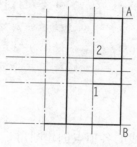

图 4 – 36　描出轮廓线

图 4 – 35　创建、偏移中心线

（3）利用"倒角"命令，在图 4 – 36 中的 *A* 点处创建不等边倒角，如图 4 – 37 所示。命令行提示如下：

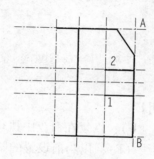

图 4 – 37　倒角

命令:CHAMFER　　　　　　　　　　　　　　　　（执行"倒角"命令）

（"不修剪"模式）当前倒角距离 1 = 1.0000,距离 2 = 1.0000（系统当前参数）

　　选择第一条直线或[放弃(U)/多段线(P)/距离(D)/角度(A)/修剪(T)/方式(E)/多

个(M)]:D　　　　　　　　　　　　　　　　　　（设置倒角距离）

　　指定第一个倒角距离 <1.0000>:8　　　　　　（根据已知数据,A 点处,水

平边的距离值是 8 mm）

　　指定第二个倒角距离 <8.0000>:12　　　　　（根据已知数据,A 点处,竖

直边的距离值是 12 mm）

　　选择第一条直线或[放弃(U)/多段线(P)/距离(D)/角度(A)/修剪(T)/方式(E)/多

个(M)]:T　　　　　　　　　　　　　　　　　　（选择修剪选项）

　　输入修剪模式选项[修剪(T)/不修剪(N)]<不修剪>:T　（选择修剪模式）

　　选择第一条直线或[放弃(U)/多段线(P)/距离(D)/角度(A)/修剪(T)/方式(E)/多

个(M)]:　　　　　　　　　　　　　　　　　　（选择 A 点水平直线）

　　选择第二条直线,或按住 Shift 键选择直线,以应用角点或[距离(D)/角度(A)/方法

(M)]:

　　　　　　　　　　　　　　　　　　　　　　（选择 A 点竖直直线）

　　根据同样的方法在 B 点处创建倒角。

（4）利用"圆角"命令,可直接生成图 4-38 中的半圆弧 3,命令提示如下:

命令:FILLET　　　　　　　　　　　　　　　　（执行"圆角"命令）

当前设置:模式 = 不修剪,半径 = 8.0000　　　　（系统当前参数）

选择第一个对象或[放弃(U)/多段线(P)/半径(R)/修剪(T)/多个(M)]:R

　　　　　　　　　　　　　　　　　　　　　　（选择半径选项）

　　指定圆角半径 <8.0000>:6　　　　　　　　　（如图 4-34 所示,圆角半径

6 mm）

选择第一个对象或[放弃(U)/多段线(P)/半径(R)/修剪(T)/多个(M)]:

　　　　　　　　　　　　　　　　　　　　　　（选择图 4-38 中的直线 1）

选择第二个对象,或按住 Shift 键选择对象,以应用角点或[半径(R)]:

　　　　　　　　　　　　　　　　　　　　　　（选择图 4-38 中的直线 2）

（5）利用"合并"命令,将图 4-38 中的直线 1、直线 2 和圆弧 3 合并成一个完整的对象,然后使用"偏移"命令,设置偏移距离为 2,通过一次偏移,即可生成如图 4-39 所示的等距对象。

（6）利用"镜像"命令,将以上所绘图形以竖直中心线为镜像线进行镜像处理,并利用"圆角"命令,选择"不修剪"模式,生成如图 4-40 所示图形,最后通过"修剪"命令完成如图 4-34 所示的图形。

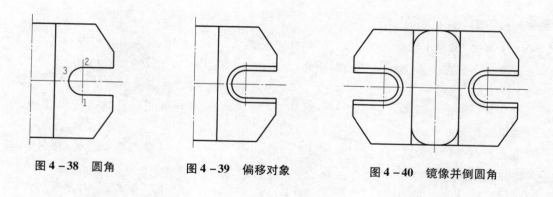

图 4－38　圆角　　　　　　图 4－39　偏移对象　　　　　图 4－40　镜像并倒圆角

4.4　对象特性修改

在编辑对象时，还可以对图形对象本身的某些特性进行编辑，从而方便地进行图形绘制。

4.4.1　钳夹功能

1. 功能

钳夹功能可以快速、方便地编辑对象。AutoCAD 在图形对象上定义了一些特殊点，称为夹持点，如图 4－41 所示，利用夹持点可以灵活地控制对象。

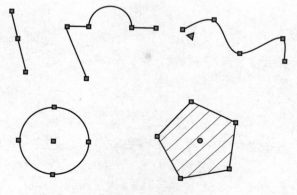

图 4－41　夹持点

2. 夹点显示

要使用钳夹功能编辑对象，必须先将夹点显示出来。在默认情况下，夹点是打开的。如果夹点不能显示，打开方法是：单击"工具"→"选项"→"选择集"，在"选择集"选项卡的夹点选项组下面勾选"显示夹点"复选框。在该页面上还可以设置代表夹点的小方格的尺寸和颜色，如图 4－42 所示。也可以通过 GRIPS 系统变量控制是否打开钳夹功能，1 代表打开，0 代表关闭。

3. 操作示例

打开了钳夹功能后，应该在编辑对象之前先选择对象。夹点表示了对象的控制位置。使用夹点编辑对象，要选择一个夹点作为基点，称为基准夹点。然后选择一种编辑操作：镜

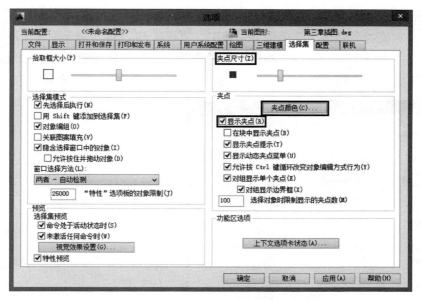

图 4-42　"选择集"选项卡

像、移动、旋转、拉伸或缩放。可以用 Space 键或键盘上的快捷键循环选择这些功能。

　　下面以其中的镜像对象操作为例进行讲述，其他操作类似。在图形上拾取一个夹点，该夹点改变颜色，此点为夹点编辑的基准点。这时系统提示：

　　＊＊拉伸＊＊
　　指定拉伸点或[基点(B)/复制(C)/放弃(U)/退出(X)]：

　　在该拉伸编辑提示下输入镜像命令，或右击，在右键快捷菜单中选择"镜像"命令，如图 4-43 所示，系统就会转换为"镜像"操作。

4.4.2　实例：利用钳夹功能编辑图形

绘制如图 4-44 所示图形，并利用夹点功能编辑成如图 4-45 所示的图形。

图 4-43　快捷菜单

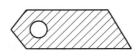

图 4-44　绘制图形

图 4-45　编辑图形

步骤提示：

（1）将"粗实线"设定为当前图层，利用"直线"和"圆"命令绘制图形轮廓。

（2）将"细实线"设定为当前图层，利用"图案填充"命令进行图案填充，输入填充命令，系统打开"图案填充和渐变色"对话框，如图4-46所示，结果如图4-47所示。

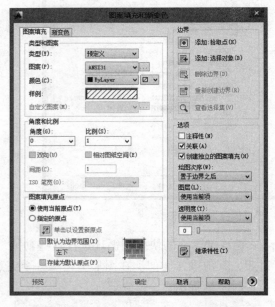

图4-46 "图案填充和渐变色"对话框

图4-47 显示边界特征点

【注意】

一定要勾选"选项"中的"关联"复选框和"创建独立的图案填充"复选框，如图4-46所示，否则，在后续钳夹编辑的过程中，填充图案不会随之变化。

（3）设置钳夹功能：单击"工具"→"选项"→"选择集"，系统打开"选项"对话框，在"夹点"选项组勾选"显示夹点"复选框，并进行其他设置，然后单击"确定"按钮退出。

（4）钳夹编辑：用光标分别点取图4-47所示图形左边界的两条线段，这两条线段上会显示出相应特征点方框，再用光标点取图中最左边的特征点，该点以醒目方式显示，如图4-47所示。拖动鼠标，将光标移到图4-48中的相应位置，按Esc键结束操作，得到图4-49所示的图形。

用光标点取圆，圆上会出现相应的特征点。再用光标选取圆心部位的点，该特征点以醒目方式显示，如图4-50所示。拖动光标，使光标移动到某一位置，如图4-51所示。然后按Esc键结束操作，得到图4-45所示的结果。

图4-48 移动夹点
到新位置

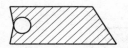

图4-49 编辑后的
图形

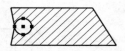

图4-50 显示圆上
特征点

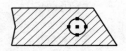

图4-51 夹点移动
到新位置

4.4.3　特性工具板

1. 功能

利用特性工具板可以方便地设置或修改对象的各种属性。不同的对象，其属性种类和值不同，修改属性值后，对象改变为新的属性。

2. 命令调用

（1）从菜单中执行"修改"→"特性"命令。

（2）单击"标准"工具条中的"特性"按钮▧。

（3）在命令行中输入"DDM"（ddmodify）或"PR"（properties），按 Space 键。

3. 操作示例

在命令行中输入"DDM"，按 Space 键，打开的特性工具板如图 4 - 52 所示，可以对属性进行修改。

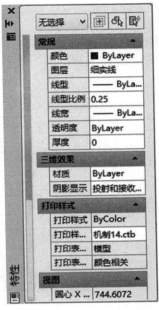

图 4 - 52　特性工具板

4.4.4　特性匹配

1. 功能

利用特性匹配功能可以将目标对象的属性与源对象的属性进行匹配，使目标对象属性与源对象相同。

2. 命令调用

（1）从菜单中执行"修改"→"特性匹配"命令。

（2）单击"标准"工具条中的"特性匹配"按钮▧。

（3）在命令行中输入"MA"（matchprop），按 Space 键。

3. 操作示例

如图 4 - 53 所示，以圆形为源对象，对矩形进行特性匹配，使矩形的线型与圆形的相同，命令行提示如下：

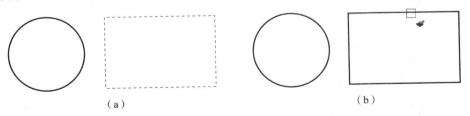

（a）　　　　　　　　　　　　　　　（b）

图 4 - 53　特性匹配

（a）特性匹配前；（b）特性匹配后

命令:MATCHPROR

选择源对象:　　　　　　　　　　　　　　（选择左边的圆形为源对象）

当前活动设置：颜色 图层 线型 线型比例 线宽 透明度 厚度 打印样式 标注 文字 图案填充 多段线 视口 表格 材质 阴影显示 多重引线

选择目标对象或[设置(S)]:　　　　　　　（选择右边的矩形为目标对象，按
Space 键确认）

4.5　课堂实训

绘制如图 4−54 所示的圆柱齿轮。圆柱齿轮零件是机械产品中经常使用的一种典型零件，它的主视剖面图呈对称形状，侧视图则由一组同心圆构成。

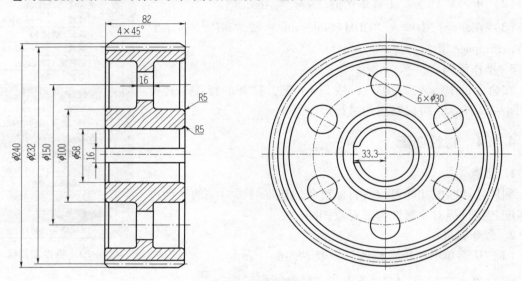

图 4−54　圆柱齿轮

与前面章节类似，绘制过程中会充分利用视图间的投影对应关系，即绘制相应的辅助线。操作步骤如下：

（1）建立新文件。

（2）调用菜单栏中的"格式"→"图层"命令，打开"图层特性管理器"对话框，新建并设置每一个图层，如图 4−55 所示。

状态	名称	开	冻结	锁定	颜色	线型	线宽	透明度
	0				■白	Continuous	—— 默认	0
	Defpoints				■白	Continuous	—— 默认	0
✔	标注及剖面				■绿	Continuous	—— 0.25...	0
	粗实线				■白	Continuous	■■ 0.50...	0
	双点划线				■洋...	ACAD_ISO05W100	—— 0.25...	0
	细实线				■130	Continuous	—— 0.25...	0
	虚线				□50	ACAD_ISO02W100	—— 0.25...	0
	中心线即...				■10	CENTER	—— 0.25...	0

当前图层:标注及剖面

搜索图层

全部: 显示了 8 个图层，共 8 个图层

图 4−55　"图层特性管理器"对话框

（3）将"中心线"设定为当前图层。利用"直线"命令绘制中心线，如图 4-56 所示。

（4）将"粗实线"设定为当前图层。利用"直线"命令及"对象捕捉"命令绘制两条直线，如图 4-57 所示。命令行提示与操作如下：

```
命令:LINE
指定第一个点:@ -41,0          （利用"对象捕捉"命令选择左侧中心线的交点）
指定下一点或[放弃(U)]:@ 0,120
指定下一点或[放弃(U)]:@ 41,0
指定下一点或[闭合(C)/放弃(U)]:
```

图 4-56　绘制中心线　　　　　　　图 4-57　绘制的边界线

（5）利用"偏移"命令将竖直粗实线向右偏移 33 mm，将水平粗实线向下依次偏移 8 mm、20 mm、30 mm、60 mm、70 mm 和 91 mm，将中心线依次向上偏移 75 mm 和 116 mm，结果如图 4-58 所示。

（6）利用"倒角"命令，选择"角度、距离"模式，对左上角处的齿轮倒直角 4×45°；利用"圆角"命令，对中间凹槽倒圆角，半径 5 mm；再进行修剪，绘制倒圆角轮廓线，结果如图 4-59 所示。

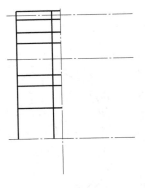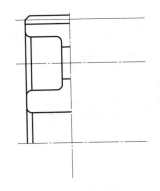

图 4-58　绘制偏移线　　　　　　　图 4-59　绘制倒角及圆角

（7）利用"偏移"命令，将中心线向上偏移 8 mm，并更改至粗实线图层；然后利用"修剪"命令，对偏移的直线进行修剪，完成键槽的绘制，结果如图 4-60 所示。

（8）利用"镜像"命令，分别以两条中心线为镜像轴进行镜像，镜像后删除竖直中心线，结果如图 4-61 所示。

（9）将"剖面线"设定为当前图层。利用"图案填充"命令，弹出"图案填充和渐变色"对话框。单击"图案"选项右侧按钮，弹出"填充图案选项板"对话框，在"ANSI"选项卡中选择"ANSI31"图案作为填充图案。利用提取图形对象特征点的方式选择填充区域，最后单击"确定"按钮，完成圆柱齿轮主视图的绘制，如图 4 - 62 所示。

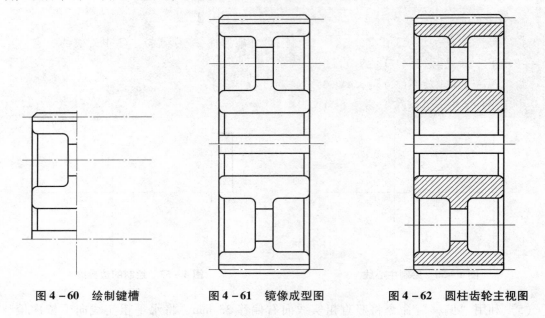

图 4 - 60　绘制键槽　　　　图 4 - 61　镜像成型图　　　　图 4 - 62　圆柱齿轮主视图

（10）将"粗实线"设定为当前图层。利用"直线"命令，绘制辅助定位线。利用"对象捕捉"在主视图中确定直线的起点。打开"正交"模式，保证引出线水平，终点位置超过侧视图竖直中心线即可，结果如图 4 - 63 所示。

（11）利用"圆"命令，以右侧中心线交点为圆心，依次捕捉辅助定位线与中心线的交点，绘制 10 个同心圆。

（12）利用"删除"命令，删除辅助直线。

（13）利用"圆"命令，绘制减重圆孔，结果如图 4 - 64 所示。

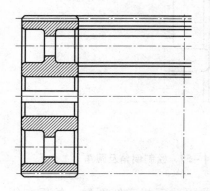

图 4 - 63　绘制辅助定位线

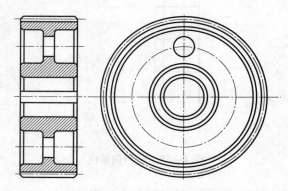

图 4 - 64　绘制同心圆和减重圆孔

（14）调用"阵列"命令，在命令行输入"ARRAYCLASSIC"，弹出"阵列"对话框，如图 4 - 65 所示，选择"环形阵列"选项，以大圆圆心为阵列中心点，选取图 4 - 64 中所绘制的减重圆孔和竖直中心线为阵列对象，输入项目总数为 6，填充角度为 360°，阵列后的减重圆孔如图 4 - 66 所示。

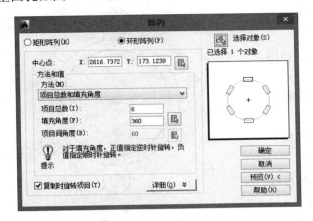

图 4 - 65　"阵列"对话框

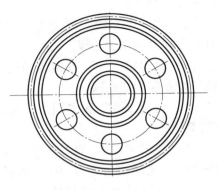

图 4 - 66　环形阵列

（15）利用"偏移"命令，偏移同心圆的竖直中心线，偏移量为 33.3 mm；水平中心线上、下各偏移 8 mm，并更改其图层属性为"粗实线"，如图 4 - 67 所示。

（16）利用"修剪"命令，对键槽进行修剪编辑，得到圆柱齿轮侧视图，结果如图 4 - 68 所示。

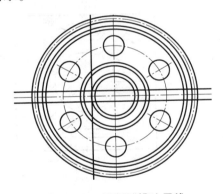

图 4 - 67　绘制键槽边界线

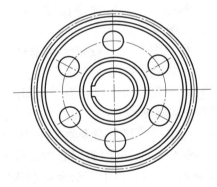

图 4 - 68　圆柱齿轮侧视图

4.6　课 后 练 习

练习 1

课后习题讲解

绘制如图 4 - 69 所示的图形。

操作提示：

（1）利用"图层"命令设置"中心线"和"粗实线"两个图层。

（2）将"中心线"设定为当前图层，利用"直线"命令绘制中心线。

（3）将"粗实线"设定为当前图层，利用"圆"命令绘制同心圆。

（4）利用"圆"和"圆角"命令绘制最下方局部特征。

（5）利用"ARRAYCLASSIC"命令进行环形阵列，注意填充角度为 180°，项目总数为 4。

（6）选择最上方局部特征，利用"旋转"命令，输入角度 75°，选择"复制（C）"选项。

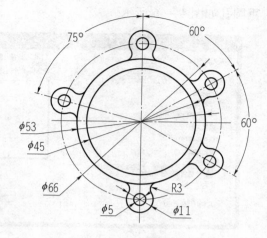

图 4-69　环形阵列图形

练习 2

绘制如图 4-70 所示图形。

操作提示：

（1）利用"图层"命令设置"中心线"和"粗实线"两个图层。

（2）将"中心线"设定为当前图层，利用"直线"命令绘制中心线。

（3）将"粗实线"设定为当前图层，利用"圆"命令绘制中间圆形。

（4）利用"偏移"命令将水平中心线分别向上、向下各偏移 32 mm，同时将竖直中心线向左、向右各偏移 32 mm；利用"修剪"命令将偏移后的直线进行修剪，创建出最外侧的正方形，并移至"粗实线"图层。

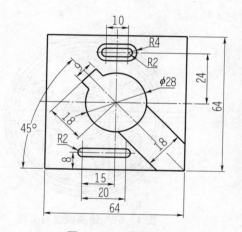

图 4-70　平面图形

（5）利用"偏移"和"修剪"命令绘制宽度为 9 mm 的键槽。

（6）利用"圆""直线"命令并配合"对象捕捉"模式，绘制上方圆弧键槽。

（7）利用"偏移"命令，将第（6）步所绘键槽各边向外偏移 1 mm。

（8）以水平中心线为镜像轴，将第（6）步所绘键槽镜像，并配合"拉伸"命令，向左拉伸 10 mm。

练习 3

绘制如图 4-71 所示的挂轮架。

操作提示：

（1）利用"图层"命令设置"中心线"和"粗实线"两个图层。

（2）将"中心线"设定为当前图层，利用"直线""圆""偏移"和"修剪"命令绘制中心线。

（3）将"粗实线"设定为当前图层，利用"直线""圆"和"偏移"命令绘制挂轮架的中间部分。

（4）利用"圆弧""圆角"和"剪切"命令绘制挂轮架中部图形。

（5）利用"圆弧"和"圆"命令绘制挂轮架右部。

（6）利用"修剪"和"圆角"命令修剪与倒圆角。

（7）利用"偏移"和"圆"命令绘制 R30 圆弧。在这里为了找到 R30 圆弧圆心，需要以 23 为距离向右偏移竖直对称中心线，并捕捉图 4-72 上边第二条水平中心线与竖直中心线的交点为圆心，绘制 R26 辅助圆，以所偏移中心线与辅助圆交点为 R30 圆弧圆心。

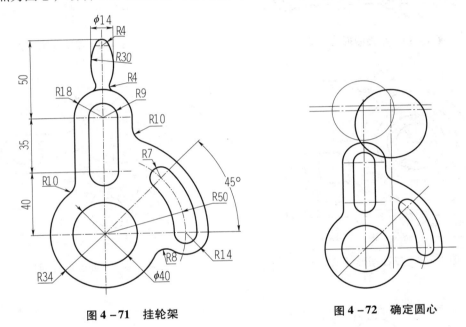

图 4-71　挂轮架　　　　　　　　　　图 4-72　确定圆心

之所以偏移距离为 23 mm，是因为 R30 的圆弧的圆心在中心线左右各 30-φ14/2 处的平行线上。而绘制辅助圆的目的是找到 R30 圆弧的具体圆心位置点，因为 R30 圆弧与 R4 圆弧内切，根据相切的几何关系，R30 圆弧的圆心应在以 R4 圆弧圆心为圆心、30-4 为半径的圆上，该辅助圆与上面偏移复制平行线的交点即为 R30 圆弧的圆心。

（8）利用"删除""修剪""镜像""圆角"等命令绘制把手图形部分。

（9）利用"打断""拉长"和"删除"命令对图形中的中心线进行整理。

练习 4

请同学们自己动手练习绘制图 4-73～图 4-84 所示图形。

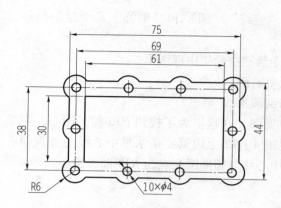

图 4 - 73　平面图形（一）

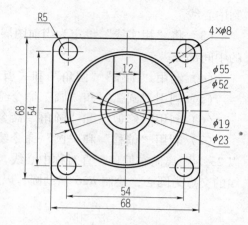

图 4 - 74　平面图形（二）

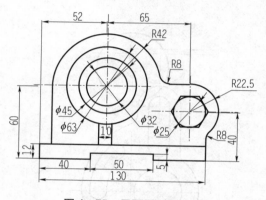

图 4 - 75　平面图形（三）

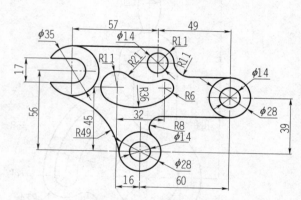

图 4 - 76　平面图形（四）

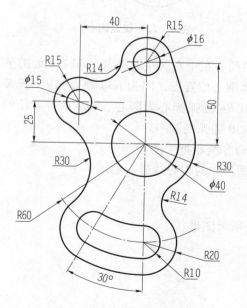

图 4 - 77　平面图形（五）

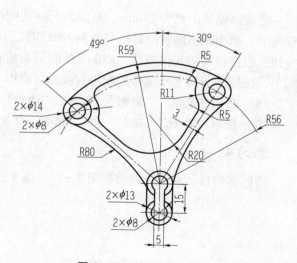

图 4 - 78　平面图形（六）

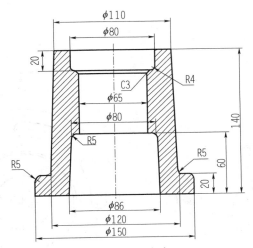

图 4 – 79 底座

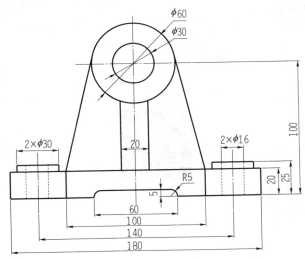

图 4 – 80 轴承座

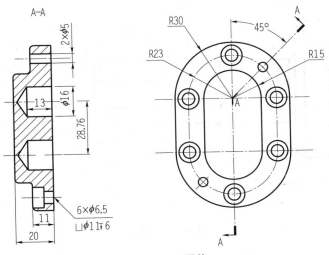

图 4 – 81 泵盖

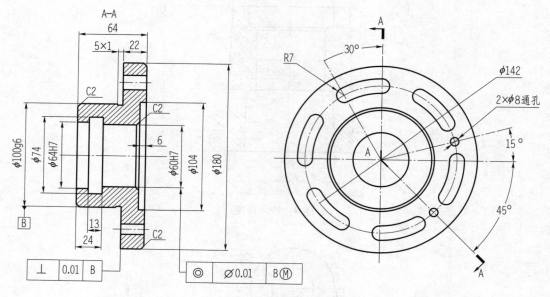

图 4 – 82　调节盘

课后练习——调节盘

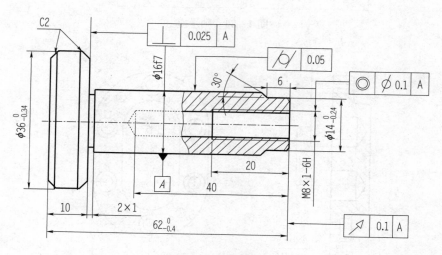

图 4 – 83　手柄

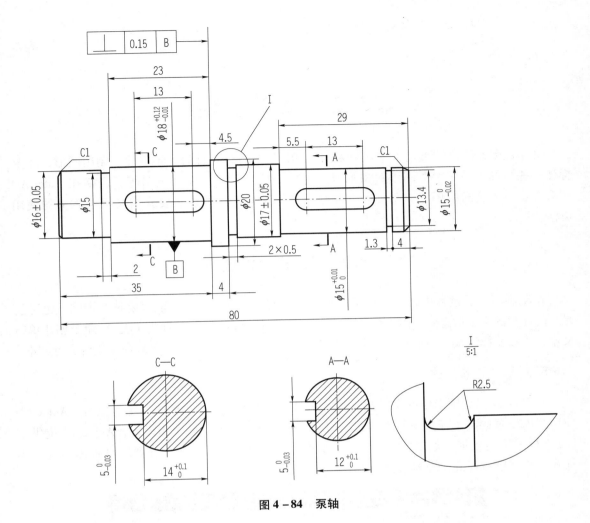

图 4－84　泵轴

第 5 章　文 字 与 表 格

文字注释是绘制图形过程中很重要的内容，进行各种设计时，不仅要绘制出图形，还要标注一些注释性的文字对图形对象加以解释，如技术要求、注释说明等。表格在 AutoCAD 图形中也有大量的应用，如明细表、参数表和标题栏等。本章主要介绍文字与表格的使用方法。

5.1　文 本 标 注

在绘制图形的过程中，文字传递了很多设计信息，它可能是一段很复杂的说明，也可能是一句简短的文字信息。当需要标注的文本不太长时，可以利用"TE"（text）命令创建单行文本；当需要标注很长、很复杂的文字信息时，可以利用"MT"（mtext）命令创建多行文本。

5.1.1　文本样式

所有 AutoCAD 图形中的文字都有与其相对应的文本样式，当输入文字对象时，AutoCAD 使用当前设置的文本样式。文本样式是用来控制文字基本形状的一组设置，AutoCAD 提供了"文字样式"对话框，如图 5-1 所示，通过这个对话框可以方便、直观地设置需要的文本样式，或对已有样式进行修改。

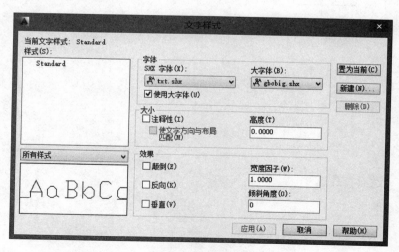

图 5-1　"文字样式"对话框

1. 命令调用

（1）从菜单中执行"格式"→"文字样式"命令。

（2）单击"文字"工具栏中的"文字样式"按钮 。

（3）在命令行中输入"ST"（style），按 Space 键。

2. 选项说明

（1）"文字样式"对话框：列出所有已设定的文字样式名或对已有样式名进行相关操作。单击"新建"按钮，系统打开如图 5-2 所示的"新建文字样式"对话框。在该对话框中可以为新建的文字样式输入名称。右击"文字样式"对话框中要改名的文本样式，选择快捷菜单中的"重命名"命令，如图 5-3 所示，可以为所选文本样式输入新的名称。

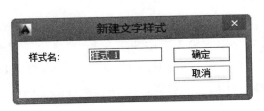

图 5-2 "新建文字样式"对话框

图 5-3 快捷菜单

（2）"字体"选项组：用于确定字体样式。文字的字体确定字符的形状，在 AutoCAD 中，除了它固有的 SHX 形状字体文件外，还可以使用 TrueType 字体（如宋体、楷体、Italley 等）。一种字体可以设置不同的效果（如加粗、倾斜等），从而被多种文本样式使用。

（3）"大小"选项组：用于确定文本样式使用的字体风格及字高。"高度"文本框用来设置创建文字时的固定高，在使用 TEXT 命令输入文字时，AutoCAD 不再提示输入字高参数。如果在此文本框中设置字高为 0，系统会在每一次创建文字时提示输入字高，所以，如果不想固定字高，就可以把"高度"文本框中的值设置为 0。

（4）"效果"选项组：AutoCAD 为每一种文字样式提供三种效果，分别是"颠倒""反向"和"垂直"。选中"颠倒"复选框，表示将文本文字倒置标注；选中"反向"复选框，表示将文字反向标注；选中"垂直"复选框，表示文字为垂直标注，否则为水平标注。

（5）"宽度因子"文本框：设置宽度系数，确定文本字符的宽高比。当比例系数为 1 时，表示将按字体定义的宽高比标注文字；当此系数小于 1 时，字会变窄；反之，变宽。

（6）"倾斜角度"文本框：用于确定文字的倾斜角度。角度为 0° 时不倾斜，为正数时向右倾斜，为负数时向左倾斜，输入范围为 -85° ~ +85°。

（7）"应用"按钮：确认对文字样式的设置。当创建新的文字样式或对现有文字样式的某些特征进行修改后，都需要单击此按钮，系统才会确认所做的改动。

5.1.2 单行文本标注

1. 命令调用

（1）从菜单中执行"绘图"→"文字"→"单行文字"命令。

（2）单击"文字"工具条中的"单行文字"按钮 $\mathbf{AI}$。

（3）在命令行中输入"TE"（text），按 Space 键。

2. 操作步骤

命令行提示与操作如下：

命令:TEXT
当前文字样式："样式1"文字高度: 2.5000
指定文字的起点或[对正(J)/样式(S)]:

3. 选项说明

（1）指定文字的起点：在此提示下直接在绘图区选择一点作为输入文本的起始点，命令行提示如下：

指定高度<2.5000>: 　　　　　　　　　　　　　　（确定文字高度）
指定文字的旋转角度<0>: 　　　　　　　　　　　　（确定文本行的倾斜角度）

执行上述命令后，即可在指定位置输入文本文字，输入后按 Space 键，文本文字另起一行，可继续输入文字，待全部输入完后，按两次 Space 键，退出 TEXT 命令。可见，TEXT 命令也可创建多行文本，只是这种多行文本每一行是一个对象，不能对多行文本同时进行操作。

【注意】

只有当前文本样式中设置的字符高度为 0 时，系统才出现要求用户确定字符高度的提示。AutoCAD 允许将文本行倾斜排列，图 5－4 所示为倾斜角度分别是 0°、－45°和45°时的排列效果。在"指定文字的旋转角度<0>"提示下，可以输入文本行的倾斜角度或在绘图区拉出一条直线来指定倾斜角度。

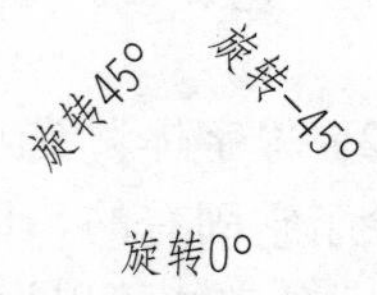

**图5－4 文本行倾斜
排列的效果**

（2）对正（J）：在"指定文字的起点或［对正（J）/样式(S)]"提示下输入"J"，用来确定文本的对齐方式，对齐方式决定文本的哪部分与所选插入点对齐。执行此选项的命令行提示如下：

输入选项[左(L)/居中(C)/右(R)/对齐(A)/中间(M)/布满(F)/左上(TL)/中上(TC)/右上(TR)/左中(ML)/正中(MC)/右中(MR)/左下(BL)/中下(BC)/右下(BR)]:

在此提示下选择一个选项作为文本的对齐方式，例如选择"对齐(A)"选项，要求用户指定文本行基线的起始点与终止点的位置，命令行提示与操作如下：

指定文字基线的第一个端点: 　　　　　　　　　　（指定文本行基线的起点位置）
指定文字基线的第二个端点: 　　　　　　　　　　（指定文本行基线的终点位置）
输入文字: 　　　　　　　　　　　　　　　　　　　（输入文本文字）
输入文字:

执行上述命令后，输入的文本文字均匀地分布在指定的两点之间，如果两点间的连线不水平，则文本行倾斜放置，倾斜角度由两点间的连线与 X 轴夹角确定。字高、字宽根据两点间的距离、字符的多少及文本样式中设置的宽度系数自动确定。指定了两点之后，每行输入的字符越多，字宽和字高越小。其他选项与"对齐"类似，此处不再赘述。

5.1.3　多行文本标注

创建多行文字是为了设置内容较长、格式较为复杂的文字标注。它具有一些单行文字所没有的功能。

1. 命令调用

（1）从菜单中执行"绘图"→"文字"→"多行文字"命令。

（2）单击"文字"工具条中的"多行文字"按钮**A**。

（3）在命令行中输入"MT"（mtext），按 Space 键。

2. 操作步骤

命令行提示与操作如下：

> 命令:MTEXT
> 当前文字样式:"Standard"　文字高度：3.5　注释性：否
> 指定第一角点：　　　　　　　　　　　（指定矩形框的第一个角点）
> 指定对角点或[高度(H)/对正(J)/行距(L)/旋转(R)/样式(S)/宽度(W)/栏(C)]：
> 　　　　　　　　　　　　　　　　　　（指定矩形框的第二个角点）

3. 选项说明

（1）指定对角点：在绘图区选择两个点作为矩形框的两个角点，AutoCAD 以这两个点为对角点构成一个矩形区域，其宽度作为将来要标注的多行文本的宽度，第一个点作为第一行文本顶线的起点。响应后，AutoCAD 打开如图 5-5 所示的"文字格式"对话框和多行文字编辑器，可利用此编辑器输入多行文本文字并对其格式进行设置，包括设置字高、文本样式及倾斜角度等。该编辑器与 Microsoft Word 编辑器界面相似，并且在某些功能上趋于一致，这样既增强了多行文字的编辑功能，又能使用户更熟悉和方便地使用。

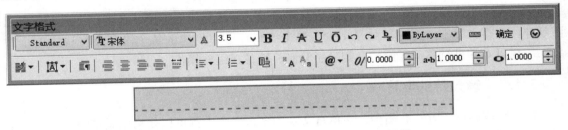

图 5-5　"文字格式"对话框和多行文字编辑器

例如，"堆叠"按钮：为层叠或非层叠文本按钮，用于层叠所选的文本文字，也就是创建分数形式。当文本中某处出现"/""^"或"#"3 种层叠符号之一时，可层叠文本，其方法是选中需层叠的文字，然后单击此按钮，则符号左边的文字作为分子，右边的文字作为分母进行层叠。

AutoCAD 提供了 3 种分数形式，如图 5-6 所示。如果选中"abcd/efgh"后单击此按钮，得到如图 5-6（a）所示的分数形式；如果选中"+0.025^-0.02"后单击此按钮，则得到如图 5-6（b）所示的形式，此形式多用于标注极限偏差；如果选中"H7#c6"后单击此按钮，则创建斜排的分数形式，如图 5-6（c）所示；如果选中已经层叠的文本对象后单击此按钮，则恢复到非层叠形式。

$$\frac{abcd}{efgh}$$
（a）

$$\begin{matrix}+0.05\\-0.02\end{matrix}$$
（b）

$$H7/c6$$
（c）

图 5-6　文本堆叠

（2）对正（J）：用来确定所标注文本的对齐方式，选择此选项，命令行提示如下：

> 输入对正方式［左上（TL）/中上（TC）/右上（TR）/左中（ML）/正中（MC）/右中（MR）/左下（BL）/中下（BC）/右下（BR）]＜左上（TL）＞：

这些对齐方式与 TEXT 命令中的对齐方式相同，选择一种对齐方式后按 Space 键，系统回到上一级提示。

（3）行距（L）：用于确定多行文本的行间距。这里所说的行间距是指相邻两文本行基线之间的垂直距离。选择此选项，命令行提示如下：

> 输入行距类型［至少（A）/精确（E）]＜至少（A）＞：

在此提示下有"至少"和"精确"两种方式确定行间距。在"至少"方式下，系统根据每行文本中最大的字符自动调整行间距；在"精确"方式下，系统为多行文本赋予一个固定的行间距，可以直接输入一个确切的间距值，也可以输入"$n \times$"的形式，其中 n 是一个具体数，表示行间距设置为单行文本高度的 n 倍，而单行文本高度是本行文本字符高度的 1.66 倍。

（4）旋转（R）：用于确定文本行的倾斜角度。

（5）样式（S）：用于确定当前的文字样式。

（6）宽度（W）：用于指定多行文本的宽度。可以在绘图区选择一点，与前面确定的第一个角点组成一个矩形框，以矩形框的宽作为多行文本的宽度；也可以输入一个数值，精确设置多行文本的宽度。

（7）栏（C）：根据栏宽、栏间距宽度和栏高组成矩形框。

多行文字是由任意数目的文字行或段落组成的，布满指定的宽度，还可以沿垂直方向无限延伸。多行文字中，无论行数是多少，单个编辑任务中创建的每个段落集将构成单个对象，用户可对其进行移动、旋转、删除、复制、镜像或缩放操作。

5.1.4　输入特殊字符

特殊字符的输入方式有两种，在单行文字和多行文字中都可以使用控制符输入一些常用的特殊符号，如角度、直径等。控制符一般由两个百分号（%%）和一个字符构成。具体符号的控制符及含义见表 5-1。

表 5-1　常用特殊字符的控制符

控制符	含义	控制符	含义
%%C	表示直径符号	%%O	表示上划线符号
%%D	表示度数符号	%%P	表示正负公差符号
%%U	表示下划线	%%%	表示百分号

在输入多行文字时，要输入特殊字符，可以单击"文字编辑器"选项卡中的"符号"按钮@▾，会出现如图 5-7 所示的下拉列表，根据提示输入需要的特殊符号。如果单击"其他"选项，则会出现如图 5-8 所示的"字符映射表"对话框。在"字符映射表"对话框中选中所需的字符后单击"选择"按钮，该字符将出现在"复制字符"文本框中，单击"复制"按钮将其复制到剪贴板。关闭对话框，在多行文字的文本输入框中将其粘贴，即可

将该字符插入当前光标的位置。

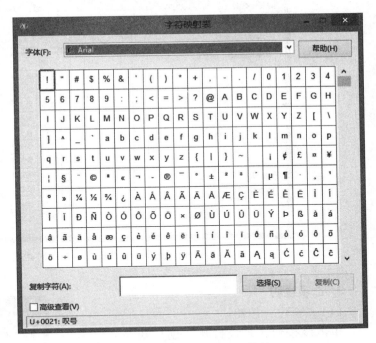

度数(D)	%%d
正/负(P)	%%p
直径(I)	%%c
几乎相等	\U+2248
角度	\U+2220
边界线	\U+E100
中心线	\U+2104
差值	\U+0394
电相角	\U+0278
流线	\U+E101
恒等于	\U+2261
初始长度	\U+E200
界碑线	\U+E102
不相等	\U+2260
欧姆	\U+2126
欧米加	\U+03A9
地界线	\U+214A
下标 2	\U+2082
平方	\U+00B2
立方	\U+00B3
不间断空格(S)	Ctrl+Shift+Space
其他(O)...	

图5-7　"符号"下拉列表　　　　图5-8　"字符映射表"对话框

5.2　表　　格

在早期的 AutoCAD 版本中，要绘制表格，必须采用绘制图线或结合偏移、复制等编辑命令来完成，这样的操作过程烦琐而复杂，不利于提高绘图效率。有了表格功能，创建表格就变得非常容易，用户可以直接插入设置好样式的表格，而不用绘制由单独图线组成的表格。

5.2.1　定义表格样式

和文字样式一样，所有 AutoCAD 图形中的表格都有与其相对应的表格样式。当插入表格对象时，系统使用当前设置的表格样式。表格样式是用来控制表格基本形状和间距的一组设置。模板文件 ACAD.DWT 和 ACADISO.DWT 中定义了名为 Standard 的默认表格样式。

1. 命令调用

（1）从菜单中执行"格式"→"表格样式"命令。

（2）单击"样式"工具栏中的"表格样式"按钮 📝。

（3）在命令行中输入"TS"（tablestysle），按 Space 键。

2. 操作步骤

执行上述命令后，系统打开"表格样式"对话框，如图5-9所示。利用此对话框可以定制和预览表格样式，包括创建新的表格样式、修改已存在的样式、删除已存在的样式、重命名样式等。

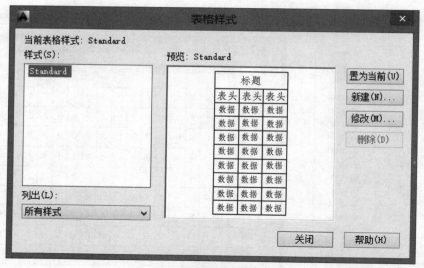

图 5 – 9 "表格样式"对话框

3. 选项说明

（1）"新建"按钮。

单击该按钮，系统打开"创建新的表格样
式"对话框，如图 5 – 10 所示。输入新的表格
样式名后，单击"继续"按钮，系统打开"新
建表格样式"对话框，如图 5 – 11 所示，从中可
以定义新的表格样式。

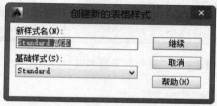

图 5 – 10 "创建新的表格样式"对话框

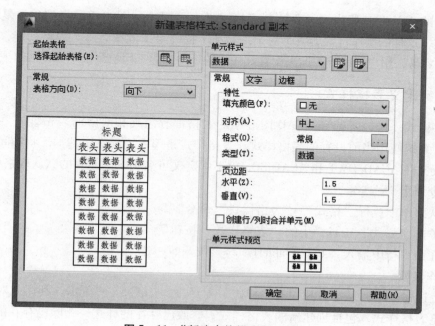

图 5 – 11 "新建表格样式"对话框

"新建表格样式"对话框包含 3 个功能区和 1 个预览区域，分别介绍如下：

①"起始表格"栏：该栏使用户可以在当前图形中指定一个表格用作样例来设置此表格样式的格式。

②"常规"栏：用于控制数据栏格与标题栏格的上下位置关系。

③"单元样式"栏：该栏可以定义新的单元样式或修改现有单元样式，也可以创建任意数量的单元样式。

在单元样式下拉列表框中，列出了多个表格样式，以便用户自行选择合适的表格样式，如图 5 - 12 所示。若选择"创建新单元样式"，可在弹出的"创建新单元样式"对话框中输入新名称，以创建新样式。若选择"管理单元样式"，则弹出"管理单元样式"对话框，该对话框显示当前表格样式中的所有单元样式并使用户可以创建或删除单元样式，如图 5 - 13 所示。

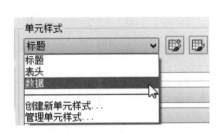

图 5 - 12　"单元样式"下拉列表框　　　　图 5 - 13　"管理单元样式"对话框

"单元样式"栏还包含有 3 个小的标签：常规、文字和边框，如图 5 - 14 所示。可以通过这 3 个标签对各单元样式进行设置。"常规"标签主要设置表格的背景颜色、对齐方式、格式、类型及页边距等。"文字"标签主要设置表格中的文字高度、样式、颜色、角度等特性。"边框"标签主要设置表格的线宽、线型、颜色及间距等特性。

图 5 - 14　"单元样式"栏

(a)"常规"标签；(b)"文字"标签；(c)"边框"标签

（2）"修改"按钮。

用于对当前表格样式进行修改，方式与新建表格样式相同。

5.2.2　创建表格

在设置好表格样式后，用户可以利用"表格"命令创建表格。

1. 命令调用

（1）从菜单中执行"绘图"→"表格"命令。

（2）单击"绘图"工具栏中的"表格"按钮Ⅲ。

（3）在命令行中输入"TA"（table），按 Space 键。

执行上述命令后，系统打开"插入表格"对话框，如图 5 - 15 所示。

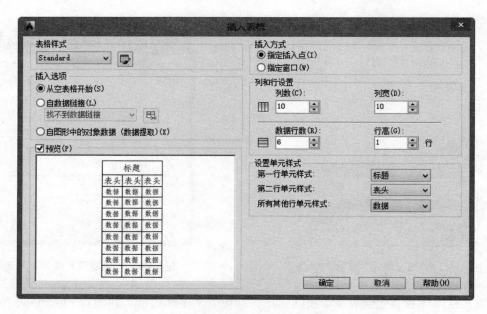

图 5 - 15　"插入表格"对话框

2. 选项说明

（1）"表格样式"选项组：可以在"表格样式"下拉列表框中选择一种表格样式，也可以通过单击后面的▭按钮来新建或修改表格样式。

（2）"插入选项"选型组：

① "从空表格开始"单选按钮：创建可以手动填充数据的空表格。

② "自数据链接"单选按钮：通过启动数据连接管理器来创建表格。

③ "自图形中的对象数据"单选按钮：通过启动"数据提取"向导来创建表格。

（3）"插入方式"选项组：

① "指定插入点"单选按钮：指定表格左上角的位置。可以使用定点设备，也可以在命令行输入坐标值。如果表格样式将表格的方向设置为由下而上读取，则插入点位于表格的左下角。

② "指定窗口"单选按钮：指定表格的大小和位置。可以使用定点设备，也可以在命

令行中输入坐标值。选定此选项时，行数、列数、列宽和行高取决于窗口的大小及列和行的设置。

（4）"列和行设置"选项组：指定列和数据行的数目及列宽与行高。

（5）"设置单元样式"选项组：指定"第一行单元样式""第二行单元样式"和"所有其他行单元样式"分别为标题、表头和数据样式。

在"插入表格"对话框中进行相应设置后，单击"确定"按钮，系统在指定的插入点或窗口自动插入一个空表格，并打开多行文字编辑器，用户可以逐行逐列输入相应的文字或数据，如图 5 – 16 所示。

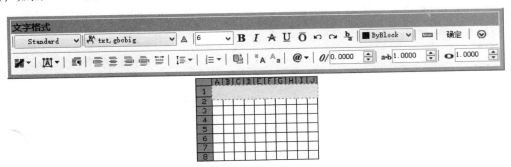

图 5 – 16　多行文字编辑器

在"插入方式"选项组中选中"指定窗口"单选按钮后，列与行设置的两个参数中只能指定一个，另外一个由指定窗口的大小自动等分来确定。

在插入的表格中选择某一个单元格，单击后出现钳夹点，通过移动钳夹点可以改变单元格的大小，如图 5 – 17 所示。

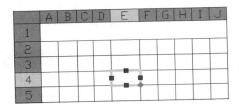

图 5 – 17　改变单元格大小

5.2.3　实例：绘制明细表

绘制如图 5 –18 所示的明细表。

10	定距环	1	Q235A	
9	游标尺	1	Q235A	
8	机口盖	1	Q215A	
7	通气器	1	Q235A	
6	箱盖	1	HT200	
5	垫圈	6	65MN	GB 93—87
4	螺母	6	5	GB 6170—86
3	螺栓	6	5.9	GB 65782—86
2	圆锥销	2	35	GB 117—86
1	箱体	1	HT200	
序号	名称	数量	材料	备注

图 5 –18　明细表

绘制步骤如下：

（1）定义表格样式。选择菜单栏中的"格式"→"表格样式"命令，弹出"表格样式"对话框，如图 5-9 所示。

（2）单击"新建"按钮，系统弹出"创建新的表格样式"对话框，将样式名改为"明细栏"，单击"继续"按钮，在弹出的"新建表格样式"对话框中将"单元样式"下拉菜单中的三种样式（标题、表头、数据）均进行如图 5-19 所示的设置。

图 5-19　明细表"单元样式"设置

（3）设置好文字样式后，单击"确定"按钮退出。

（4）创建表格。选择菜单栏中的"绘图"→"表格"命令，弹出"插入表格"对话框，如图 5-20 所示。设置插入方式为"指定插入点"，行和列设置为 9 行 5 列，列宽为 10，行高为 1 行，将单元样式全部设置为"数据"。

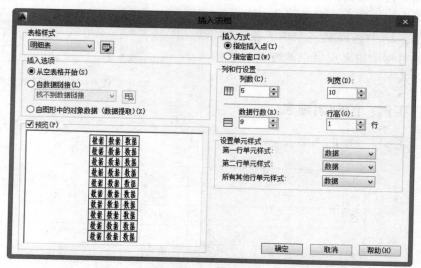

图 5-20　"插入表格"对话框

确定后，在绘图平面指定插入点，则插入如图 5-21 所示的空表格，并显示多行文字编辑器。不输入文字，直接在多行文字编辑器中单击"确定"按钮退出。

（5）双击该表格上的任意网格线，然后通过使用"特性"选项板来修改该表格的尺寸，将第 1 列和第 3 列的列宽设置为 10，第 2 列列宽设置为 60，第 4、5 列列宽设置为 30。结果如图 5-22 所示。

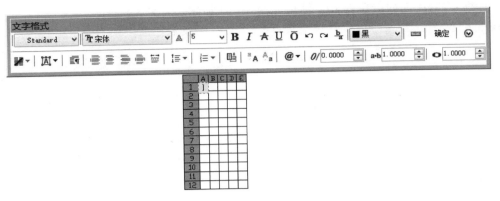

图 5 - 21　多行文字编辑器

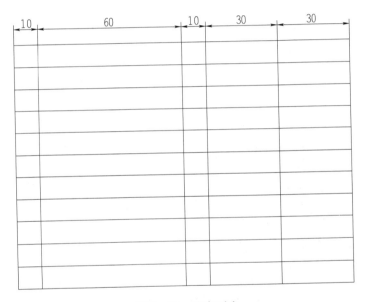

图 5 - 22　改变列宽

（6）双击要输入文字的单元格，重新打开多行文字编辑器，在各单元格中输入相应的文字或数据，最终结果如图 5 - 18 所示。

5.3　课堂实训

绘制如图 5 - 23 所示的齿轮参数表。

操作步骤如下：

（1）创建表格。执行"表格"命令，系统打开"插入表格"对话框，设置插入方式为"指定插入点"，行和列设置为 6 行 3 列，列宽为 15，行高为 1 行。

确定后，在绘图平面指定插入点，则插入空表格并显示多行文字编辑器。不输入文字，直接在多行文字编辑器中单击"确定"按钮退出。

（2）右键单击第 1 列某一个单元格，选择"特性"，在打开的"特性"面板中，将列宽变成 40，再将第 3 列列宽变为 30，结果如图 5-24 所示。

齿数	Z	24
模数	m	3
压力角	a	20°
公差等级及配合类型	6H-GE	T3478.1—1995
作用齿槽宽最小值	Evmin	4.712
实际齿槽宽最大值	Emax	4.8370
实际齿槽宽最小值	Emin	4.7590
作用齿槽宽最大值	Evmax	4.7900

图 5-23　齿轮参数表

图 5-24　改变列宽

（3）双击单元格，重新打开多行文字编辑器，在各单元格中输入相应的文字或数据，最终结果如图 5-23 所示。

5.4　课后练习

练习 1

创建如图 5-25 所示的文本。

创建文本

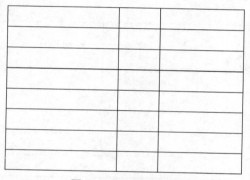

技术要求

1. 未注倒角C1。

2. 表面淬火，发黑。

（a）

$\dfrac{A-A}{2:1}$

$\phi 25 \dfrac{H7}{p6}$

（b）

$\phi 18^{+0.06}_{-0.02}$

61.8 ± 0.5

（c）

机械工程学院

（d）

图 5-25　创建文本

练习 2

创建如图 5-26 所示的标题栏。

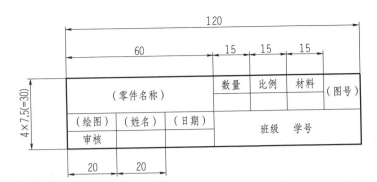

120
60
15
15
15
4×7.5(=30)
（零件名称）
数量
比例
材料
（图号）
（绘图）
（姓名）
（日期）
审核
班级　学号
20
20

创建标题栏

图 5-26　标题栏

练习 3

创建如图 5-27 所示的机用台虎钳明细表。

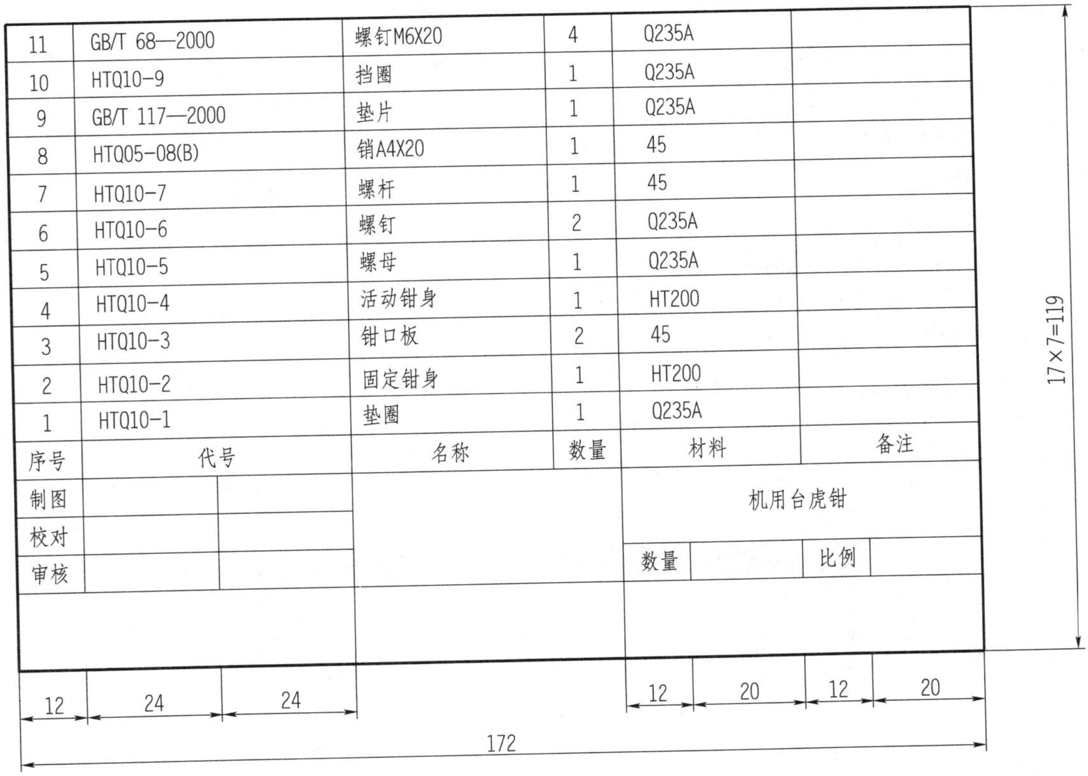

11　GB/T 68—2000　螺钉M6X20　4　Q235A
10　HTQ10-9　挡圈　1　Q235A
9　GB/T 117—2000　垫片　1　Q235A
8　HTQ05-08(B)　销A4X20　1　45
7　HTQ10-7　螺杆　1　45
6　HTQ10-6　螺钉　2　Q235A
5　HTQ10-5　螺母　1　Q235A
4　HTQ10-4　活动钳身　1　HT200
3　HTQ10-3　钳口板　2　45
2　HTQ10-2　固定钳身　1　HT200
1　HTQ10-1　垫圈　1　Q235A
序号　代号　名称　数量　材料　备注
制图
校对
审核
机用台虎钳
数量　比例
17×7=119
12　24　24
12　20　12　20
172

图 5-27　机用台虎钳明细表

第6章 尺 寸 标 注

尺寸标注是绘图设计过程中相当重要的一个环节。因为图形的主要作用是表达物体的形状，而物体各部分的真实大小和各部分之间的确切位置只能通过尺寸标注来表达。因此，没有正确的尺寸标注，绘制出的图纸对加工制造就没什么意义。

6.1 尺 寸 样 式

6.1.1 创建标注样式

尺寸标注由尺寸线、尺寸界线、尺寸文本、尺寸箭头等组成，尺寸标注以什么形态出现，取决于当前所采用的尺寸标注样式。在 AutoCAD 软件中，用户可以利用"标注样式管理器"对话框设置自己需要的尺寸标注样式。标注样式要在尺寸标注前创建，如果用户不创建尺寸样式而直接进行标注，系统会使用默认名称为 standard 的样式进行标注。如果用户认为所使用的标注样式中某些设置不合适，也可以修改标注样式。

1. 命令调用

（1）从菜单中执行"格式"→"标注样式"命令。

（2）单击"标注"工具栏中的"标注样式"按钮🔲。

（3）在命令行中输入"D"（dimstyle），按 Space 键。

2. 操作步骤

执行上述命令，系统打开"标注样式管理器"对话框，如图 6-1 所示。利用此对话框可方便、直观地定制和浏览尺寸标注样式，包括产生新的标注样式、修改已存在的样式、设置当前尺寸标注样式、重命名样式及删除一个已有样式等。

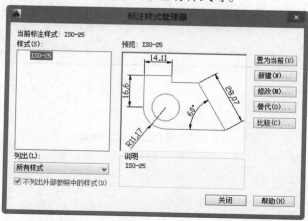

图 6-1 "标注样式管理器"对话框

3. 选项说明

（1）"置为当前"按钮。

单击此按钮，可以把在"样式"列表框中选中的样式设置为当前样式。

（2）"新建"按钮。

定义一个新的尺寸标注样式。单击此按钮，AutoCAD 打开"创建新标注样式"对话框，如图 6-2 所示，利用此对话框可创建一个新的尺寸标注样式。单击"继续"按钮，

图 6-2 "创建新标注样式"对话框

系统打开"新建标注样式"对话框，如图 6-3 所示，利用此对话框可以对新样式的各项特性进行设置。

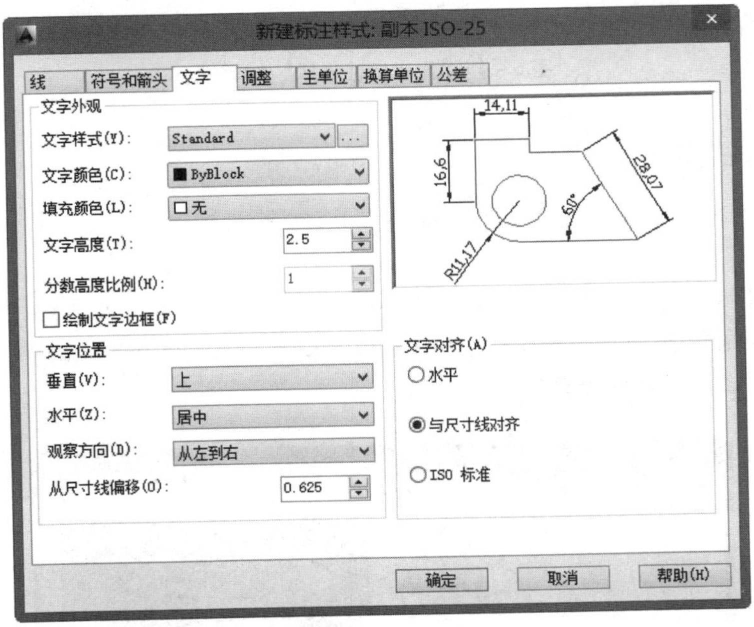

图 6-3 "新建标注样式"对话框

（3）"修改"按钮。

修改一个已存在的尺寸标注样式。单击此按钮，AutoCAD 弹出"修改标注样式"对话框，该对话框中的各选项与"新建标注样式"对话框中完全相同，可以对已有标注样式进行修改。

（4）"替代"按钮。

设置临时覆盖尺寸标注样式。单击此按钮，AutoCAD 打开"替代当前样式"对话框，该对话框中各选项与"新建标注样式"对话框的完全相同，用户可以通过改变选项的设置来覆盖原来的设置，但这种修改只对指定的尺寸标注起作用，而不影响当前尺寸标注的设置。

（5）"比较"按钮。

比较两个尺寸标注样式在参数上的区别或浏览一个尺寸标注样式的参数设置。单击此按钮，AutoCAD 打开"比较标注样式"对话框，如图 6-4 所示。可以把比较结果复制到剪切

板上，然后再粘贴到其他的 Windows 应用软件上。

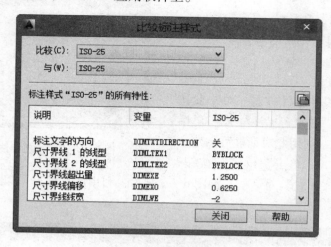

图 6-4 "比较标注样式"对话框

6.1.2 样式定制

在图 6-3 所示的"新建标准样式"对话框中有 7 个选项卡，分别说明如下。

1. 线

该选项卡对尺寸线、尺寸界线的形式和特性等参数进行设置，如图 6-5 所示。包括尺寸线的颜色、线宽、超出标记、基线间距、隐藏等参数，以及尺寸界线的颜色、线宽、超出尺寸线、起点偏移量、隐藏等参数。

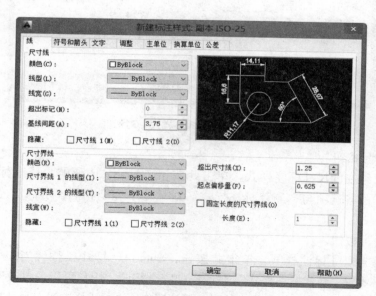

图 6-5 "新建标注样式"对话框中的"线"选项卡

2. 符号和箭头

该选项卡主要对箭头、圆心标记、弧长符号和半径折弯标注的形式及特性进行设置。包括箭头的大小、引线、形状等参数及圆心标记的类型和大小等参数。

3. 文字

该选项卡对文字的外观、位置、对齐方式等各个参数进行设置。包括文字外观的文字样式、颜色、填充颜色、文字高度、分数高度比例和是否绘制文字边框等参数，以及文字位置的垂直、水平和从尺寸线偏移量等参数。对齐方式有水平、与尺寸线对齐、ISO 标准 3 种方式。

4. 调整

该选项卡对调整选项、文字位置、标注特征比例、优化等各个参数进行设置，如图 6 - 6 所示。图 6 - 7 所示为文字不在默认位置时的 3 种放置情形。

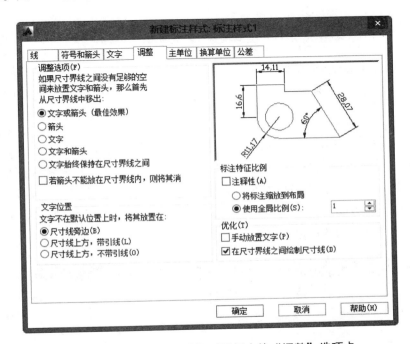

图 6 - 6　"新建标注样式"对话框中的"调整"选项卡

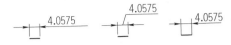

图 6 - 7　尺寸文本的位置

（a）尺寸线旁边；（b）尺寸线上方，带引线；（c）尺寸线上方，不带引线

5. 主单位

该选项卡用于设置尺寸标注的主单位和精度，以及给尺寸文本添加固定的前缀或后缀。该选项卡含有两个选项组，分别对线性标注和角度标注进行设置，如图 6 - 8 所示。

6. 换算单位

该选项卡用于对换算单位进行设置，如图 6 - 9 所示。

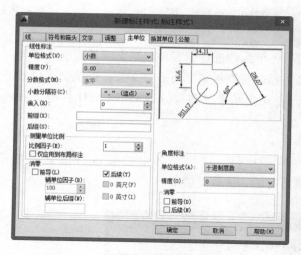 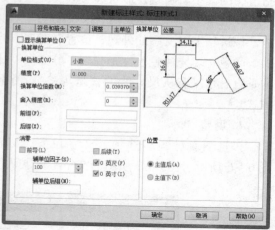

图 6-8　"新建标注样式"对话框中的　　　图 6-9　"新建标注样式"对话框中的
　　　　"主单位"选项卡　　　　　　　　　　　　"换算单位"选项卡

7. 公差

该选项卡用于对尺寸公差进行设置，如图 6-10 所示。其中"方式"下拉列表框列出了 AutoCAD 提供的 5 种标注公差的形式，用户可从中选择。这 5 种形式分别是"无""对称""极限偏差""极限尺寸"和"基本尺寸"，其中"无"表示不标注公差，其余 4 种标注情况如图 6-11 所示。可在"精度""上偏差""下偏差""高度比例""垂直位置"等文本框中输入或选择相应的参数值。

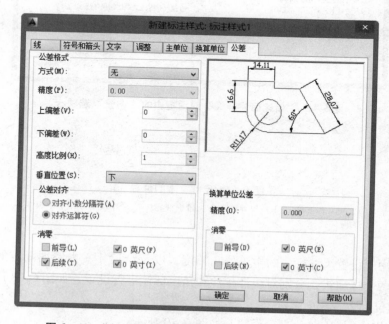

图 6-10　"新建标注样式"对话框中的"公差"选项卡

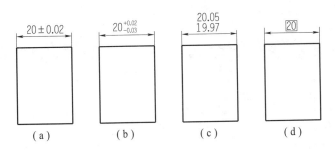

图 6－11　公差标注的形式

（a）对称；（b）极限偏差；（c）极限尺寸；（d）基本尺寸

【注意】

系统自动在上偏差数值前加一个"＋"号，在下偏差数值前加一个"－"号。如果上偏差是负值或下偏差是正值，都需要在输入的偏差值前加负号。如下偏差是＋0.005，则需要在"下偏差"微调框中输入"－0.005"。

6.1.3　实例：新建标准标注样式

新建一个尺寸标注样式，参数要求如下：基线间距为 7；尺寸界线超出尺寸线为 2；起点偏移量为 0；箭头大小为 3；数字样式为 gbe-itc.shx，字高为 3.5，宽度比例因子为 0.8，倾斜角度为 0，文字位置从尺寸线偏移 1。其余参数应符合《机械制图》国家标准要求。

标注样式设置

操作步骤如下：

（1）单击"标注"工具栏中的"标注样式"按钮，系统打开"标注样式管理器"对话框，如图 6－1 所示。

（2）单击"新建"按钮，AutoCAD 打开"创建新标注样式"对话框，如图 6－12 所示，输入"标准标注"作为新的尺寸标注样式的名称。单击"继续"按钮，系统打开"新建标注样式"对话框，如图 6－13 所示。

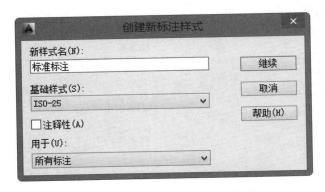

图 6－12　"创建新标注样式"对话框

（3）单击"线"选项卡，将"尺寸线"区域中的"基线间距"改为 7；将"尺寸界限"区域中的"超出尺寸线"改为 2，"起点偏移量"改为 0，如图 6-13 所示。

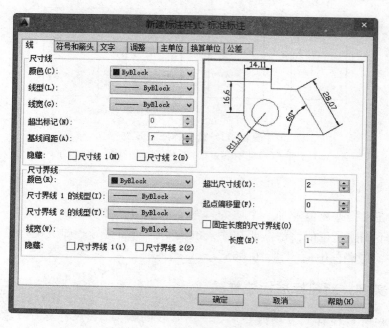

图 6-13 "线"选项卡的设置

（4）单击"符号和箭头"选项卡，将"箭头"区域中的"箭头大小"改为 3；在"圆心标记"区域中，选择"无"，如图 6-14 所示。

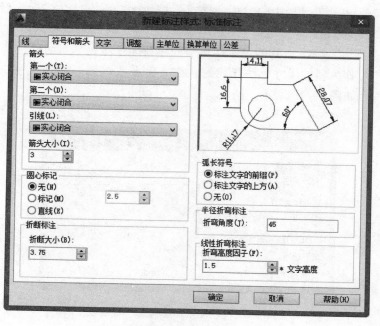

图 6-14 "符号和箭头"选项卡的设置

（5）单击"文字"选项卡，单击"文字外观"区域中"文字样式"选项卡最右侧的按钮，弹出"文字样式"对话框，新建一个名为"标准标注"的文字样式。在"字体"区域中，将"SHX 字体"的样式设为 gbeitc. shx；在"大小"区域中，将"高度"值设为3.5；在"效果"区域中，将"宽度因子"设为 0.8，"倾斜角度"设为 0，如图 6 – 15 所示。单击"应用"按钮，并选择"标准标注"作为当前的文字样式。

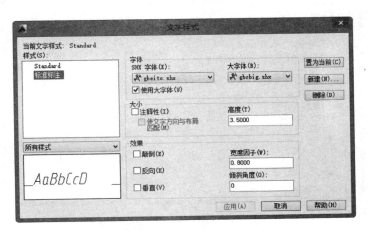

图 6 – 15　"标准标注"文字样式的设置

将"文字位置"区域中的"从尺寸线偏移"设置为 1；选择"文字对齐"区域中的"与尺寸线对齐"选项，如图 6 – 16 所示。

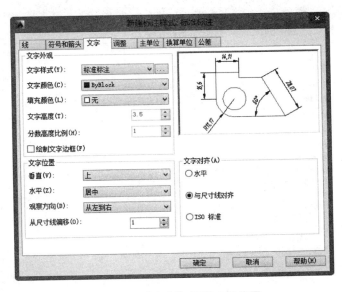

图 6 – 16　"文字"选项卡的设置

（6）单击"调整"选项卡，将"调整"选项卡进行如图 6 – 17 所示的设置。

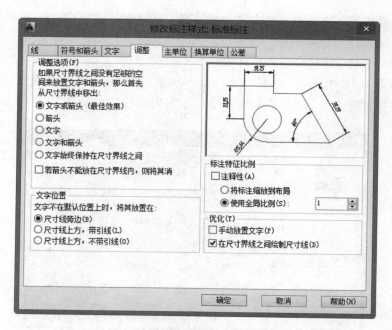

图 6 - 17 "调整"选项卡的设置

（7）单击"主单位"选项卡，将"线性标注"区域中的"精度"改为 0.00；将"小数分隔符"选择为"句点"，如图 6 - 18 所示。

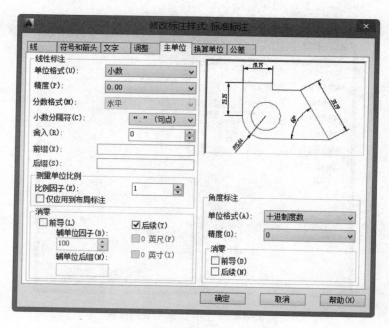

图 6 - 18 "主单位"选项卡的设置

（8）单击"公差"选项卡，将"公差格式"区域中的"垂直位置"选择为"中"，如图 6 - 19 所示。

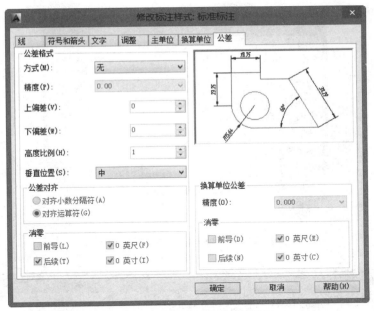

图 6 – 19　"公差"选项卡的设置

（9）"半径"标注样式。

对于引出轮廓线的半径标注，如图 6 – 20 所示，可以建立半径标注文本。应用"标注样式"命令 ，弹出"标注样式管理器"对话框，如图 6 – 21 所示。

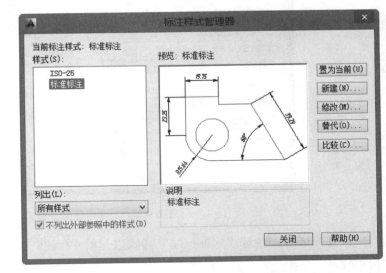

图 6 – 20　水平标注样例　　　　图 6 – 21　"标注样式管理器"对话框

以标准标注为基础样式，单击"新建"按钮，弹出"创建新标注样式"对话框，将"新样式名"改为"半径"，选择用于"半径标注"，如图 6 – 22 所示。

单击"继续"按钮，弹出"新建标注样式：标准标注：半径"对话框，选择"文字"选项卡，在"文字对齐"区域选择"ISO 标准"单选按钮，如图 6 – 23 所示，单击"确定"按钮，返回"标注样式管理器"对话框，单击"关闭"按钮结束设置。

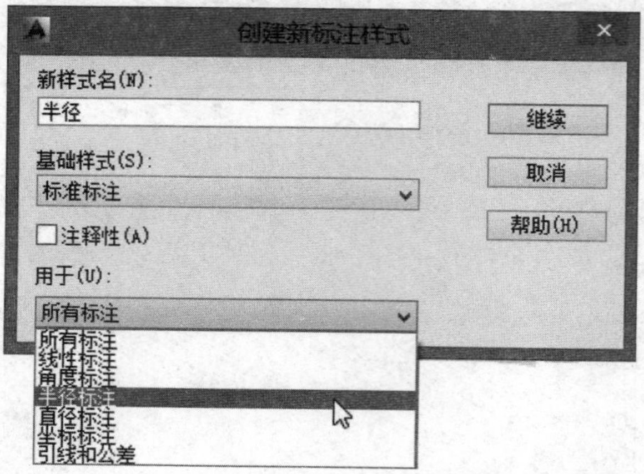

图 6 – 22　"创建半径标注样式"对话框

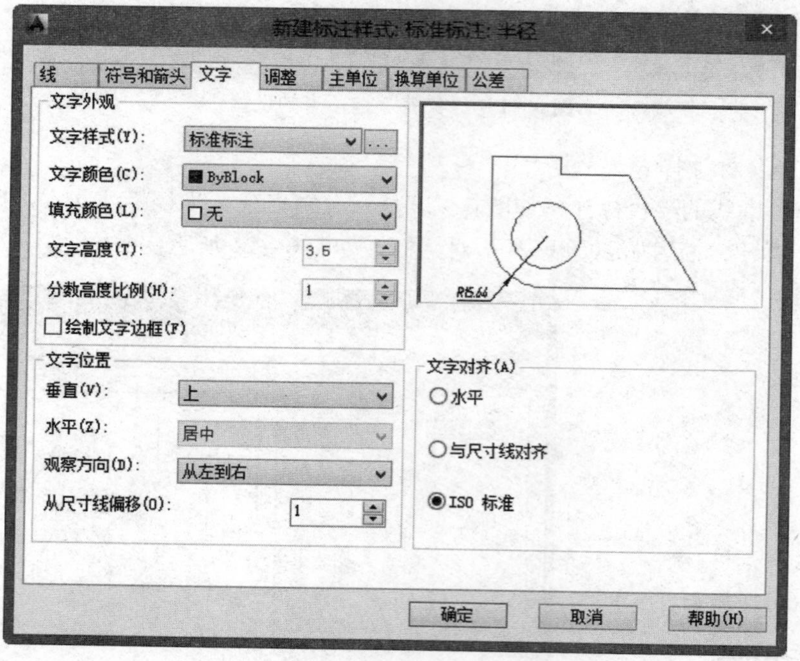

图 6 – 23　新建半径标注样式

　　设置完成后，在对"标准标注"样式进行尺寸标注时，半径标注会自动调整为图 6 – 20 所示样式。

　　（10）"角度"标注样式。

　　制图国家标准规定的角度标注，尺寸界限沿径向画出，尺寸线应画成圆弧，尺寸数字一律水平书写在尺寸线的中断处，如图 6 – 24 所示，可以建立角度标注文本。应用"标注样式"命令，弹出"标注样式管理器"对话框，如图 6 – 21 所示。

　　以标准标注为基础样式，单击"新建"按钮，弹出"创建新标注样式"对话框，将"新样式名"改为"角度"，选择用于"角度标注"，如图 6 – 25 所示。

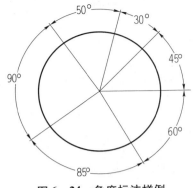

图 6 - 24　角度标注样例

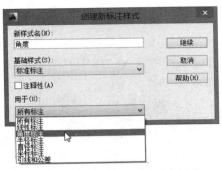

图 6 - 25　选择用于"角度标注"

单击"继续"按钮，弹出"新建标注样式：标准标注：角度"对话框，选择"文字"选项卡，在"文字对齐"区域单击"水平"单选按钮，如图 6 - 26 所示，单击"确定"按钮，返回"标注样式管理器"对话框，单击"关闭"按钮结束设置。

图 6 - 26　新建角度标注样式

（11）"直径"标注样式设置方式同步骤（9）。

6.2　标 注 尺 寸

正确地进行尺寸标注是设计绘图工作中非常重要的一个环节，AutoCAD 提供了方便、快捷的尺寸标注方法，可通过执行命令实现，也可利用菜单或工具按钮实现。本节重点介绍如何对各种类型的尺寸进行标注。

6.2.1　线性标注

1. 功能

使用水平、竖直或旋转的尺寸线创建线性标注。

2. 命令调用

（1）从菜单中执行"标注"→"线性"命令。

（2）单击"标注"工具条中的"线性"按钮┡┥。

（3）在命令行中输入"DIMLIN"（dimlinear），按 Space 键。

3. 操作步骤

命令行提示与操作如下：

> 命令：
>
> DIMLINEAR （执行线性标注命令）
>
> 指定第一个尺寸界线原点或＜选择对象＞： （光标变为拾取框,选择对象）
>
> 指定第二条尺寸界线原点： （光标变为拾取框,选择对象）
>
> 创建了无关联的标注。
>
> 指定尺寸线位置或
>
> ［多行文字(M)/文字(T)/角度(A)/水平(H)/垂直(V)/旋转(R)]：

4. 选项说明

（1）指定尺寸线位置：确定尺寸线的位置。用户可以移动鼠标，选择合适的尺寸线位置，然后按 Space 键或单击鼠标左键确认，AutoCAD 自动测量所标注线段的长度并标注出相应的尺寸。

（2）多行文字（M）：用多行文本编辑器确定尺寸文本。

（3）文字（T）：在命令行提示下输入或编辑尺寸文本。选择此选项后，AutoCAD 提示：

> 输入标注文字＜默认值＞：

其中的默认值是 AutoCAD 自动测量得到的被标注线段的长度，直接按 Space 键确认即可采用此长度值，也可以输入其他数值代替默认值。当尺寸文本中包含默认值时，可使用尖括号"＜＞"表示默认值。

（4）角度（A）：确定尺寸文本的倾斜角度。

（5）水平（H）：水平标注尺寸，无论标注什么方向的线段，尺寸线均水平放置。

（6）垂直（V）：垂直标注尺寸，无论被标注线段沿什么方向，尺寸线总保持垂直。

（7）旋转（R）：输入尺寸线旋转的角度值，旋转标注尺寸。

6.2.2 实例：标注螺栓尺寸

标注如图 6 – 27 所示的螺栓尺寸。

步骤提示：

（1）根据 6.1.3 节建立尺寸标注样式。

（2）利用"线性"命令标注主视图尺寸"11"。

命令行提示与操作如下：

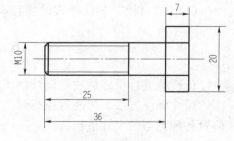

图 6 – 27　螺栓尺寸

命令:DIMLINEAR

指定第一个尺寸界线原点或＜选择对象＞:　＜打开对象捕捉＞

　　　　　　（捕捉标注为"11"的边的一个端点,作为第一条尺寸界线的起点）

指定第二条尺寸界线原点:

　　　　　　（捕捉标注为"11"的边的一个端点,作为第二条尺寸界线的起点）

指定尺寸线位置或［多行文字(M)/文字(T)/角度(A)/水平(H)/垂直(V)/旋转(R)］:

　　　　　　（指定尺寸线的位置,拖动鼠标,将出现动态的尺寸标注,在合适的位置按

下鼠标左键,确定尺寸线的位置）

标注文字＝11(按 Space 键确认,采用尺寸的自动测量值"11")

（3）利用"线性"命令标注其他水平方向尺寸。方法与步骤（2）相同。

（4）利用"线性"命令标注竖直方向尺寸。方法与步骤（2）相同。

（5）利用"线性"命令标注"M10"尺寸。方法与步骤（2）大体一致,在系统提示"指定尺寸线位置或［多行文字（M）/文字（T）/角度（A）/水平（H）/垂直（V）/旋转（R）］:"时,输入"M",按 Space 键,调用多行文字命令,在打开的"文字格式"对话框中,在自动测量尺寸"10"之前输入"M"表示螺纹,单击"确定"按钮,完成尺寸的标注。

6.2.3　对齐标注

1. 功能

创建与尺寸界线的原点对齐的线性标注。即这种命令标注的尺寸线与所标注轮廓线平行,标注的是起始点到终点之间的距离尺寸。

2. 命令调用

（1）从菜单中执行"标注"→"对齐"命令。

（2）单击"标注"工具条中的"对齐"按钮 。

（3）在命令行中输入"DIMALI"（dimaligned）,按 Space 键。

3. 操作步骤

命令行提示与操作如下:

命令:DIMALIGNED

指定第一个尺寸界线原点或＜选择对象＞:

6.2.4　直径和半径标注

1. 功能

创建圆或圆弧的直径（或半径）标注。

2. 命令调用

（1）从菜单中执行"标注"→"直径"（或"半径"）命令。

（2）单击"标注"工具条中的"直径"按钮 （或"半径"按钮 ）。

（3）在命令行中输入"DDI"（dimdiameter）（或输入"DIMRADIUS"）,按 Space 键。

3. 操作步骤

命令行提示与操作如下:

命令:DIMDIAMETER

选择圆弧或圆: （选择要标注直径的圆或圆弧）

指定尺寸线位置或[多行文字(M)/文字(T)/角度(A)]:

（确定尺寸线的位置或选择某一选项）

用户可以选择"多行文字（M）"项、"文字（T）"项或"角度（A）"项来输入、编辑尺寸文本或确定尺寸文本的倾斜角度，也可以直接确定尺寸线的位置标注出指定圆或圆弧的直径。

4. 选项说明

（1）多行文字（M）：用多行文本编辑器确定尺寸文本，如果要添加前缀或后缀，可在生成的测量值前或后输入前缀或后缀。

（2）文字（T）：自定义标注文字，生成的标注测量值显示在尖括号"<>"中。

（3）角度（A）：确定尺寸文本的倾斜角度。

6.2.5 基线标注

1. 功能

基线标注用于产生一系列基于同一条尺寸界限的尺寸标注，适用于长度标注、角度标注和坐标标注等。在使用基线标注方式之前，应该先标注出一个相关的尺寸。

2. 命令调用

（1）从菜单中执行"标注"→"基线"命令。

（2）单击"标注"工具条中的"基线"按钮 ⊨ 。

（3）在命令行中输入"DIMBASELINE"，按 Space 键。

3. 操作步骤

命令行提示与操作如下：

命令:DIMBASELINE

指定第二条尺寸界线原点或[放弃(U)/选择(S)]<选择>:

4. 选项说明

（1）指定第二条尺寸界线原点：直接确定另一个尺寸的第二条尺寸界线的起点，Auto-CAD 以上次标注的尺寸为基准标注，标注出相应尺寸。

（2）<选择>：在上述提示下直接按 Space 键确认，AutoCAD 提示：

选择基准标注: （选取作为基准的尺寸标注）

6.2.6 连续标注

1. 功能

连续标注又叫尺寸链标注，用于产生一系列连续的尺寸标注，后一个尺寸标注均把前一个标注的第二条尺寸界线作为它的第一条尺寸界线。适用于长度标注和角度标注等。在使用连续标注方式之前，应该先标注出一个相关的尺寸。

2. 命令调用

（1）从菜单中执行"标注"→"连续"命令。

（2）单击"标注"工具条中的"连续"按钮 ▦。

（3）在命令行中输入"DIMCON"（dimcontinue），按 Space 键。

3. 操作步骤

命令行提示与操作如下：

> 命令:DIMCONTINUE
>
> 选择连续标注：
>
> 指定第二条尺寸界线原点或[放弃(U)/选择(s)]<选择>：

此提示中的各选项与基线标注中的选项完全相同，不再叙述。

【注意】

AutoCAD 允许用户利用基线标注方式和连续标注方式进行角度标注。

6.2.7　角度型尺寸标注

1. 功能

测量选定的对象或 3 个点之间的角度。可以选择的对象包括直线、圆弧和圆等。

2. 命令调用

（1）从菜单中执行"标注"→"角度"命令。

（2）单击"标注"工具条中的"角度"按钮 △。

（3）在命令行中输入"DIMANG"（dimangular），按 Space 键。

3. 操作步骤

命令行提示与操作如下：

> 命令:DIMANGULAR
>
> 选择圆弧、圆、直线或<指定顶点>：

4. 选项说明

（1）选择圆弧（标注圆弧的中心角）：当用户选取一段圆弧后，AutoCAD 提示：

> 指定标注弧线位置或[多行文字(M)/文字(T)/角度(A)]：
>
> （确定尺寸线的位置或选取某一项）

在此提示下确定尺寸线的位置，AutoCAD 按自动测量得到的值标注出相应的角度。用户还可以选择"多行文字(M)"项、"文字(T)"项或"角度(A)"项通过多行文本编辑器或命令行来输入或定制尺寸文本以及指定尺寸文本的倾斜角度。

（2）选择圆（标注圆上某段弧的中心角）：当用户点取圆上的一点选择该圆后，Auto-CAD 提示如下：

> 指定角的第二个端点： （选取另一点,该点可在圆上,也可不在圆上）
>
> 指定标注弧线位置或[多行文字(M)/文字(T)/角度(A)]：

在此提示下确定尺寸线的位置，AutoCAD 标出一个角度值，该角度以圆心为顶点，两条尺寸界线通过所选取的两点，第二点可以不必在圆周上。用户还可以选择"多行文字（M）"项、"文字（T）"项或"角度（A）"项编辑尺寸文本和指定尺寸文本倾斜角度，如图 6-28 所示。

图 6-28　标注角度

（3）选择一条直线（标注两条直线间的夹角）：当用户选取一条直线后，AutoCAD 提示如下：

选择第二条直线：　　　　　　　　　　　　　　　　　　（选取另外一条直线）

指定标注弧线位置或［多行文字（M）/文字（T）/角度（A）］：

在此提示下确定尺寸线的位置，AutoCAD 标出这两条直线之间的夹角。该角以两条直线的交点为顶点，以两条直线为尺寸界线，所标注角度取决于尺寸线的位置，如图 6-29 所示。

（4）<指定顶点>：直接按 Space 键确认，AutoCAD 提示：

指定角的顶点：　　　　　　　　　　　　　　　（指定顶点）

指定角的第一个端点：　　　　　　　　　　　　（输入角的第一个端点）

指定角的第二个端点：　　　　　　　　　　　　（输入角的第二个端点）

创建了无关联的标注。

指定标注弧线位置或［多行文字（M）/文字（T）/角度（A）］：（输入一点作为角的顶点）

在此提示下给定尺寸线的位置，AutoCAD 根据给定的三点标注出角度，如图 6-30 所示。

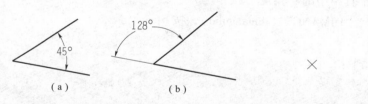

图 6-29　标注两直线夹角　　　　　　　　图 6-30　标注三点确定的角度

6.2.8　实例：标注曲柄尺寸

标注如图 6-31 所示的曲柄尺寸。

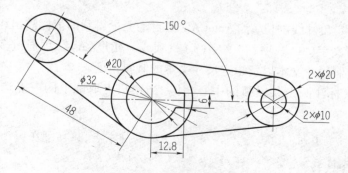

图 6-31　标注曲柄尺寸

操作步骤如下：

（1）将 6.1.3 节建立的"标准标注"标注样式设置为当前标注样式。

（2）利用"线性"命令标注曲柄中的线性尺寸。捕捉 ϕ32 圆的中心点作为第一条尺寸界线的起点，捕捉键槽右边界限与水平中心线的交点作为第二条尺寸界线的起点，标注键槽深度 12.8。用同样方法标注线性尺寸 6。

（3）标注曲柄中的对齐尺寸。利用 DIMALIGNED 命令捕捉倾斜部分中心线的交点作为第一条尺寸界线的起点，捕捉中间中心线交点作为第二条尺寸界线的起点，对齐尺寸为 48。

（4）标注曲柄中的直径尺寸。利用 DIMDIAMETER 命令标注右边 ϕ10 的小圆，命令行提示如下：

命令:DIMDIAMETER	（直径标注命令,标注图中的直径尺寸"2 ×ϕ10"）
选择圆弧或圆:	（选择右边 ϕ10 小圆）
标注文字 =10	
指定尺寸线位置或[多行文字(M)/文字(T)/角度(A)]:M	
	（按 Space 键后弹出"多行文字"编辑器,其" < >"表示测量值,即"ϕ10",在前面输入"2 ×",即"2 × < >"）
指定尺寸线位置或[多行文字(M)/文字(T)/角度(A)]:（指定尺寸线位置）	

用同样方法标注直径尺寸 ϕ20、ϕ32 和 2 ×ϕ20。

（5）标注曲柄中的角度尺寸。利用 DIMANGULAR 命令标注 150°角，结果如图 6 – 31 所示。

6.2.9 快速引线标注

1. 功能

利用 QLEADER 命令可以快速生成指引线及注释，并且可以通过命令行优化对话框进行用户自定义，由此可以消除不必要的命令行提示，取得最高的工作效率。

2. 命令调用

在命令行中输入"QL"（qleader），按 Space 键。

3. 操作步骤

命令行提示与操作如下：

```
命令:QLEADER
指定第一个引线点或[设置(S)] <设置 >:
```

4. 选项说明

（1）指定第一个引线点：在上面的提示下确定一点作为指引线的第一点，AutoCAD 提示如下：

指定下一点:	（输入指引线的第二点）
指定下一点:	（输入指引线的第三点）

AutoCAD 提示用户输入的点的数目由图 6 – 32 所示的"引线设置"对话框确定。输入完指引线的点后，AutoCAD 提示：

> 指定文字宽度 < 0.0000 >：　　　　　　　　　（输入多行文本的宽度）
> 输入注释文字的第一行 < 多行文字(M) > ：

此时，有两种命令输入选择，含义如下：

①输入注释文字的第一行：在命令行输入第一行文本。系统继续提示：

> 输入注释文字的下一行：　　　　　　　　　　（输入另一行文本）
> 输入注释文字的下一行：　　　　　　　　　　（输入另一行文本或按 Space 键）

②< 多行文字(M) >：打开多行文字编辑器，输入编辑多行文字。直接按 Space 键确认，结束 QLEADER 命令并把多行文本标注在指引线的末端附近。

（2）< 设置 >：直接按 Space 键确认或键入"S"，打开图 6 – 32 所示"引线设置"对话框，允许对引线标注进行设置。该对话框包含"注释""引线和箭头""附着"三个选项卡，下面分别进行介绍。

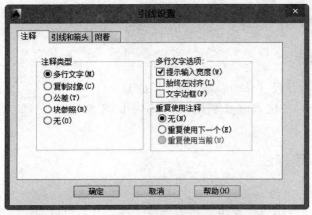

图 6 – 32　"引线设置"对话框"注释"选项卡

①"注释"选项卡：如图 6 – 32 所示，用于设置引线标注中注释文本的类型、多行文本的格式并确定注释文本是否多次使用。

②"引线和箭头"选项卡：如图 6 – 33 所示，用来设置引线标注中指引线和箭头的形式。其中，"点数"选项组用于设置执行 QLEADER 命令时 AutoCAD 提示用户输入的点的数目。例如，设置点数为 3，执行 QLEADER 命令时，当用户在提示下指定三个点后，Auto-CAD 自动提示用户输入注释文本。注意，设置的点数要比用户希望的指引线的段数多 1。如果选择"无限制"复选框，AutoCAD 会一直提示用户输入，直到按两次 Enter 键为止。"角度约束"选项组用于设置第一段和第二段指引线的角度约束。

（3）"附着"选项卡：如图 6 – 34 所示，设置注释文本和指引线的相对位置。如果最后一段指引线指向右边，系统自动把注释文本放在右侧；反之，放在左侧。利用本选项卡左侧和右侧的单选按钮分别设置位于左侧和右侧的注释文本与最后一段指引线的相对位置，二者可以相同，也可以不相同。

图 6－33 "引线设置"对话框"引线和箭头"选项卡

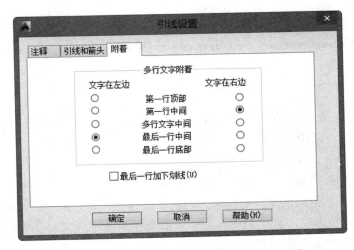

图 6－34 "引线设置"对话框"附着"选项卡

6.2.10 形位公差

1. 功能

形位公差表示形状、轮廓、方向、位置和跳动的允许偏差。为方便机械设计工作，AutoCAD 提供了标注形位公差的功能。形位公差的标注如图 6－35 所示，包括指引线、特征符号、公差值、基准代号和其附加符号。

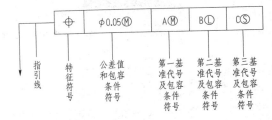

图 6－35 形位公差标注

2. 命令调用

（1）从菜单中执行"标注"→"公差"命令。

（2）单击"标注"工具条中的"公差"按钮 。

（3）在命令行中输入"TOL"（tolerance），按 Space 键。

3. 操作步骤

命令：TOLERANCE

在命令行输入"TOLERANCE"命令，或选择相应的菜单项或工具栏图标，AutoCAD 打开如图 6-36 所示的"形位公差"对话框，可通过此对话框对形位公差标注进行设置。

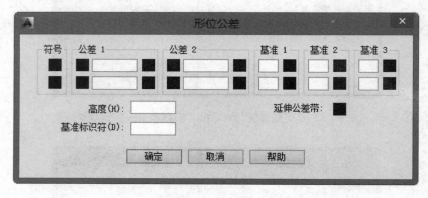

图 6-36 "形位公差"对话框

4. 选项说明

（1）符号：设定或改变公差代号。单击下面的黑方块，系统打开如图 6-37 所示的"特征符号"对话框，可从中选取公差代号。

（2）公差 1（2）：产生第一（二）个公差的公差值及"附加符号"符号。白色文本框用于确定公差值，在其中输入一个具体数值。白色文本框左侧的黑方块控制是否在公差值之前加一个直径符号，单击则出现直径符号，再次单击则直径符号消失。右侧黑方块用于插入"包容条件"符号，单击它，显示如图 6-38 所示的"附加符号"对话框，可从中选择修饰符号。这些符号可以作为基准参照的修饰符。

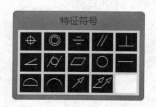

图 6-37 "特征符号"对话框

图 6-38 "附加符号"对话框

（3）基准 1（2、3）：确定第一（二、三）个基准代号及材料状态符号。在白色文本框中输入一个基准代号。

（4）"高度"文本框：确定标注形位公差的高度。

（5）延伸公差带：单击此黑方块，在复合公差带后面加一个复合公差符号。

（6）"基准标识符"文本框：产生一个标识符号，用一个字母表示。

图 6-39 所示为几个利用"TOLERANCE"命令标注的形位公差。

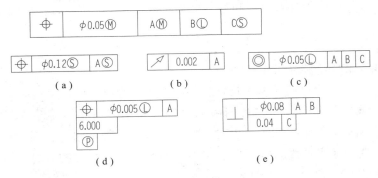

图6-39　形位公差标注示例

【注意】

在"形位公差"对话框中有两行，可实现复合形位公差的标注。如果两行中输入的公差代号相同，则得到如图6-39（e）所示的形式。

6.3　课堂实训

如图6-40所示，完成圆柱齿轮的标注。

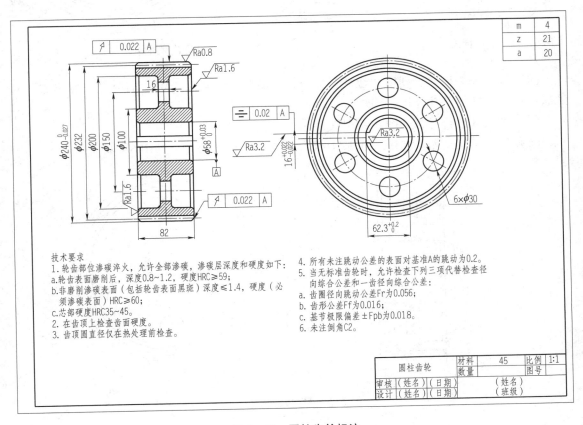

图6-40　圆柱齿轮标注

标注思路：首先标注无公差尺寸和公差尺寸，然后标注形位公差，最后绘制表格并标注文字。

操作步骤如下：

（1）打开 4.5 节所绘圆柱齿轮视图。

（2）利用"线性"命令标注基本尺寸，如图 6 - 41 所示。

（3）利用"线性"命令标注主视图中的直径，利用"直径"命令标注左视图中的直径。线性标注时，选择"文字（T）"选项，采用特殊符号表示法，在命令行中输入"％％C"表示"φ"，直径标注时，选择"文字（T）"选项，输入相应的前缀，如图 6 - 42 所示。

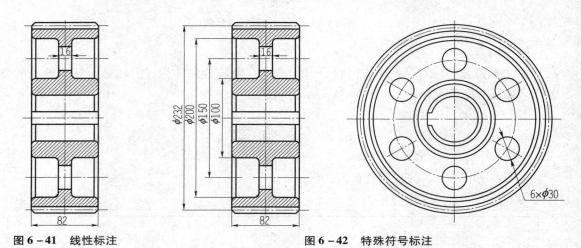

图 6 - 41　线性标注　　　　　　　　　　　图 6 - 42　特殊符号标注

（4）标注公差尺寸。利用"线性"命令，在命令行中输入"M"，打开"文字格式"对话框，利用"堆叠"功能进行编辑，如图 6 - 43 所示。

（5）插入基准符号，如图 6 - 44 所示。

（6）标注形位公差。利用"QLEADER"命令标注形位公差，如图 6 - 44 所示。

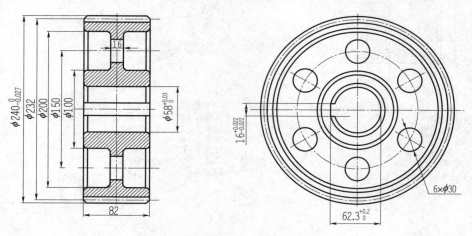

图 6 - 43　公差标注

（7）标注表面粗糙度。制作表面粗糙度图块（将在第 7 章详述），结合"多行文字"命令标注表面粗糙度，效果如图 6 – 45 所示。

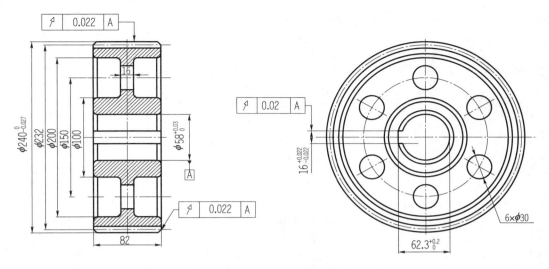

图 6 – 44　形位公差标注

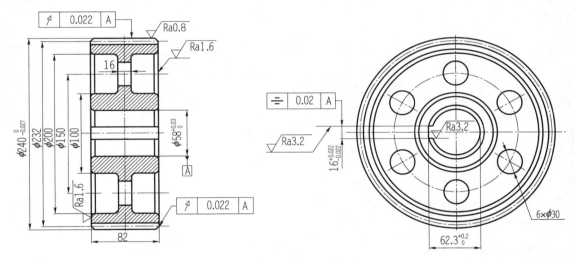

图 6 – 45　表面粗糙度标注

（8）利用"多行文字"命令标注技术要求，如图 6 – 46 所示。

技术要求

1. 轮齿部位渗碳淬火，允许全部渗碳，渗碳层深度和硬度如下：
   a. 轮齿表面磨削后，深度 0.8~1.2，硬度 HRC≥59；
   b. 非磨削渗碳表面（包括轮齿表面黑斑）深度≤1.4，硬度（必须渗碳表面）HRC≥60；
   c. 芯部硬度 HRC35~45。
2. 在齿顶上检查齿面硬度。
3. 齿顶圆直径仅在热处理前检查。

4. 所有未注跳动公差的表面对基准 A 的跳动为 0.2。
5. 当无标准齿轮时，允许检查下列三项代替检查径向综合公差和一齿径向综合公差：
   a. 齿圈径向跳动公差 Fr 为 0.056；
   b. 齿形公差 Ff 为 0.016；
   c. 基节极限偏差 ±Fpb 为 0.018。
6. 未注倒角 C2。

图 6 – 46　技术要求

标注表面粗糙度

（9）在标题栏中输入相应文本。圆柱齿轮设计最终效果如图 6 – 40 所示。

6.4 课后练习

练习 1

标注如图 6 - 47 所示的挂轮架尺寸。

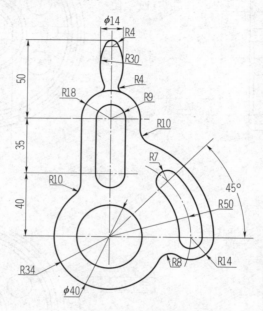

图 6 - 47 挂轮架

操作提示：

（1）设置文字样式和标注样式。

（2）标注线性尺寸。

（3）标注直径尺寸。

（4）标注半径尺寸。

（5）标注角度尺寸。

练习 2

标注如图 6 - 48 所示的泵盖尺寸。

操作提示：

（1）设置文字样式和标注样式。

（2）标注线性尺寸。

（3）标注直径尺寸。

（4）标注半径尺寸。

（5）标注角度尺寸。

（6）标注公差尺寸。

（7）标注孔。

孔的标注

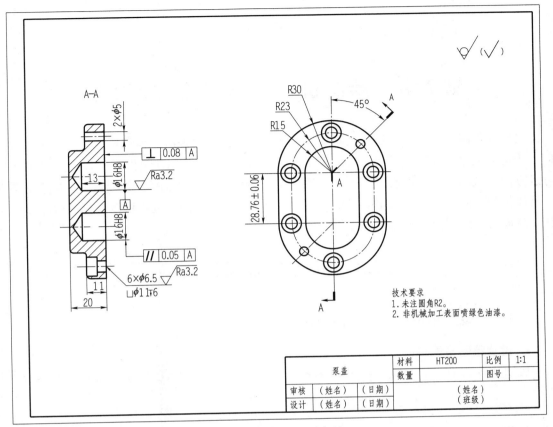

图 6-48　泵盖尺寸标注

（8）标注表面粗糙度。

（9）标注形位公差。

（10）标注技术要求和标题栏。

练习 3

请同学们自己动手标注第 4 章图 4-73～图 4-84 所示图形的尺寸。

第7章 绘制机械工程图的基础知识

机械工程制图的目的就是对机器或者零部件进行完整的表达，为实际生产提供准确的依据。传统的机械设计图纸是用铅笔画出来的，而现在多采用 CAD 软件进行设计，电子文档可以方便图纸的存储及修改等。本章主要介绍利用 AutoCAD 绘制机械工程图标准样板文件的具体步骤，同时还介绍图块的操作，用户在今后的实际绘图过程中可以直接调用此样板文件，从而省去绘图前的很多设置工作。

7.1 机械样板图的创建

7.1.1 设置单位格式及绘图范围

1. 设置绘图格式

启动 AutoCAD 后，根据 1.2 节内容，将软件调至"AutoCAD 经典"界面，如图 7 - 1 所示。

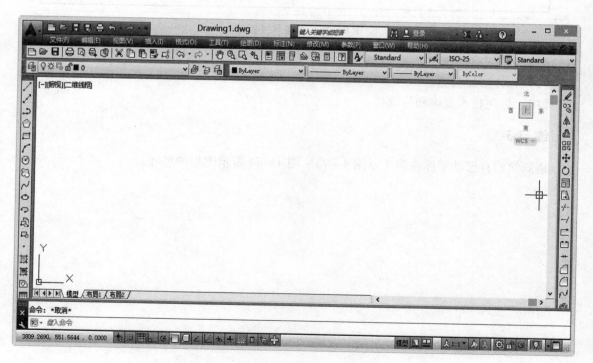

图 7 - 1 "AutoCAD 经典"绘图界面

选择"菜单浏览器"按钮→"图形实用工具"→"单位"命令，或在命令行输入"UNITS"，此时，工作界面中会弹出如图7-2所示的"图形单位"对话框，用于设置单位格式及精度。在"长度"域中单击"精度"下三角按钮，出现下拉列表，在出现的精度选项中选择"0.0"。同时，在"角度"区域中将角度"类型"改为"度/分/秒"，将角度"精度"设置为"0"。最后单击"确定"按钮，完成对图形单位的设置。

图 7-2 "图形单位"对话框

2. 设置绘图范围

机械制图标准图纸中，图纸的幅面尺寸有 A0、A1、A2 等，这里将采用常用的 A3 图纸，即 420 mm×297 mm。在以后章节的图形绘制中，都将调用标准的 A3 或者 A4 样板图进行图形绘制。

在命令行中输入"LIMITS"，即可对图形界限进行设置，此时命令行提示如下：

```
命令:LIMITS
指定左下角点或[开(ON)/关(OFF)] <0.0000,0.0000 >:
                                    (指定图形界限的起始点)

指定右上角点:420,297
指定左下角点或[开(ON)/关(OFF)]:on        (打开)
```

此时完成了绘图范围的设置，并使所设置的绘图范围有效，用户将只能在所设定的范围内进行绘图。

7.1.2 设置图层

进行 AutoCAD 绘图时，一般先建立一系列的图层，用于将尺寸标注、轮廓线、虚线、中心线等区别开来，从而使绘制更加有条理。在新建的每个图层中均有不同的线型、线宽及颜色等设置，用于在绘图界面对不同的特性进行区分。

在国家标准 GB/T 14665—2012 中对机械图样中使用的各种图线的名称、线型、线宽及在图样中的应用做了规定，见表 7 - 1（详细说明见附录 C）。图线的宽度分为粗、细两种，粗线的宽度 b 应按图样的大小和图形的复杂程度，在 0.5 mm、0.7 mm、1.0 mm、1.4 mm、2 mm 中选择，细线的宽度为粗线的 1/2。

表 7 - 1　图线的型式及应用

图线名称	线型	线宽	主要用途
粗实线	———————	b	可见轮廓线，可见棱边线
细实线	———————		尺寸线、剖面线、引出线、弯折线、延长线等
波浪线	～～～～	$b/2$	断裂处的边界线、视图与剖视图的分界线
双折线	—～—～—		断裂处的边界线、视图与剖视图的分界线
细虚线	- - - - - - -		不可见轮廓线、不可见棱边
粗虚线	- - - - - - -	b	允许表面处理的表示线
细点画线	—·—·—·—	$b/2$	轴线、对称中心线、齿轮节线等
细双点画线	—··—··—		相邻辅助零件的轮廓线、中断线等
粗点画线	—·—·—·—	b	有特殊要求的线或面的表示线

下面将利用 AutoCAD 的图层特性管理器，根据国家标准 GB/T 14665—2012 及图幅按表 7 - 2 所示要求，来对各图层颜色、线型、线宽进行设置。

表 7 - 2　图层设置

图线名称	颜色	线型	线宽/mm	用途
粗实线	黑/白	Continuous	0.50	粗实线
细实线	黑/白	Continuous	0.25	细实线
虚线	黄	HIDDENX2	0.25	细虚线
中心线	红	CENTER	0.25	中心线
尺寸线	绿	Continuous	0.25	尺寸、文字
剖面线	蓝	Continuous	0.25	剖面线

打开"图层特性管理器"窗口，在其中可进行相应的图层设置，最后设置完成的效果如图 7 - 3 所示。

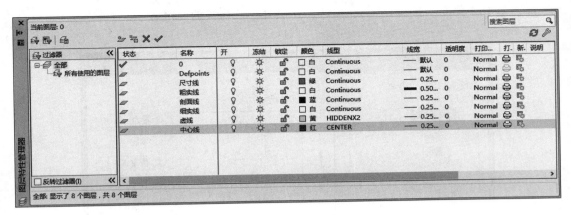

图 7 - 3　图层设置效果

7.1.3　设置文字样式

国家制图标准对不同幅面的图纸上的文字样式有不同的要求。A3、A4 图纸一般采用 3.5 号长仿宋体字。在 AutoCAD 中，当含有英文的时候，还提供了符合制图标准的 "gbenor. shx" 及 "gbeitc. shx"，其中前一种为正体，后一种为斜体。

设置情况如图 7 - 4 所示，单击"应用"按钮，即可完成文字样式的设置。

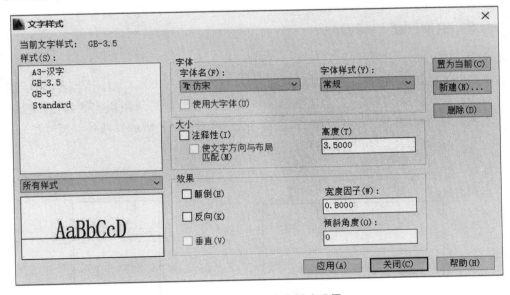

图 7 - 4　A3 图纸文字样式设置

7.1.4　设置尺寸标注样式

绘制完成一张图之后，需要对图进行尺寸标注，并让所标注的箭头、文字与尺寸线的间距恰当，还需要遵循一定的规范。按照 6.1.3 节内容，建立 A3 尺寸标注，如图 7 - 5 所示。可以看出，在"标注样式管理器"对话框的"样式"列表框中，"A3 尺寸标注"下有半径、直径、角度三个子样式，同时，在"预览"框中可以发现半径、直径、角度标注已符合国家标准。单击"关闭"按钮，完成对 A3 图纸尺寸标注样式的设定。

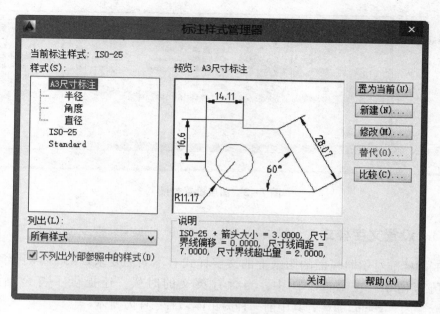

图7-5　设置完成的 A3 尺寸标注样式

7.1.5　绘图图框和标题栏

1. 绘图图框

为了便于图纸的装订和保存，国家标准（GB/T 14689—2008）对图纸幅面做了统一的规定。绘图时应优先采用表7-3规定的基本幅面。在图纸上必须用粗实线画出图框，其格式分为不留装订边（如图7-6所示）和留装订边（如图7-7所示）两种，尺寸见表7-3。

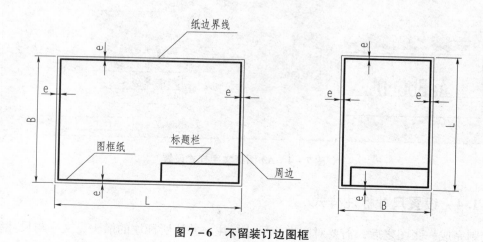

图7-6　不留装订边图框

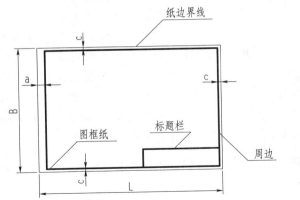
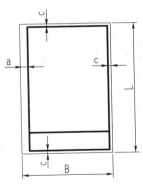

图 7 - 7　留装订边图框

表 7 - 3　图纸幅面 mm

幅面代号	A0	A1	A2	A3	A4
幅面尺寸 $B \times L$	841 × 1189	594 × 841	420 × 594	297 × 420	210 × 297
e	20			10	
c	10			5	
a	25				

本节介绍如何绘制 A3 图纸的图框，图框由纸边界线及图框线两部分组成。在绘制图框线之前，一般先将纸边界线绘制出来，具体步骤如下。

（1）选择"细实线"层作为绘制边界线的图层。

（2）调用"直线"按钮，再打开状态栏中的"正交模式"功能。输入坐标"0,0"，以坐标原点作为直线的起始点，然后在水平方向上拖动鼠标，并在命令行输入"420"，按 Space 键。将十字光标移向上方，由于此时采用的是正交模式，因此，直接在命令行中输入"297"，即可完成竖直边界线的绘制。采用同样的方法绘制出其他两侧的边界线，绘制结果如图 7 - 8 所示。

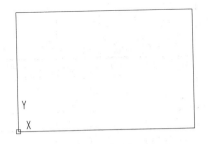

图 7 - 8　边界线的绘制

（3）将当前图层设为"粗实线"层，根据图框设计标准，要求 A3 图纸边界线与图框线的边距满足 a 为 25 mm、c 为 5 mm 的原则。

（4）调用"直线"命令，同时配合对象捕捉功能，选取边界线框的左下角为偏移基点，然后在命令行输入"@25,5"，按 Space 键。图框线的起始点被捕捉到，然后采用与边界线相同的方法绘制图框线，具体命令提示如下：

```
命令:_line                                    （执行"直线"命令）
指定第一点:_from 基点:                        （在屏幕中选边界线左下角端点为基点）
指定第一点:_from 基点:<偏移>:@25,5            （在命令行输入相对基点的起始点位置）
指定下一个点或[放弃(U)]:390                    （在命令行输入X正方向尺寸值）
指定下一个点或[关闭(C)/放弃(U)]:287           （在命令行输入Y正方向尺寸值）
指定下一个点或[关闭(C)/放弃(U)]:390           （在命令行输入X负方向尺寸值）
指定下一个点或[关闭(C)/放弃(U)]:C             （封闭图形）
```

所绘制的图框结果如图7-9所示，整个绘制过程均采用正交模式，并可以取消动态输入模式，以使绘制的图形界面简洁。

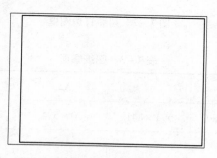

图7-9　图框绘制结果

2. 绘制标题栏

标题栏的格式和尺寸由 GB/T 10609.1—2008 规定，如图7-10所示。在学习过程中，有时为了方便，对其进行了简化，可使用如图7-11所示的格式。

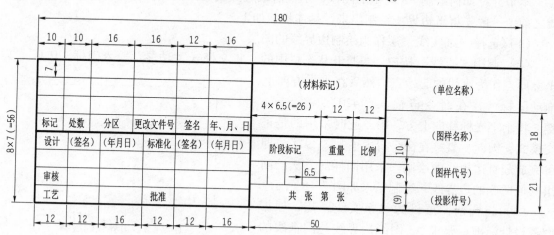

图7-10　标准标题栏

在绘制标题栏时，应先将图层设置为"粗实线"层，完成标题栏的设计之后，再对局部线进行图层修改转换。

绘制简化标题栏的具体步骤如下：

（1）调用"直线"按钮，配合对象捕捉功能绘制标题栏的外框线。

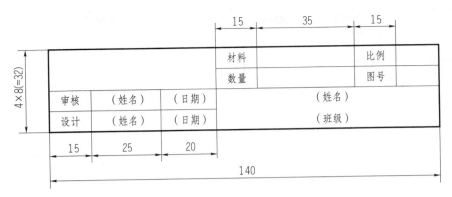

图 7 – 11　简化标题栏

（2）调用"偏移"按钮，复制标题栏中的横向线段，具体命令提示如下。

命令:OFFSET	（执行偏移命令）
当前设置:删除源 = 否图层 = 源 OFFSETGAPTYPE = 0	
指定偏移距离或[通过(T)/删除(E)/图层(L)]<16.0000>:8	（指定偏移距离）
选择要偏移的对象,或[退出(E)/放弃(U)]<退出>:	（选择标题栏上边线为偏移对象）
指定要偏移的那一侧上的点,或[退出(E)/多个(M)/放弃(U)]<退出>:	（单击上边线下方）
选择要偏移的对象,或[退出(E)/放弃(U)]<退出>:	（选择刚偏移得到的线段）
指定要偏移的那一侧上的点,或[退出(E)/多个(M)/放弃(U)]<退出>:	（重复上述步骤3次）
选择要偏移的对象,或[退出(E)/放弃(U)]<退出>:	（退出,结束线段的绘制）

（3）调用"偏移"按钮，选择标题栏左侧线段作为偏移对象，向右依次偏移 15、25、20、15、35、15，通过偏移得到的线段如图 7 – 12 所示。

（4）调用"修剪"命令，修剪多余的线，具体命令提示如下。

命令:TRIM	（执行"修剪"命令）
当前设置:投影 = ucs,边 = 无	
选择剪切边…	
选择对象或<全部选择>	（选择需要修剪的线段）
选择对象:	（按住 Shift 键,选择修剪对象）
选择要修剪的对象,或按住 Shift 键选择要延伸的对象,或[栏选(F)/窗交(C)投影(P)/边(E)/删除(R)/放弃(U)]:	（选择不必要的线）

采用上述方法完成标题栏中其他线的绘制，标题栏线段的整体绘制效果如图 7 – 13 所示。

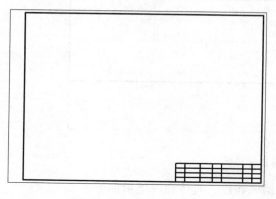

| 图 7 – 12　标题线的偏移 | 图 7 – 13　标题线的修剪 |

（5）绘制完标题栏线框之后，要用"PROPERTIES"命令更改图框中部分线段的属性，有些"粗实线"层的部分线段需改到"细实线"图层上去。

（6）标题栏的线框绘制完成之后，需要填写一些固定的文字，以便在完成设计图之后能对设计图纸进行说明。先将当前图层设定为"尺寸线"层，然后单击"多行文字"按钮，再输入文字。下面以输入"审核"为例进行说明，具体命令提示如下：

命令：MTEXT　　　　　　　　　　　　　　　　　（执行"多行文字"命令）
当前文字样式："A3 样式"文字高度：3.5　注释性：否
指定第一角点：　　　　　　　　　　　　　　　　（以左下方长方形格的左下角点
　　　　　　　　　　　　　　　　　　　　　　　　为第一角点）
指定对角点或[高度(H)/对正(J)/行距(L)/旋转(R)/样式(S)/宽度(W)/栏(C)]：
（以该长方形格的右上角点为指定对角点）

弹出如图 7 – 14 所示的"文字格式"对话框。在绘图窗口指定的区域书写文字"审核"，然后单击"对正"按钮旁的下三角按钮，在下拉列表中选择"正中"选项，此时"审核"文字自动在长方形格中居中。

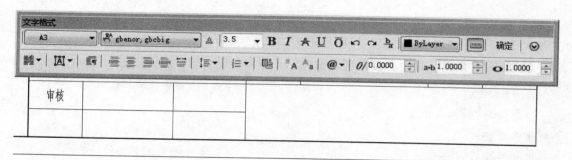

图 7 – 14　"文字格式"对话框

（7）单击"复制"按钮，可以对文字进行复制，双击所复制的文字可以进行相应的修改；也可以重复步骤（6），依次进行文字的输入。复制文字的具体命令提示如下：

> 命令:COPY （执行"复制"命令）
> 选择对象: （选择刚输入的"比例"作为复制对象）
>
> 指定基点或[位移(D)/模式(O)]<位移>:
> 指定第二个点或[阵列(A)]<使用第一个点作为位移> （选择移动的起点及终点）
> 指定第二个点或[阵列(A)退出(E)/放弃(U)]:

（8）标题栏中文字的输入情况如图 7-15 所示。单击"保存"按钮，在弹出的"保存"对话框中选择 DWT 样板文件格式，并输入"A3 样板图"作为文件名，单击"保存"按钮，即可完成样板文件的设置保存。

			材料		比例	
			数量		图号	
审核	（姓名）	（日期）		（姓名）		
设计	（姓名）	（日期）		（班级）		

图 7-15 标题栏中的文字

至此，整个 A3 样板图的绘制已经全部完成，在以后的机械图绘制中可直接调用。绘制好的 A3 样板图如图 7-16 所示。

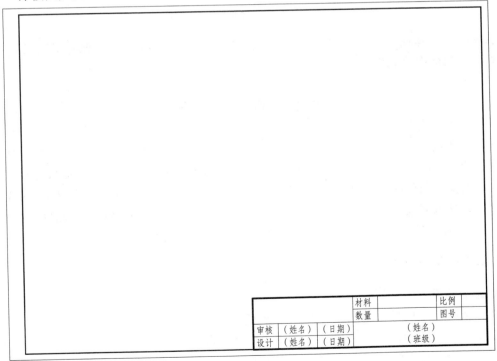

图 7-16 A3 样板图

同理，根据上述创建 A3 标准样板文件的方法，可以参照国家制图标准进行 A4 标准样板文件的创建，这里不再赘述。

7.1.6 样板文件的使用

在利用 AutoCAD 进行机械图绘制时，一般利用已预先创建好的 A3 样板图直接在样板图上进行机械图的设计。单击"新建"按钮，也可以使用"NEW"命令，将弹出"选择样板"对话框，从"名称"列表框中选择"A3 样板图"样板文件，如图 7 – 17 所示。

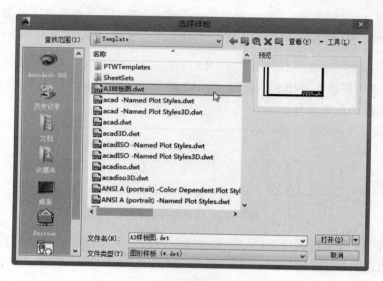

图 7 – 17 "选择样板"对话框

单击"选择样板"对话框中的"打开"按钮，整个 A3 图框及标题栏将出现在工作界面中，直接在图框中绘制机械图即可。

7.2 图 块 操 作

图块也叫块，它是由一组图形组成的集合，一组对象一旦被定义为图块，它们将成为一个整体，拾取图块中任意一个图形对象即可选中构成图块的所有对象。AutoCAD 把一个图块作为一个对象进行编辑修改等操作，用户可以根据绘图需要把图块插入图中任意指定的位置，并且在插入时还可以指定不同的缩放比例和旋转角度。如果需要对组成图块的单个图形对象进行修改，还可以利用"分解"命令把图块分解成若干个对象。

7.2.1 定义图块

1. 命令调用

（1）从菜单中执行"绘图"→"块"→"创建"命令。

（2）单击"绘图"工具栏中的"创建块"按钮。

（3）在命令行中输入"B"（block），按 Space 键。

2. 操作步骤

命令：BLOCK

选择相应的菜单命令或单击相应的工具栏图标，或在命令行输入"BLOCK"后按 Space 键确认，AutoCAD 打开图 7－18 所示的"块定义"对话框，利用该对话框可以定义图块并为之命名。

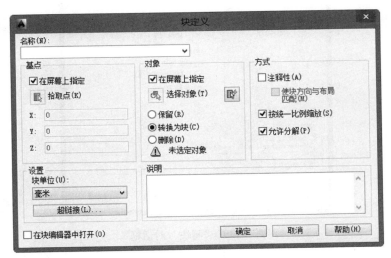

图 7－18　"块定义"对话框

3. 选项说明

（1）"基点"选项组：确定图块的基点，默认值是（0,0,0）。也可以在下面的（X,Y,Z）文本框中输入块的基点坐标值。单击"拾取点"按钮，AutoCAD 临时切换到作图屏幕，用光标在图形中拾取一点后，返回"块定义"对话框，把所拾取的点作为图块的基点。

（2）"对象"选项组：该选项组用于选择制作图块的对象及对象的相关属性。

（3）"设置"选项组：指定从 AutoCAD 设计中心拖动图块时用于测量图块的单位，以及缩放、分解和超链接等设置。

（4）"在块编辑器中打开"复选框：选中此复选框，系统打开块编辑器，可以定义动态块。

7.2.2　图块的存盘

用"BLOCK"命令定义的图块保存在其所属的图形当中，该图块只能在该图中插入，而不能插入其他图中，但是有些图块在许多图中要经常用到，这时可以用"WBLOCK"命令把图块以图形文件的形式（后缀为 .DWG）进行保存，图形文件可以在任意图形中用"INSERT"命令插入。

1. 命令调用

在命令行中输入"W"（wblock），按 Space 键。

2. 操作步骤

命令:WBLOCK

在命令行输入"WBLOCK"后按 Space 键确认，AutoCAD 打开"写块"对话框，如图 7－19 所示，利用此对话框可把图形对象保存为图形文件或把图块转换成图形文件。

图 7-19　"写块"对话框

3. 选项说明

（1）"源"选项组：确定要保存为图形文件的图块或图形对象。其中选中"块"单选按钮，单击右侧的向下箭头，在下拉列表框中选择一个图块，将其保存为图形文件。

（2）选中"整个图形"单选按钮，则把当前的整个图形保存为图形文件。选中"对象"单选按钮，则把不属于图块的图形对象保存为图形文件。对象的选取通过"对象"选项组来完成。

（3）"目标"选项组：用于指定图形文件的名字、保存路径和插入单位等。

7.2.3　实例：六角螺母图块

要将图 7-20 所示的六角螺母定义为块，具体操作方法如下。

（1）绘制如图 7-20 所示的六角螺母图形，单击"绘图"工具栏中的"创建块"按钮，打开"块定义"对话框。

（2）在"名称"文本框中输入块的名称，如"六角螺母"，在"基点"选项组中单击"拾取点"按钮，然后捕捉同心圆的圆心并单击，以指定插入基点，此时系统将自动返回"块定义"对话框。

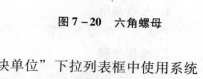

图 7-20　六角螺母

（3）在"对象"选项组中选择"选择对象"，然后选取图 7-20 所示整个图形，按 Space 键结束对象选取。

（4）使用默认选中的"转换为块"单选按钮，并在"块单位"下拉列表框中使用系统默认的单位"毫米"，最后单击"确定"按钮，完成块的创建。

【注意】

为了使创建的块能够按照所需比例插入所需图形文件中，创建块时的单位应尽量与图形文件的绘图单位一致，一般为毫米。

在绘图区选取一组图形对象，然后按 Ctrl + C 或 Ctrl + X 组合键，将其复制或剪切到剪贴板中，接着单击鼠标右键，从弹出的快捷菜单中选择"剪贴板"→"粘贴为块"菜单项，也可以将所选对象转换为块。此时，块的名称由系统自动产生。

7.2.4　图块的插入

在用 AutoCAD 绘图的过程中，可以根据需要随时把已经定义好的图块或图形文件插入当前图形的任意位置，在插入的同时还可以改变图块的大小、旋转一定角度或把图块分解等。插入图块的方法有多种，均可打开如图 7 - 21 所示对话框。

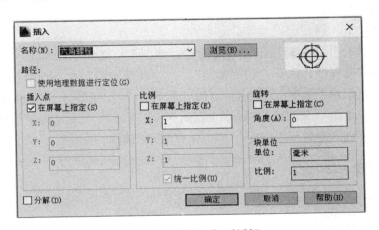

图 7 - 21　"插入"对话框

1. 命令调用

（1）从菜单中执行"插入"→"块"命令。

（2）单击"绘图"工具栏中的"插入块"按钮。

（3）在命令行中输入"I"（insert），按 Space 键。

2. 操作步骤

命令：INSERT

AutoCAD 打开"插入"对话框，如图 7 - 21 所示，可以指定要插入图块及插入位置。

3. 选项说明

（1）"路径"文本框：指定图块的保存路径。

（2）"插入点"选项组：指定插入点，插入图块时，该点与图块的基点重合。可以在屏幕上指定该点，也可以通过下面的文本框输入该点坐标值。

（3）"比例"选项组：确定插入图块时的缩放比例。图块被插入当前图形中时，可以以任意比例放大或缩小，X 轴方向的比例系数与 Y 轴方向的比例系数可以不同。另外，比例系数还可以是一个负数，当为负数时，表示插入图块的镜像。

（4）"旋转"选项组：指定插入图块时的旋转角度。图块被插入当前图形中时，可以绕其基点旋转一定的角度，角度可以是正数（表示沿逆时针方向旋转），也可以是负数（表示沿顺时针方向旋转）。

如果选中“在屏幕上指定”复选框，系统切换到作图屏幕，在屏幕上拾取一点，AutoCAD 自动测量插入点与该点连线和 X 轴正方向之间的夹角，并把它称为旋转角。也可以在“角度”文本框中直接输入插入图块时的旋转角度。

（5）“分解”复选框：选中此复选框，则在插入块的同时把其分解，插入图形中的组成块的对象不再是一个整体，可对每个对象单独进行编辑操作。

【注意】

一般情况下，组成块的图形对象是不能被编辑修改的。若要修改图块图形的形状，有两种方法：

（1）使用“分解”命令将其分解为多个单独的图像对象，然后再进行编辑修改。使用这种方法只能编辑某个指定的块对象，也就是说，如果一幅图形中插入了多个同一图块，一次只能修改其中一个。

（2）双击图块打开“编辑块定义”对话框，如图 7 – 22 所示，单击“确定”按钮，或选中图块并单击鼠标右键，打开“块编辑器”。在“块编辑器”中完成对图块的编辑。修改结束后，单击“块编辑器”绘图区域上方的“保存块”按钮，然后单击“关闭块编辑器”按钮，或直接单击“关闭块编辑器”按钮，并在打开的“块 – 为保存更改”对话框中选择“将更改保存到六角螺母”选项，即可保存修改结果。

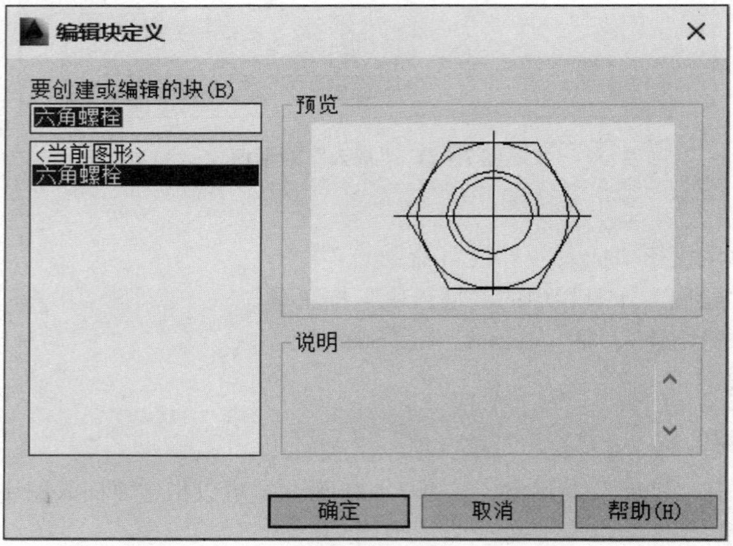

图 7 – 22 “编辑块定义”对话框

7.2.5 带属性的块

在 AutoCAD 中，除了可以创建普通块外，还可以创建带有附加信息的块，这些附加信息被称为属性。这些属性可包含块中的所有可变参数，从而方便用户进行修改。

1. 命令调用

（1）从菜单中执行“绘图”→“块”→“定义属性”按钮。

（2）在功能区中的“插入”选项卡中的“块定义”面板中单击“定义属性”按钮。

（3）在命令行中输入"ATT"（attdef），按 Space 键。

2. 操作步骤

（1）按图 7 – 23 所示的尺寸绘制图形。

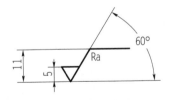

图 7 – 23　表面粗糙度图块

带属性块的创建方法

（2）从菜单中单击"绘图"→"块"→"属性定义"按钮 ，打开"属性定义"对话框。在"属性"设置区的"标记"文本框中输入"A"（也可以输入其他字母或文字，仅表示属性位置），在"提示"文本框中输入"粗糙度数值"，在"默认"文本框中输入常用参数，在"插入点"选项组中选中"在屏幕上指定"复选框，在"文字样式"列表框中选择所需样式，如图 7 – 24 所示。

（3）单击"确定"按钮，将"数值"文字放置在相应位置，如图 7 – 25 所示。

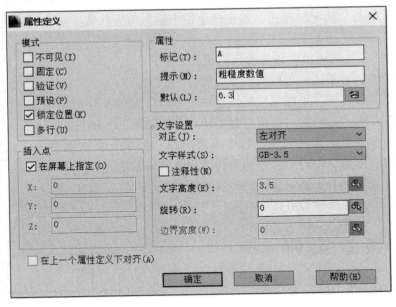

图 7 – 24　"属性定义"对话框

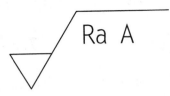

图 7 – 25　放置标记

（4）利用"创建块"命令，打开"块定义"对话框，在"名称"文本框中输入粗糙度，单击"拾取点"按钮切换到作图屏幕，选择下角点为插入基点，返回"块定义"对话框，单击"选择对象"按钮切换到作图屏幕，选择图 7 – 25 中粗糙度符号后，按 Space 键确认返回"块定义"对话框，确认关闭对话框。

（5）在命令行输入"WBLOCK"命令，系统打开"写块"对话框，在"源"选项组中选择"块"单选按钮，在后面的下拉列表框中选择粗糙度块，并进行其他相关设置确认退出。

（6）单击"绘图"工具栏中的"插入块"按钮，打开"插入"对话框，如图 7 - 26 所示，选择要插入的"粗糙度"图块。输入所需的比例及旋转角度后单击"确定"按钮。

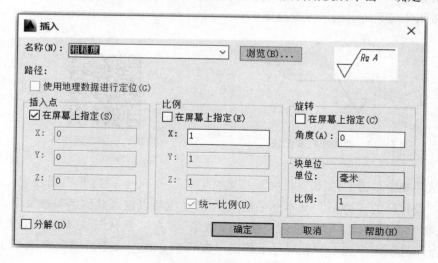

图 7 - 26　选择要插入的属性块

（7）将图块插入绘图区域适当位置，在弹出的"编辑属性"对话框中的"粗糙度数值"编辑框中输入相应数值，单击"确定"按钮，或在命令栏中输入相应数值。

3. 选项说明

"属性定义"对话框的"模式"选项组中各复选框的意义如下：

（1）不可见：选择该复选框，表示所添加的属性不可见。

（2）固定：选择该复选框，表示所添加的属性的内容由"默认"文本框中的值确定。

（3）验证：选择该复选框，表示插入块时系统将提示检查该属性值的正确性。

（4）预设：选择该复选框，表示插入块时命令行中不再出现"提示"文本框中的信息而直接使用属性的"默认"值。但是，用户仍可在插入块后更改该属性值。

（5）锁定位置：选择该复选框，表示锁定块参照中属性的位置。

（6）多行：选择该复选框，表示属性值可以包含多行文字。

7.3　课堂实训

将图 7 - 27 所示图形定义为图块，取名为"螺钉"。

操作步骤如下：

（1）绘制如图 7 - 27 所示的螺钉。

（2）利用"创建块"命令，打开"块定义"对话框。在"名称"文本框中输入"螺钉"。

（3）单击"拾取"按钮切换到作图屏幕，选择螺钉头下边线与中心线的交点作为插入基点，返回"块定义"对话框。

（4）单击"选择对象"按钮切换到作图屏幕，选择图 7 - 27 中的对象后，按 Space 键确认返回"块定义"对话框。

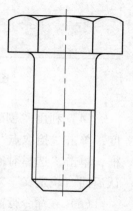

图 7 - 27　螺钉

（5）关闭对话框。

（6）在命令行输入"WBLOCK"命令，系统打开"写块"对话框，在"源"选项组中选择"块"单选按钮，在后面的下拉列表框中选择螺母块，并进行其他相关设置后退出。

7.4　课后练习

课后练习

练习 1

根据以下要求，创建图形样板，并以 A4 样板图命名。图层、颜色、线型、打印要求见表 7 - 2。

设置 A4 图幅，用粗实线画出图框（297 mm × 210 mm），按图 7 - 28 所示尺寸在右下角绘制标题栏。具体要求：字高为 3.5；字体样式为 T 仿宋 GB 2312（Windows 7 系统为 T 仿宋）；宽度比例取 0.8。

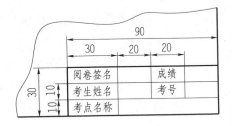

图 7 - 28　标题栏尺寸

尺寸标注的参数要求如下：尺寸线间距为 6；尺寸界线超出尺寸线为 1.5；起点偏移量为 0；箭头大小为 3；数字样式为 gbeitc. shx，字高为 3.5，宽度比例因子为 0.8，倾斜角度为 0，数字位置从尺寸线偏移 1。其余参数应符合《机械制图》国家标准要求。

操作提示：

可参考 7.1 节内容自行设置。

练习 2

利用多段线命令，绘制如图 7 - 29 所示的剖切符号，并定义为图块，取名"剖切符号"。

操作提示：

图 7 - 29　剖切符号

（1）调用"多段线"按钮，利用多段线命令，绘制剖切符号，命令行操作如下：

```
命令:_pline
指定起点:
当前线宽为 0.0000                              （箭头起点宽度为 0）
指定下一个点或[圆弧(A)/半宽(H)/长度(L)/放弃(U)/宽度(W)]:W
指定起点宽度 <0.0000 >:1                        （箭头终点宽度为 1.2）
指定端点宽度 <1.2000 >:
指定下一个点或[圆弧(A)/半宽(H)/长度(L)/放弃(U)/宽度(W)]:5
                                              （箭头部分总长为 5）
指定下一点或[圆弧(A)/闭合(C)/半宽(H)/长度(L)/放弃(U)/宽度(W)]:W
                                              （水平线宽度为 0.3）
```

指定起点宽度 < 1.2000 > :0.3

指定端点宽度 < 0.3000 > :

指定下一点或［圆弧（A）/闭合（C）/半宽（H）/长度（L）/放弃（U）/宽度（W）］:4

（水平线长度为 4）

指定下一点或［圆弧（A）/闭合（C）/半宽（H）/长度（L）/放弃（U）/宽度（W）］:W

（竖直线宽度为 1）

指定起点宽度 < 0.3000 > :1

指定端点宽度 < 2.0000 > :0

指定下一点或［圆弧（A）/闭合（C）/半宽（H）/长度（L）/放弃（U）/宽度（W）］:6

（竖直线长度为 6）

（2）利用"创建块"命令打开"块定义"对话框。

（3）在"名称"文本框中输入剖切符号。

（4）单击"拾取"按钮切换到作图屏幕，选择箭头最低点作为插入基点，返回"块定义"对话框。

（5）单击"选择对象"按钮切换到作图屏幕，选择图 7 – 29 中的对象后，按 Space 键确认返回"块定义"对话框。

（6）关闭对话框。

（7）在命令行输入"WBLOCK"命令，系统打开"写块"对话框，在"源"选项组中选择"块"单选按钮，在后面的下拉列表框中选择剖切符号块，并进行其他相关设置后退出。

练习 3

绘制如图 7 – 30 所示的基准符号，并定义为图块，取名为"基准"。

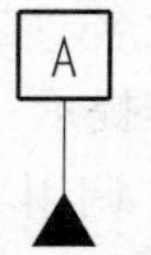

操作提示：

（1）利用"直线"和"填充"等命令绘制如图 7 – 30 所示图形。

图 7 – 30 基准符号

（2）通过菜单栏打开"块"下拉菜单中的"定义属性"对话框，在标记中输入"A"，设置提示及文字格式并确定，将"标记 A"放置在图示方框内。

（3）其余步骤同练习 2。

第8章 机械图绘制

机械工程中，机器或部件都是由许多相互联系的零件装配而成的，制造机器或部件必须首先制造组成它的零件，因此，零件图是生产中指导零件制造和检验的主要图样。此外，装配图是描述机器、部件或组件装配关系及整体结构的一种图样。在设计过程中，一般先绘制装配图，再由装配图所提供的结构形式和尺寸拆绘零件图。

本章将通过一些零件图和装配图的绘制实例，结合前面学习的平面图形的绘制、编辑命令及尺寸标注命令，详细介绍机械工程中零件图和装配图的绘制方法。

8.1 典型零件图的绘制

零件图是表示零件的结构形状、大小和技术要求的工程图样，并根据它加工制造零件。一幅完整的零件图应包括以下内容：

（1）一组视图：表达零件的形状与结构。

（2）完整尺寸：标出零件结构的大小、结构间的位置关系。

（3）技术要求：标出零件加工、检验时的技术指标。

（4）标题栏：注明零件的名称、材料、设计者、审核者、制造厂家等信息的表格。

绘制零件图的基本步骤如下：

（1）设置作图环境。作图环境的设置一般包括两方面：

①选择比例：根据零件的大小和复杂程度选择比例，尽量采用1:1。

②选择图纸幅面：根据图形、标注尺寸、技术要求所需图纸幅面，选择标准幅面。

（2）按顺序作图。

（3）标注尺寸，标注技术要求，填写标题栏。

（4）校核与审核。

8.1.1 轴类零件的绘制

绘图前的准备工作及相关设置的具体操作可参考7.1节，这里不做叙述。绘制结果如图8-1所示。

轴类零件的绘制方法

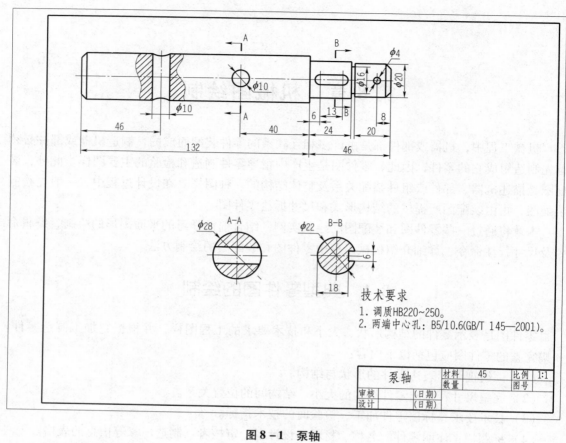

图 8-1　泵轴

1. 绘制泵轴轮廓

（1）在"中心线"图层上绘制一条长为 185 的水平中心线，如图 8-2 所示。

图 8-2　水平中心线示意图

（2）在"粗实线"图层上，利用"直线"命令，绘制外轮廓。在中心线上选取一点作为直线起点并单击，移动光标，输入距离，直线段长度依次为 14、132、3、24、3、2、2、20、10，完成如图 8-3 所示的直线绘制。

图 8-3　绘制直线

（3）调用"延伸"命令，选择水平中心线为延伸的边界，分别单击要延伸的直线，完成的延伸结果如图 8-4 所示。

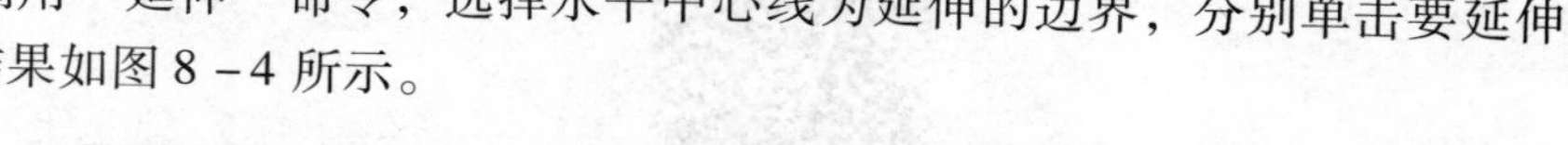

图 8-4　延伸结果

（4）调用"倒角"命令，完成两侧距离 3×3 的倒角 J_1、J_2，利用"直线"命令补全倒角的边线，结果如图 8-5 所示。

图 8-5　倒角结果

（5）调用"镜像"命令，框选所有粗实线为镜像对象，依次选取水平中心线上的两点，完成镜像，结果如图 8-6 所示。

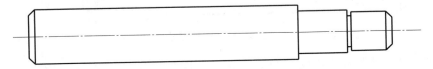

图 8-6　泵轴轮廓

2. 绘制圆孔和键槽圆孔

（1）利用"偏移"命令，确定竖直中心线的位置。选取直线 L_1，向右偏移，距离为 46；L_2 向左偏移 40，向右偏移 6；L_3 和 L_4 都向左偏移 5，偏移结果如图 8-7 所示。

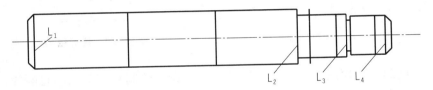

图 8-7　偏移结果

（2）选取步骤（1）中偏移得到的直线，在"图层"面板中选择"中心线"层，将粗实线变为中心线，结果如图 8-8 所示。

图 8-8　图层转换结果

（3）调用"圆"命令，捕捉中心线交点，绘制如图 8-9 所示的 4 个圆。

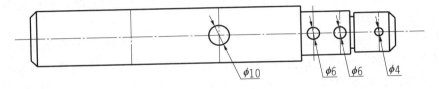

图 8-9　绘制圆

（4）调用"直线"命令，绘制键槽处两圆的切线，并用"修剪"命令去除多余圆弧，结果如图 8-10 所示。

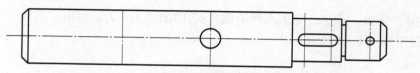

图 8 - 10   键槽绘制结果

（5）调用"偏移"命令，设置偏移为 41，偏移对象为直线 L_1。重复执行偏移命令，偏移距离设为 51，偏移对象为 L_1，偏移结果如图 8 - 11 所示。

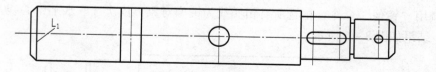

图 8 - 11   偏移结果

（6）调用"圆弧"命令中的"起点、端点、半径（R）"方式，绘制如图 8 - 12 所示的两个半径为 14 的圆弧。

（7）调用"修剪"命令，修剪多余的线段，结果如图 8 - 13 所示。

图 8 - 12   绘制圆弧   图 8 - 13   修剪结果

（8）在"剖面线"图层上，调用"样条曲线"命令绘制局部剖面的打断线，完成后的效果如图 8 - 14 所示。

（9）调用"图案填充"命令添加剖面线，设置填充类型为"ANSI31"，填充角度为"0"，比例为"1"，填充完成后的效果如图 8 - 15 所示。

图 8 - 14   绘制样条曲线   图 8 - 15   填充结果

3. 绘制圆孔断面图

（1）在"中心线"图层上绘制一条水平中心线和一条竖直中心线，长度均为 35，两直线过中点垂直相交，如图 8 - 16 所示。

（2）调用"圆"命令，选取中心线交点，绘制半径为 14 的圆，结果如图 8 - 17 所示。

（3）调用"偏移"命令，设置偏移为 5，偏移对象选取水平中心线，分别向上、向下进行偏移。选取偏移后的直线，在"图层"面板中选择"粗实线"层，将其变为粗实线，结果如图 8 - 18 所示。

（4）调用"修剪"命令，将多余的线段去除，结果如图 8 - 19 所示。

（5）调用"图案填充"命令添加剖面线，填充设置同上，完成结果如图 8 - 20 所示。

图 8 - 16　中心线示意图　　　　图 8 - 17　绘制圆

图 8 - 18　偏移结果　　　　　图 8 - 19　修剪结果　　　　　图 8 - 20　填充结果

4. 绘制键槽断面图

（1）在"中心线"图层上，调用"直线"命令，绘制一条水平中心线和一条竖直中心线，长度都为30，两直线过中点垂直相交，如图 8 - 21 所示。

（2）调用"圆"命令，选取中心线交点为圆心，绘制半径为 11 的圆，结果如图 8 - 22 所示。

（3）调用"偏移"命令，设置偏移为 7，偏移对象为竖直中心线。选取偏移后的直线，在"图层"面板中选择"粗实线"层，将中心线变为粗实线，结果如图 8 - 23 所示。

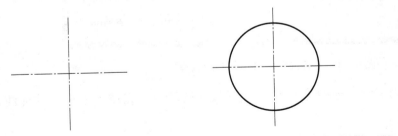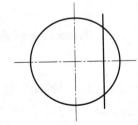

图 8 - 21　中心线示意图　　　　　图 8 - 22　绘制圆　　　　　图 8 - 23　竖直中心线偏移结果

（4）调用"偏移"命令，设置偏移为 3，偏移对象为水平中心线。分别向上、向下进行偏移。选取偏移后的直线，在"图层"面板中选择"粗实线"层，将中心线变为粗实线，结果如图 8 - 24 所示。

（5）调用"修剪"命令，将多余的线段去除，结果如图 8 - 25 所示。

（6）调用"图案填充"命令，填充设置同上，填充结果如图 8 - 26 所示。

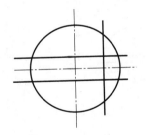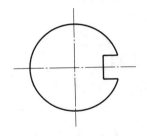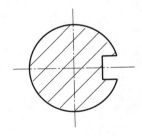

图 8 - 24　水平中心线偏移结果　　　　图 8 - 25　修剪结果　　　　图 8 - 26　填充结果

5. 标注泵轴尺寸

零件图绘制完成后，需要对其标注尺寸，以方便阅读并确保在机械加工中能准确地按照图纸进行零件的加工。

（1）将工作图层切换到"尺寸线"图层。

（2）打开"标注样式管理器"，将标注样式改为"A3 尺寸标注"样式，如图 8-27 所示。

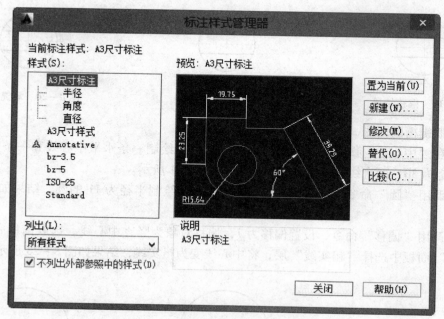

图 8-27 "标注样式管理器"对话框

（3）调用"线性"标注命令，选择需要标注线性尺寸的端点，完成外形尺寸的标注，结果如图 8-28 所示。

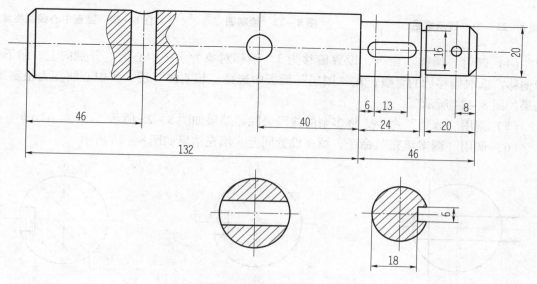

图 8-28 线性标注

（4）调用"直径"标注命令，选择需要标注直径尺寸的圆，完成对圆的尺寸标注。双击用线性标注的直径尺寸，在数字前输入"%%C"，以添加表示直径的符号"φ"，结果如图8-29所示。

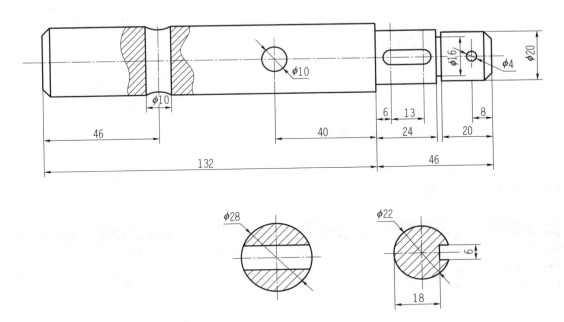

图8-29　直径标注

（5）调用"插入块"命令，弹出"插入"对话框，如图8-30所示。单击"浏览"按钮，选择7.4节绘制的"剖切符号"文件，单击"打开"按钮，回到"插入"对话框，勾选"插入点""比例""旋转"3个选项组中的"在屏幕上指定"复选框，单击"确定"按钮。在屏幕上指定插入点，并设置相关参数，如图8-31所示。

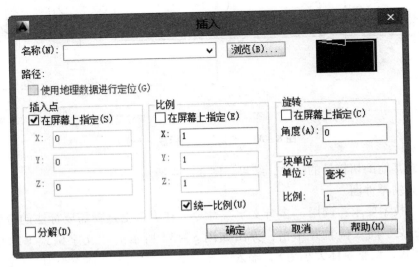

图8-30　"插入"对话框

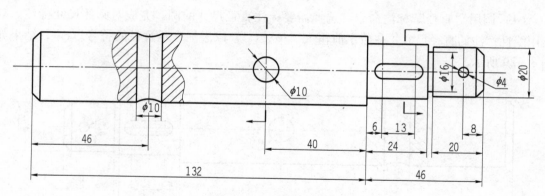

图 8 – 31　插入剖切符号

（6）调用"多行文字"命令，在屏幕上选择需要标注的位置，按住鼠标左键，确定文字插入位置并单击，弹出如图 8 – 32 所示的"文字格式"对话框。

图 8 – 32　"文字格式"对话框

（7）选择"A3"文字样式，设置字高为"5"，单击"确定"按钮，完成剖切符号的标注，用 A 和 B 表示，结果如图 8 – 33 所示。

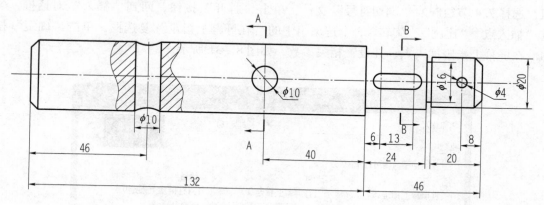

图 8 – 33　剖切符号的标注（一）

（8）完成其他剖切符号的标注，结果如图 8 – 34 所示。

6. 完成泵轴零件图

（1）填写技术要求：调用"多行文字"命令，在屏幕上选择需要标注的位置，按住鼠标左键，确定文字插入位置并单击，弹出如图 8 – 32 所示的"文字格式"对话框。选择"A3"文字样式，调整字体大小为 8，输入"技术要求"；调整字体大小为 5，输入具体的技术要求内容，完成技术要求的标注，结果如图 8 – 35 所示。

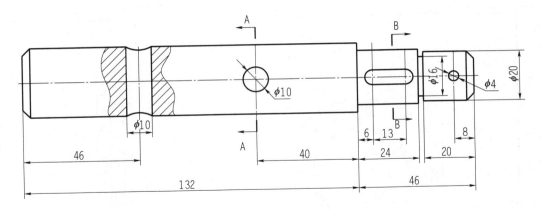

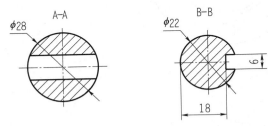

图 8-34 剖切符号的标注（二）

技术要求
1. 调质 HB220~250。
2. 两端中心孔：BT/10.6（GB/T 145—2001）。

图 8-35 技术要求的标注

（2）填写标题栏：调用"多行文字"命令，调整字体大小为 8，在文字对正方式中选择"正中"，在标题栏中输入名称"泵轴"；调整字体大小为 3.5，完成标题栏其他项目的填写。

（3）将泵轴主视图、断面图按技术要求以合适比例放置到 A3 图框中，并对线型比例、图线位置、尺寸标注、中心线长度等进行调整，最终的泵轴零件图绘制效果如图 8-1 所示。

8.1.2　盘类零件的绘制

轴承端盖是一种广泛用于各种机械传动的常用零件，主要用于轴的轴向定位。装配时与轴承配合，可起到密封作用。

盘类零件的绘制方法

绘图前的准备工作及相关设置的具体操作可参考 7.1 节，这里不做叙述。绘制结果如图 8-36 所示。

1. 绘制轴承端盖主视图

（1）在"中心线"图层上，调用"直线"命令，分别绘制长度为 150 的水平中心线和竖直中心线；两直线过中点垂直相交，如图 8-37 所示。

（2）在"粗实线"图层上，调用"圆"命令，以中心线交点为圆心，分别绘制半径为 20、35、38 和 60 的圆，或调用"偏距"命令绘制同心圆，如图 8-38 所示。

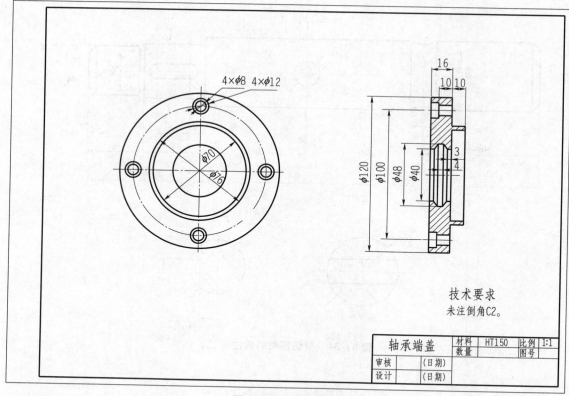

技术要求
未注倒角C2。

轴承端盖	材料	HT150	比例	1:1
	数量		图号	
审核	（日期）			
设计	（日期）			

图 8 - 36　轴承端盖

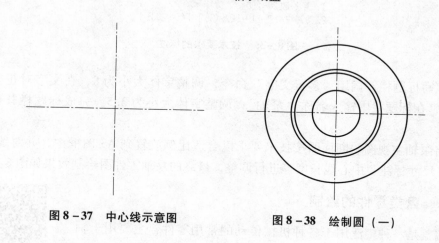

图 8 - 37　中心线示意图　　　　图 8 - 38　绘制圆（一）

（3）在"中心线"图层上，调用"圆"命令，以中心线交点为圆心，绘制半径为50的中心线圆，如图8－39所示。

（4）在"粗实线"图层上，调用"圆"命令，以垂直中心线和中心线圆的交点为圆心，绘制半径为4的粗实线圆，如图8－40所示。

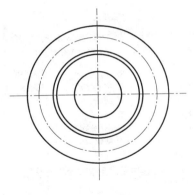

图 8-39　绘制圆（二）

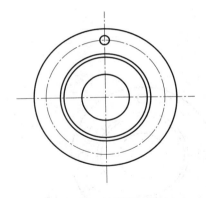

图 8-40　绘制圆（三）

（5）调用"阵列"命令，选择环形阵列，选取半径为 4 的粗实线圆为阵列对象，选取中心线交点为环形阵列中心点，项目总数设为"4"，填充角度设为"360"，如图 8-41 所示。单击"确定"按钮，完成效果如图 8-42 所示。

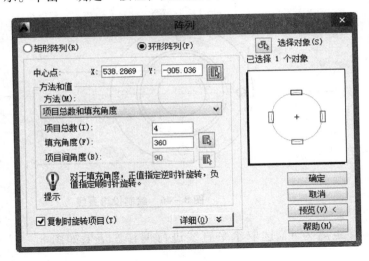

图 8-41　"阵列"对话框

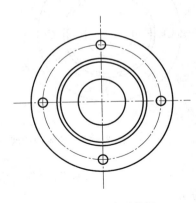

图 8-42　阵列结果

2. 绘制轴承端盖左视图

（1）在"中心线"图层上，调用"直线"命令，在主视图右侧绘制一条竖直直线，如图 8-43 所示。

（2）右击状态栏上的"对象捕捉"按钮，在弹出的快捷菜单中选择"设置"命令，弹出"草图设置"对话框。单击"全部选择"按钮，设置对象捕捉模式，单击"确定"按钮退出设置，如图 8-44 所示。

（3）调用"直线"命令，分别绘制盘盖主视图的同心圆中心线和上下两螺钉孔圆心的水平中心线，如图 8-45 所示。

（4）在"粗实线"图层上，调用"直线"命令，分别绘制如图 8-46 所示的投影直线。通过绘制投影直线，更容易控制图形对齐。

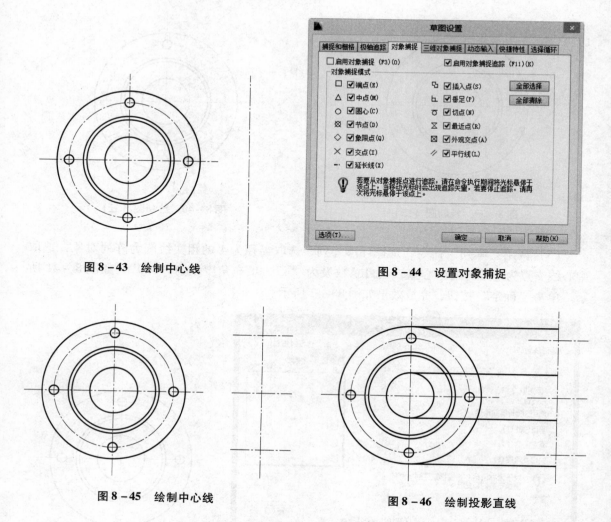

图 8 – 43　绘制中心线

图 8 – 44　设置对象捕捉

图 8 – 45　绘制中心线

图 8 – 46　绘制投影直线

（5）调用"偏移"命令，偏移距离为 4，选取水平直线进行偏移，结果如图 8 – 47 所示。

（6）调用"直线"命令，绘制如图 8 – 48 所示的轮廓直线。

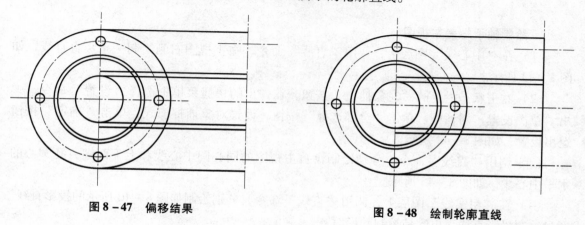

图 8 – 47　偏移结果

图 8 – 48　绘制轮廓直线

（7）调用"偏移"命令，偏移距离为 16，选取轮廓直线，并在直线左侧单击，偏移结果如图 8 − 49 所示。

（8）重复执行"偏移"命令，将步骤（6）中所绘制的直线向左偏移 3、6、10 和 13 各一次，向右偏移 10，绘制投影线至该直线处，结果如图 8 − 50 所示。

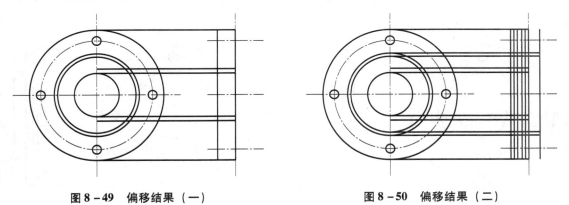

图 8 − 49　偏移结果（一）　　　　　图 8 − 50　偏移结果（二）

（9）调用"修剪"命令，修剪多余的线段，结果如图 8 − 51 所示。

（10）调用"直线"命令，绘制如图 8 − 52 所示的轮廓直线。

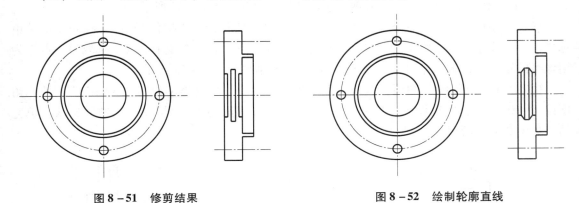

图 8 − 51　修剪结果　　　　　图 8 − 52　绘制轮廓直线

（11）调用"直线"命令，绘制如图 8 − 53 所示的投影直线。

（12）调用"修剪"命令，修剪多余的线段，结果如图 8 − 54 所示。

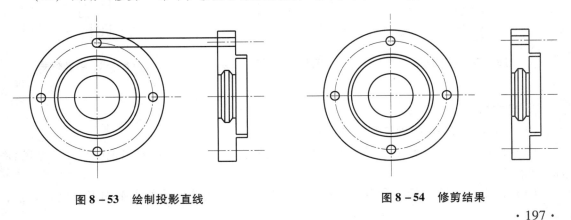

图 8 − 53　绘制投影直线　　　　　图 8 − 54　修剪结果

（13）调用"偏移"命令，偏移距离为 2，分别选取第（12）步中的水平直线为偏移对象，向外侧偏移，结果如图 8 – 55 所示。

（14）调用"偏移"命令，偏移距离为 6，选取竖直直线为偏移对象，向右侧偏移，结果如图 8 – 56 所示。

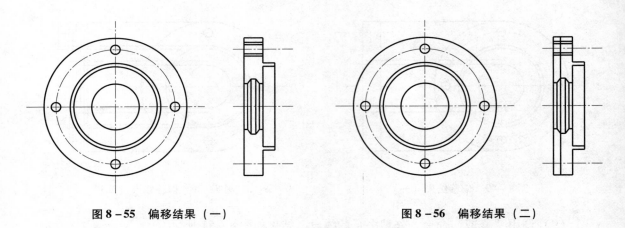

图 8 – 55　偏移结果（一）　　　　　　　　　　　　　图 8 – 56　偏移结果（二）

（15）调用"修剪"命令，修剪多余的线段，结果如图 8 – 57 所示。

（16）调用"镜像"命令，框选步骤（15）建立的孔特征为镜像对象，按 Enter 键结束选择；再选取水平中心线上的一点作为镜像线的第一点，然后在该中心线上选取另一点作为镜像线的第二点；输入字母 n 后按 Enter 键，镜像结果如图 8 – 58 所示。

（17）在"剖面线"图层，调用"图案填充"命令，填充类型设为"ANSI31"，填充角度设为"0"，填充距离设为"1"；单击"拾取点"按钮，选择要填充的区域并确认，填充结果如图 8 – 59 所示。

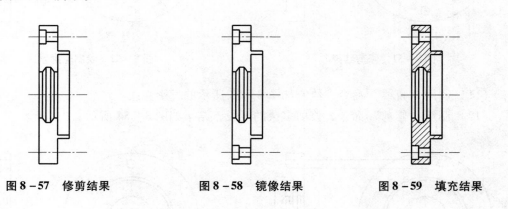

图 8 – 57　修剪结果　　　　　图 8 – 58　镜像结果　　　　　图 8 – 59　填充结果

3. 尺寸标注

（1）将工作图层切换到"尺寸线"层。

（2）调用"直径"标注命令，选择主视图需要标注的圆，完成对主视图直径尺寸的标注，如图 8 – 60 所示。

（3）使用"线性"标注命令，选择左视图需要标注线性尺寸的水平端点及竖直端点，完成对左视图水平尺寸和竖直尺寸的标注，如图 8 – 61 所示。

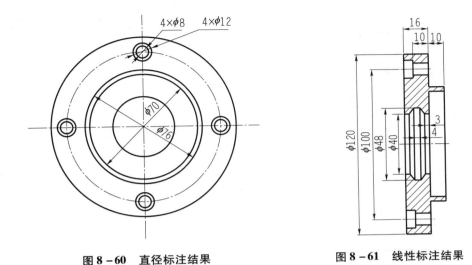

图 8 – 60　直径标注结果　　　　　　图 8 – 61　线性标注结果

4. 填写技术要求

（1）调用"多行文字"命令，在屏幕上选择需要标注的位置，按住鼠标左键，确定文字插入位置并单击，弹出如图 8 – 62 所示的"文字格式"对话框。

图 8 – 62　"文字格式"对话框

（2）填写技术要求：调整字体大小为 8，输入"技术要求"；调整字体大小为 5，输入具体的技术要求内容，单击"确定"按钮，完成技术要求的标注。

（3）填写标题栏：重复步骤（1），调整字体大小为 8，在文字对正方式中选择"正中"，在标题栏中输入名称"轴承端盖"；调整字体大小为 3.5，完成标题栏其他项目的填写。

（4）将轴承端盖的主视图、侧视图、技术要求以合适比例放置到 A3 图框中，并对线型比例、图形位置、尺寸标注等进行调整，最终的轴承端盖绘制效果如图 8 – 36 所示。

8.1.3　叉架类零件的绘制

曲柄连杆机构是发动机的主要运动机构，其功用是将活塞的往复运动转变为曲轴的旋转运动，同时将作用于活塞上的力转变为曲轴对外输出的转矩。

绘制曲柄的准备工作及相关设置的具体操作可参考 7.1 节，这里不做叙述。绘制结果如图 8 – 63 所示。

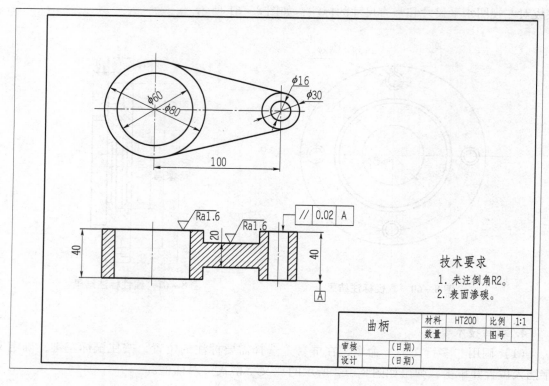

图 8 - 63　曲柄

1. 绘制曲柄主视图

（1）在"中心线"图层上，调用"直
线"命令，绘制一条长为 200 的水平中心

图 8 - 64　绘制中心线结果

线，如图 8 - 64 所示。再绘制一条长为 100 的垂直中心线。

（2）调用"偏移"命令，将竖直中心线向右偏移 100，如图 8 - 65 所示。

（3）在"粗实线"图层上，调用"圆"命令，先以左交点为圆心，分别绘制半径为 40
和 30 的同心圆；再以右交点为圆心，分别绘制半径为 15 和 8 的同心圆，结果如图 8 - 66
所示。

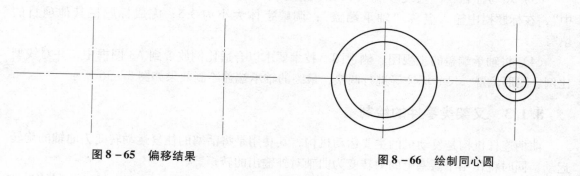

图 8 - 65　偏移结果　　　　　　　　　　图 8 - 66　绘制同心圆

（4）右击"对象捕捉"按钮，在弹出的快捷菜单中执行"设置"命令，在弹出的"草
图设置"对话框中单击选择常用的捕捉按钮，再勾选"切点"复选框，如图 8 - 67 所示。

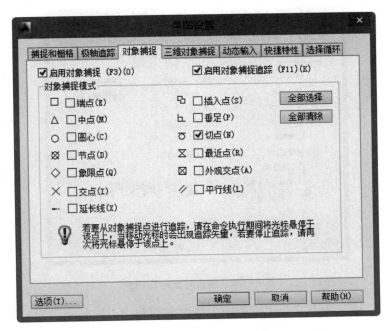

图 8 – 67　"草图设置"对话框

（5）调用"直线"命令，利用切点捕捉，绘制两个外圆的切线，如图 8 – 68 所示。

2. 绘制曲柄俯视图

（1）调用"复制"命令，选取曲柄主视图的中心线，向下 120 的位置进行复制，如图 8 – 69 所示。

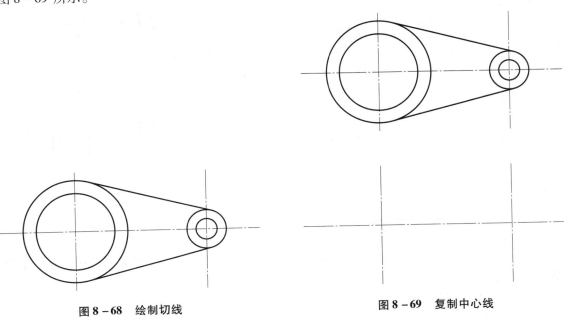

图 8 – 68　绘制切线

图 8 – 69　复制中心线

（2）在"草图设置"对话框中设置对象捕捉模式，再单击"确定"按钮退出设置，如图 8 – 70 所示。

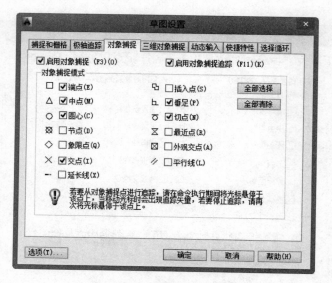

图 8 –70　设置对象捕捉模式

（3）调用"直线"命令，分别以曲柄主视图的圆和中心线的交点为起点，向下绘制竖直直线作为投影线，如图 8 – 71 所示。

（4）重复调用"直线"命令，绘制一条水平直线，在左右投影线内与中心线重合，如图 8 – 72 所示。

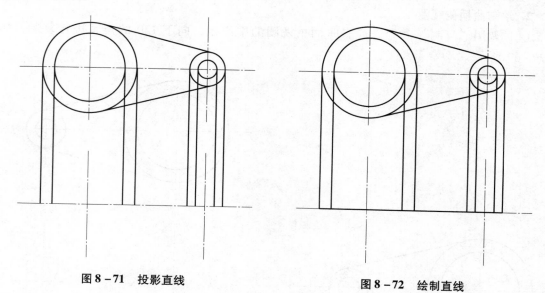

图 8 –71　投影直线　　　　　　　　　　　图 8 –72　绘制直线

（5）调用"偏移"命令，选择俯视图的水平粗实线，分别向上偏移 20 和 10，结果如图 8 – 73 所示。

（6）调用"删除"命令，删除与水平中心线相齐的粗实线，如图 8 – 74 所示。

（7）调用"修剪"命令，修剪多余的线段，结果如图 8 – 75 所示。

（8）调用"镜像"命令，以水平中心线为镜像线，将轮廓镜像复制，如图 8 – 76 所示。

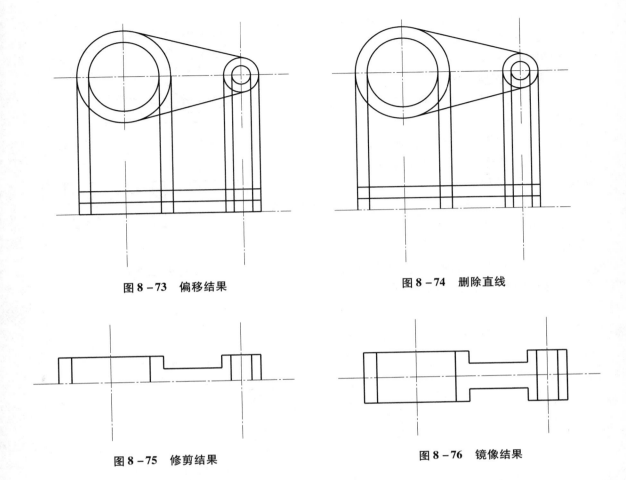

图 8-73　偏移结果　　　　　　　　　图 8-74　删除直线

图 8-75　修剪结果　　　　　　　　　图 8-76　镜像结果

（9）调用"图案填充"命令，填充类型设为"ANSI31"，填充角度设为"0"，填充距离设为"1"；单击"拾取点"按钮，选择要填充的区域并确认，单击"确定"按钮完成填充，结果如图 8-77 所示。

3. 标注尺寸

（1）将工作图层切换到"尺寸线"图层。

（2）调用"直径"标注命令，选择需要标注直径尺寸的圆，完成对主视图直径尺寸的标注，如图 8-78 所示。

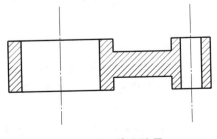

图 8-77　填充结果

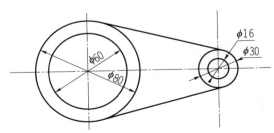

图 8-78　直径标注结果

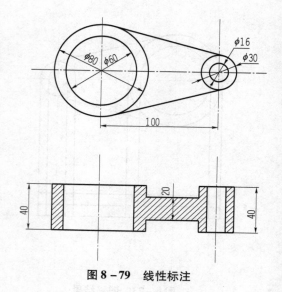

（3）调用"线性"标注按钮，选择需要标注线性尺寸的端点，完成对外形距离尺寸的标注，如图 8-79 所示。

4. 标注表面粗糙度

（1）调用"插入块"命令，弹出"插入"对话框。

（2）单击"浏览"按钮，在弹出的对话框中选择 7.2.5 节建立的"粗糙度.dwg"文件，单击"打开"按钮。

（3）回到"插入"对话框，勾选"插入点"区域中的"在屏幕上指定"复选框，单击"确定"按钮。

（4）在屏幕上指定插入点，并设置相关参数，完成粗糙度符号的标注，如图 8-80 所示。

图 8-79　线性标注

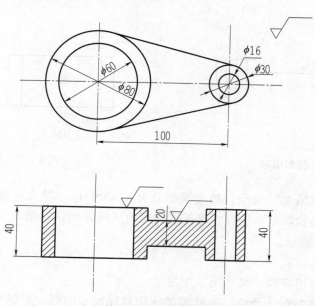

图 8-80　插入粗糙度符号

（5）调用"多行文字"命令，设置文字的高度，输入文字，完成粗糙度等级的标注，如图 8-81 所示，或直接插入带属性的图块。

5. 标注基准代号

（1）调用"插入块"命令，弹出"插入"对话框。

（2）单击"浏览"按钮，在弹出的对话框中选择 7.4 节练习 3 中建立的"基准.dwg"文件，单击"打开"按钮。

（3）回到"插入"对话框，勾选"插入点"区域中的"在屏幕上指定"复选框，单击"确定"按钮。

（4）在屏幕上指定插入点，并设置相关参数，插入基准代号。

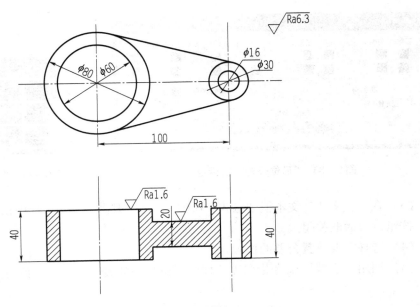

图 8 – 81　标注粗糙度等级

（5）调用"多行文字"命令，设置文字的高度，输入文字，完成对基准代号的标注，如图 8 – 82 所示。

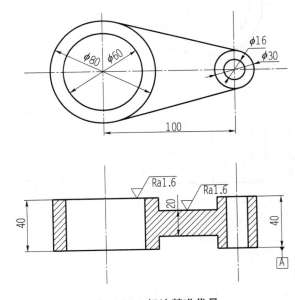

图 8 – 82　标注基准代号

6. 标注形位公差

（1）调用"公差"命令，弹出"形位公差"对话框，如图 8 – 83 所示。

（2）单击"形位公差"对话框"符号"区域的黑框，弹出如图 8 – 84 所示的"特征符号"对话框，单击"平行度"符号，自动关闭对话框。

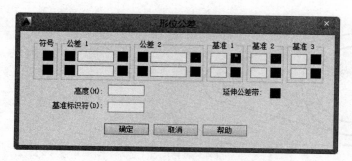

图 8 – 83 "形位公差"对话框

图 8 – 84 "特征符号"对话框

（3）在"公差 1"文本框中输入"0.02"，在"基准 1"文本框中输入"A"，单击"确定"按钮，对话框关闭。

（4）选择需要放置公差的位置。

（5）调用"引线"命令指向需要标注形位公差的表面，完成形位公差标注，如图 8 – 85 所示。

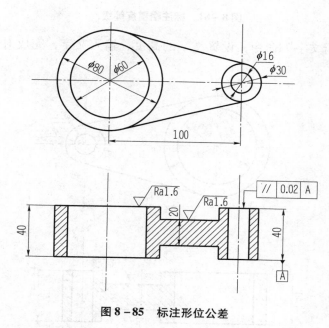

图 8 – 85 标注形位公差

7. 完成曲柄零件图

（1）调用"多行文字"命令，在屏幕上选择需要标注的位置，按住鼠标左键，确定文字插入位置并单击，弹出"文字格式"对话框。

（2）填写技术要求：调整字体大小为 8，输入"技术要求"；调整字体大小为 5，输入具体的技术要求内容，单击"确定"按钮，完成技术要求的标注。

（3）填写标题栏：重复步骤（1），调整字体大小为 8，在文字对正方式中选择"正中"，在标题栏中输入名称"曲柄"；调整字体大小为 3.5，完成标题栏其他项目的填写。

（4）将曲柄主视图、俯视图、技术要求以合适比例放置到 A3 图框中，并对线型比例、图形位置、尺寸标注等进行调整，最终的曲柄绘制效果如图 8 - 63 所示。

8.1.4　箱体类零件的绘制

齿轮油泵是常用的液压传动部件，其结构可靠，工作稳定，造价低，可输送无腐蚀的油类等黏性介质，因此在工程中经常会用到。泵体是齿轮泵中的主要零件之一，其内腔要容纳一对吸油和压油的齿轮，泵体的左边将通过螺钉、圆柱销与泵盖连接，在泵体上有连接用的螺纹孔、定位用的销孔和进油口、出油口。

绘制齿轮油泵的准备工作及相关设置的具体操作可参考 7.1 节，这里不做叙述。零件图绘制结果如图 8 - 86 所示。

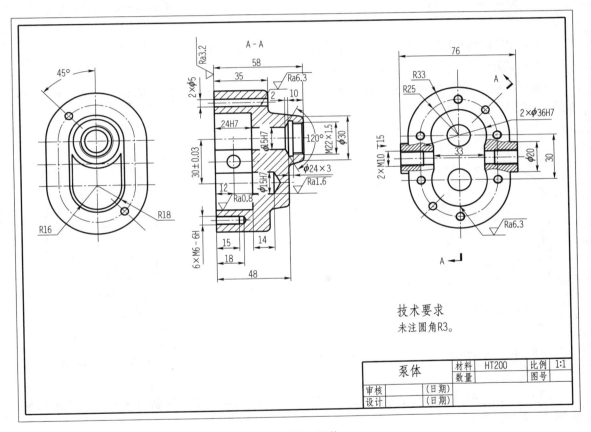

图 8 - 86　泵体

1. 绘制泵体左视图

（1）在"中心线"图层上调用"直线"命令，绘制中心线，如图 8 - 87 所示。

（2）调用"偏移"命令，将水平中心线向下偏移 30，绘制结果如图 8 - 88 所示。

（3）将"粗实线"层设置为当前层，调用"圆"命令，分别以中心线的两个交点为圆心，绘制直径为 66 的主要轮廓圆，结果如图 8 - 89 所示。

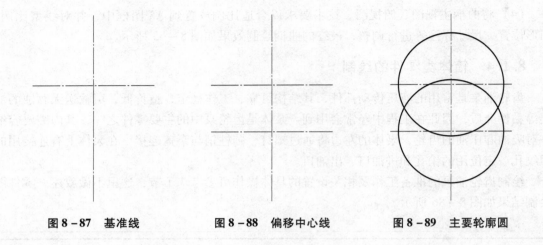

图 8 - 87　基准线　　　　　　图 8 - 88　偏移中心线　　　　　　图 8 - 89　主要轮廓圆

（4）调用"直线"命令，绘制两圆的切线，结果如图 8 - 90 所示。

（5）调用"修剪"命令，修剪图形，结果如图 8 - 91 所示。

（6）调用"圆"命令，分别以中心线的两个交点为圆心，绘制左视图中直径为 36 和 15 的圆，结果如图 8 - 92 所示。

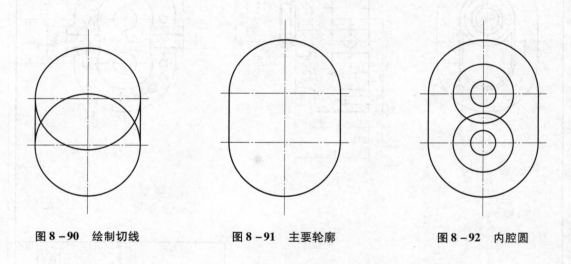

图 8 - 90　绘制切线　　　　　　图 8 - 91　主要轮廓　　　　　　图 8 - 92　内腔圆

（7）调用"偏移"命令，将竖直中心线向两边各偏移 16.5，绘制出辅助线，绘图结果如图 8 - 93 所示。

（8）调用"直线"命令，打开"对象捕捉"功能，捕捉辅助线与圆周的交点，绘制出泵体内腔的轮廓线，结果如图 8 - 94 所示。

（9）调用"修剪"命令，以轮廓线为边界线，修剪多余的图线，并删除辅助线，结果如图 8 - 95 所示。

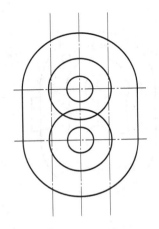

图 8 – 93　偏移竖直中心线

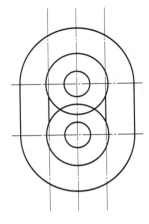

图 8 – 94　泵体内腔轮廓线

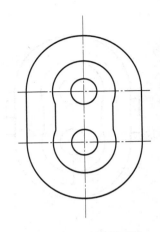

图 8 – 95　删除辅助线

　　（10）调用"偏移"命令，将水平中心线向中间方向偏移 15，确定进出油口结构的位置，结果如图 8 – 96 所示。

　　（11）调用"直线"命令，绘制出齿轮泵泵体进出油口外部结构的轮廓线，如图 8 – 97 所示。

　　（12）调用"镜像"命令，选择步骤（11）建立的特征为镜像对象，选取水平中心线上的两点作为镜像线的两点，确认完成镜像，结果如图 8 – 98 所示。

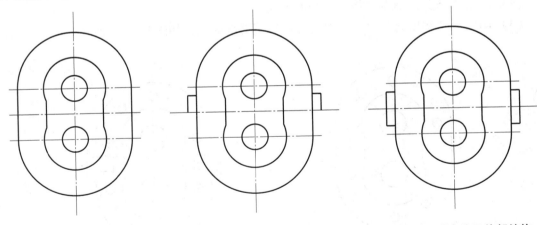

图 8 – 96　进出油口位置中心线　　　　图 8 – 97　进出油口轮廓线　　　　图 8 – 98　进出油口外部结构

　　（13）设置"中心线"层为当前图层，调用"多段线"命令，绘制螺纹孔中心线，结果如图 8 – 99 所示。

　　（14）调用"直线"命令，打开"极轴追踪"，设置增量角为 45°，分别在竖直与水平中心线交点处绘制出与竖直中心线成 45°角的斜线，如图 8 – 100 所示，确定销孔位置。

　　（15）调用"圆"命令，按照螺纹规定画法绘制 M6 的螺纹孔和直径为 5 mm 的销孔，结果如图 8 – 101 所示。

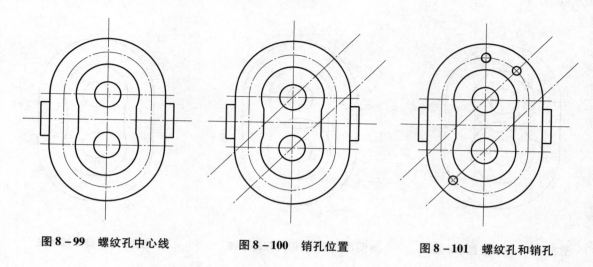

图 8 - 99　螺纹孔中心线　　　图 8 - 100　销孔位置　　　图 8 - 101　螺纹孔和销孔

（16）调用"复制"命令，捕捉螺纹孔圆心作为基点，在相应位置绘制出其余螺纹孔，左视图最终的绘图结果如图 8 - 102 所示。

2. 绘制左视图局部剖视图

齿轮油泵的内部形状相对复杂，并且很多时候线条是隐藏的，局部剖可以将其内部形状展示出来，从而更好地表达其内部形状。

（1）调用"样条曲线"命令，绘制出剖视图边界线。

（2）调用"修剪"命令，修剪多余的图线。

（3）调用"图案填充"命令，对局部区域填充剖面线，如图 8 - 103 所示。

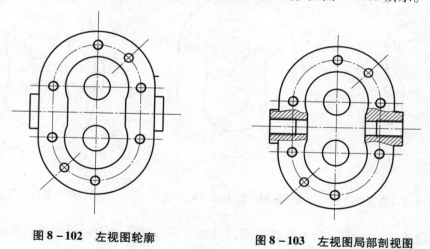

图 8 - 102　左视图轮廓　　　　图 8 - 103　左视图局部剖视图

3. 绘制泵体主视图

（1）将"中心线"图层设置为当前层，调用"直线"命令，绘制一条水平中心线，结果如图 8 - 104 所示。

（2）调用"偏移"命令，将水平中心线向下偏移 30，结果如图 8 - 105 所示。

图 8－104　水平中心线 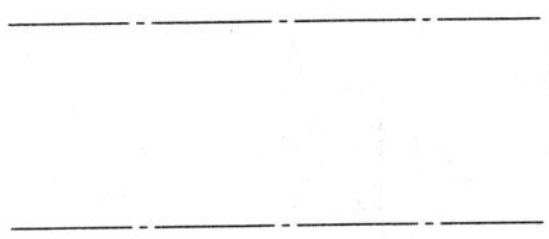　　　　　　　　图 8－105　偏移中心线

（3）调用"直线"命令，绘制一个高为 96、宽为 35 的矩形，结果如图 8－106 所示。

（4）调用"直线"命令，通过输入相对坐标的方式绘制泵体的主体轮廓，如图 8－107 所示。

（5）切换至"中心线"图层，调用"直线"及"移动"命令，在与最左端垂直线右侧距离为 12 处绘制出垂直中心线。

（6）调用"偏移"命令，设偏移距离为 15，绘制出确定位置的水平中心线，结果如图 8－108 所示。

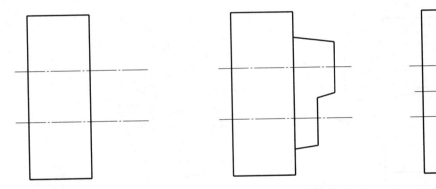

图 8－106　泵体主体轮廓（一）　　图 8－107　泵体主体轮廓（二） 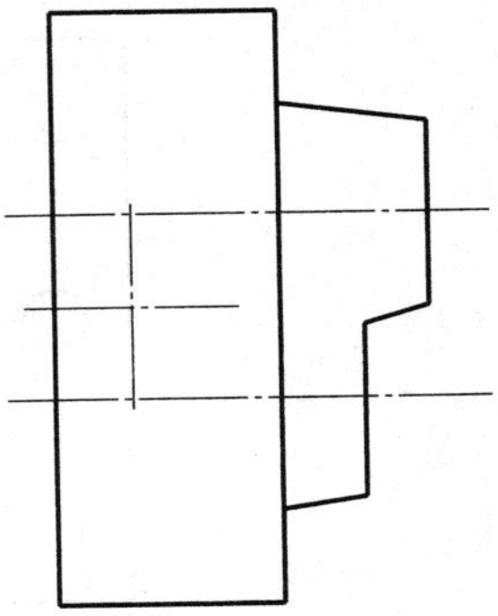　　图 8－108　凸台中心线

（7）将"粗实线"图层设置为当前层，调用"圆"按钮，绘制油口内轮廓线中直径为 10 的圆，结果如图 8－109 所示。

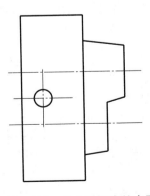

图 8－109　凸台油口内轮廓圆

4. 绘制泵体剖视图

（1）确定剖切平面的位置，绘制剖切符号，注写字母，如图 8－110 所示。

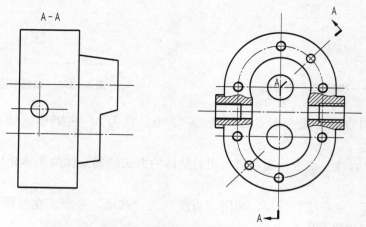

图 8 - 110　确定剖切面

（2）调用"修剪"命令，修剪多余的图线，整理后的图形如图 8 - 111 所示。

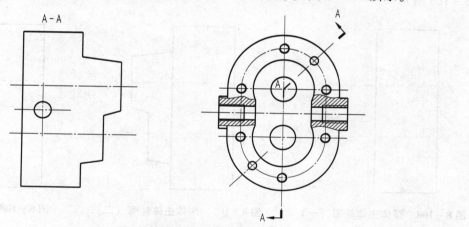

图 8 - 111　修剪后的图形

（3）绘制泵体内腔结构：调用"直线"命令，在主视图中绘制泵体内腔结构投影，利用"对象捕捉""极轴"功能确定投影位置，绘图结果如图 8 - 112 所示。

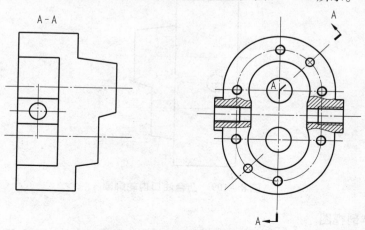

图 8 - 112　泵体内腔结构投影

（4）齿轮轴孔处结构：调用"直线"命令，绘制出齿轮轴的内部结构，该处包括退刀槽、螺纹等，绘图结果如图 8 – 113 所示。

（5）螺纹孔和销孔：调用"直线"命令，根据视图投影规律和规定画法绘制出螺纹孔、圆柱销孔等结构，绘图结果如图 8 – 114 所示。

（6）调用"圆角"命令，设置圆角半径为3，绘制出主视图中的圆角，结果如图 8 – 115 所示。

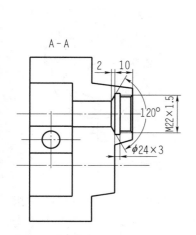

图 8 – 113　齿轮轴孔处结构

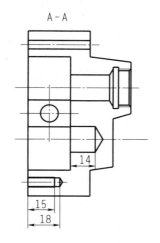

图 8 – 114　螺纹孔和销孔结构

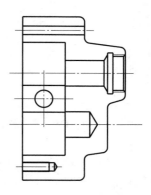

图 8 – 115　绘制圆角

（7）在"剖面线"图层上，利用"图案填充"命令，填充类型设为"ANSI31"，填充角度设为"0"，填充距离设为"1"；单击"拾取点"按钮，选择要填充的区域并确认，最后单击"确定"按钮，填充结果如图 8 – 116 所示。

5. 绘制泵体右视图

（1）设置"粗实线"层为当前图层，调用"直线"按钮，绘制泵体右端的主体轮廓线，结果如图 8 – 117 所示。

（2）调用"多段线"和"圆"命令，绘制出泵体右端的结构外轮廓线及螺纹孔，结果如图 8 – 118 所示。

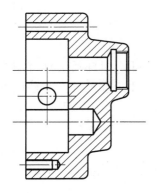

图 8 – 116　填充结果

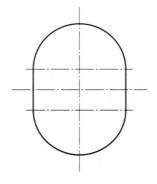

图 8 – 117　泵体右端的
主体轮廓线

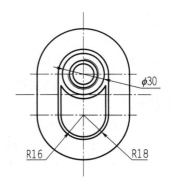

图 8 – 118　泵体右端
结构外轮廓线

（3）调用"圆"命令，绘制出直径为 5 的圆孔，右视图最终效果如图 8-119 所示。

6. 标注尺寸

（1）将"尺寸线"层设置为当前层，调用"线性"标注命令，标注出主要尺寸，结果如图 8-120 所示。

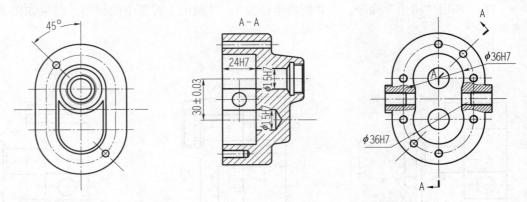

图 8-119　右视图最终效果　　　　　　图 8-120　标注主要尺寸

（2）标注特殊尺寸，如"ϕ15H7"：先根据步骤（1），选择"线性"按钮，在图中指定两点作为两条尺寸界限后，选择"多行文字（M）"，在弹出的"文字格式"对话框中单击"符号"按钮，选择"直径（I）"，如图 8-121 所示。再输入"H7"，按 Enter 键即可完成修改。也可以在"文字格式"对话框中直接输入"％％C15H7"。

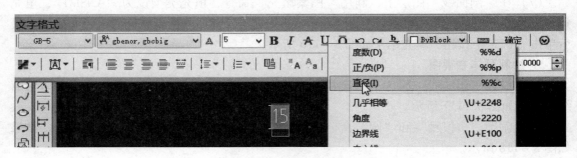

图 8-121　特殊符号标注

（3）标注其余尺寸。

在尺寸标注中，任何图线都不能穿越尺寸数字，避不开时，可调用打断工具将图线打断。角度的数值一律水平书写，应采用"圆与圆弧"标注样式标注角度尺寸。零件图的尺寸不能多标、漏标。标注完成后，应检查核对。如图 8-122 所示。

7. 标注表面粗糙度

（1）调用"插入块"命令，弹出"插入"对话框。

（2）单击"浏览"按钮，在弹出的对话框中选择 7.2.5 节建立的"粗糙度.dwg"文件，单击"打开"按钮。

（3）回到"插入"对话框，勾选"插入点"区域中的"在屏幕上指定"复选框，单击"确定"按钮。

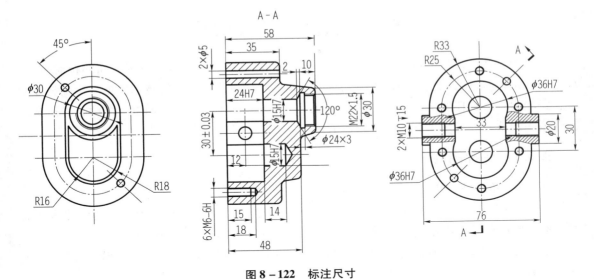

图 8 – 122　标注尺寸

（4）在屏幕上指定插入点，并设置相关参数，完成表面粗糙度符号的标注。

（5）调用"多行文字"命令，设置文字的高度，输入文字，完成表面粗糙度等级的标注，如图 8 – 123 所示。

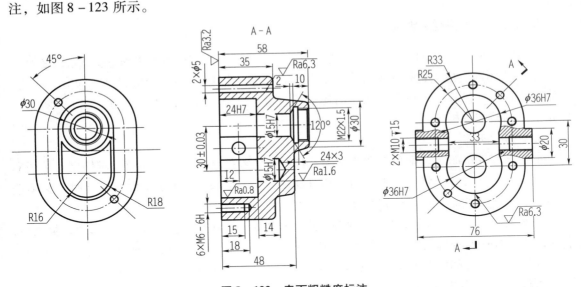

图 8 – 123　表面粗糙度标注

8. 完成泵体零件图

（1）调用"多行文字"命令，编写技术要求。

（2）完成所有技术要求书写、标注等内容，检查并修整图形。

（3）将泵体的三视图和技术要求以合适比例放置到 A3 图框中，并对线型比例、图线位置、尺寸标注、中心线长度等进行调整。最终的绘图效果如图 8 – 86 所示。

箱体类零件的
绘制方法

8.2 完整装配图的绘制

装配图表达了部件的设计构思、工作原理和装配关系，也表达出各零件间的相对位置、尺寸及结构形状，它是绘制零件工作图、部件组装、调试及维护等的技术依据。绘制装配图时，要综合考虑工作要求、材料、强度、刚度、磨损、加工、装拆、调整、润滑、维护及经济等诸多因素，并要用足够的视图表达清楚。

8.2.1 装配图内容

一幅完整的装配图应该包含以下内容：

（1）一组图形：用一般表达方法和特殊表达方法，正确、完整、清晰、简便地表达装配体的工作原理及零件之间的装配关系、连接关系和零件的主要结构形状。

（2）必要的尺寸：在装配图上必须标注出表示装配体的性能、规格及装配、检验、安装时所需的尺寸。

（3）技术要求：用文字或符号说明装配体的性能、装配、检验、调试、使用等方面的要求。

（4）标题栏、零件的序号和明细表：按一定的格式，对零部件进行编号，并填写标题栏和明细表，以便读图。

8.2.2 装配图绘制过程

画装配图时，应注意检验、校正零件的形状、尺寸；纠正零件草图中的不妥或错误之处。

（1）绘图前，应当进行必要的设置，如绘图单位、图幅大小、图层线型、线宽、颜色、字体格式、尺寸格式等。设置方法见前述章节，为了绘图方便，比例选择为1∶1，或者调入事先绘制的装配图标题栏及有关设置。

（2）绘图步骤。

①根据零件草图、装配示意图绘制各零件图，各零件的比例应当一致，零件尺寸必须准确，可以暂不标尺寸，将每个零件用"WBLOCK"命令定义为.dwg文件。定义时，必须选好插入点，插入点应当是零件间相互有装配关系的特殊点。

②调入装配干线上的主要零件，如轴。然后沿装配干线展开，逐个插入相关零件。插入后，若需要剪断不可见的线段，应当分解插入块。插入块时，应当注意确定它的轴向和径向定位。

③根据零件之间的装配关系，检查各零件的尺寸是否有干涉现象。

④根据需要对图形进行缩放、布局排版，然后根据具体情况设置尺寸样式，标注好尺寸及公差，最后填写标题栏、明细栏，完成装配图。

8.3 完整装配图的绘制方法

装配图是零部件加工和装配过程中重要的技术文件。在设计过程中要用到剖视及放大等表达方式，还要标注尺寸、绘制和填写明细表等。本节将通过绘制如图8-124所示的球阀装配图，来介绍装配图绘制的一般过程。其基本理论：将零件图的视图进行修改，制作成块，然后将这些块插入装配图中。本节不再介绍制作块的步骤，用户可以参考7.2节相应的介绍。

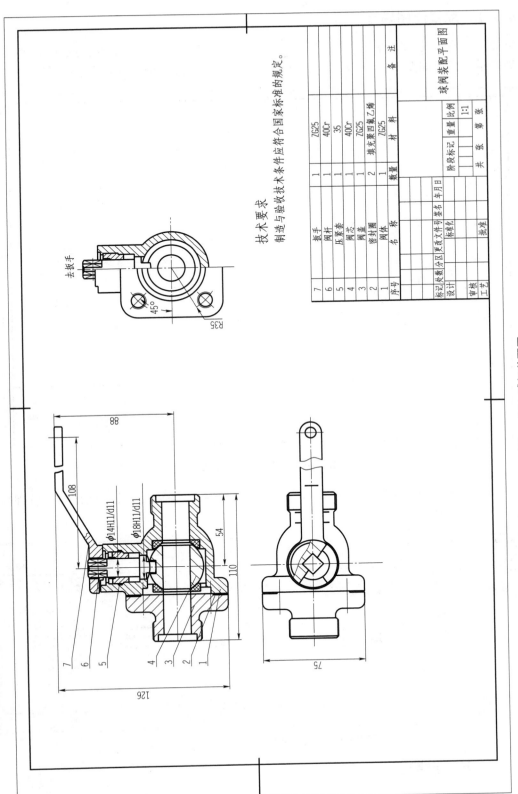

技术要求

制造与验收技术条件应符合国家标准的规定。

序号	名 称	数量	材 料	备 注
7	扳手	1	ZG25	
6	阀杆	1	40Cr	
5	压紧套	1	35	
4	阀芯	1	40Cr	
3	阀盖	1	ZG25	
2	密封圈	2	填充聚四氟乙烯	
1	阀体	1	ZG25	

			球阀装配平面图		
			比例	1:1	第 张
标记 处数 分区 更改文件号 签名 年月日			阶段标记	重量	共 张
设计					
审核 工艺	批准		标准化		

图 8-124 球阀装配图

8.3.1 配置绘图环境

选择菜单栏中的"文件"→"新建"命令，打开"选择样板"对话框，选择 A2 图形样板作为模板。模板如图 8 - 125 所示。将新文件命名为"球阀装配图 . dwg"并保存。

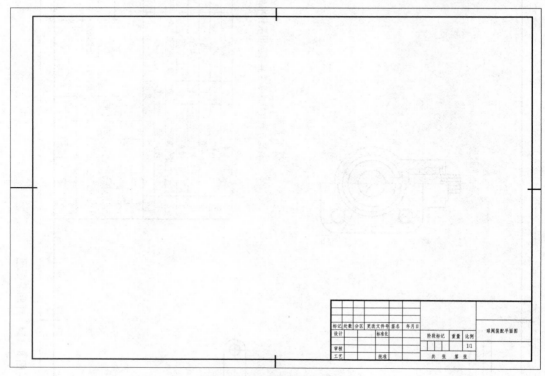

图 8 - 125　A2 样板图模板

如样板图中所带的图层需要进行修改，可利用"图层"命令，打开"图层特性管理器"对话框进行相关操作，如图 8 - 126 所示。

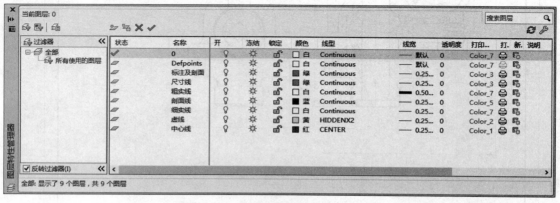

图 8 - 126　"图层特性管理器"对话框.

8.3.2 组装装配图

球阀装配图主要由阀体、阀盖、密封圈、阀芯、压紧套、阀杆和扳手等零件图组成。在绘制零件图时，用户可以为了装配的需要，将零件的主视图及其他视图分别定义成图块，但是在定义的图块中不包括零件的尺寸标注和定位中心线，块的基点应选择在与其零件有装配关系或定位关系的关键点上。

1. 装配零件图

（1）插入阀体平面图。

调用"插入块"命令，弹出"插入"对话框。单击"浏览"按钮，选择绘制的"阀体主视图"文件，单击"打开"按钮，则系统弹出"插入"对话框，如图 8 – 127 所示。按照图示进行设置，插入的图形比例为 1，旋转角度为 0°，然后单击"确定"按钮。

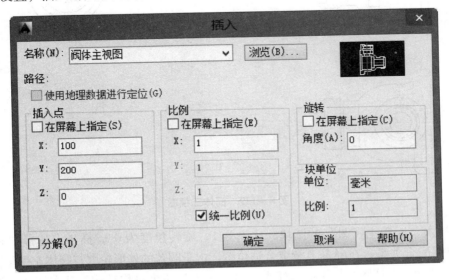

图 8 – 127 "插入"对话框

在 A2 样板图框内适当位置单击鼠标，则"阀体主视图"块会插入"球阀装配图"中，如图 8 – 128 所示。

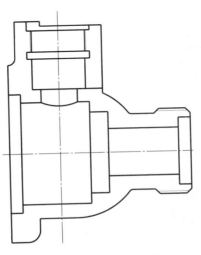

图 8 – 128 阀体主视图

继续插入"阀体俯视图"块，插入的图形比例为 1，旋转角度为 0°，插入点应使俯视图与主视图相对应；继续插入"阀体左视图"块，插入的图形比例为 1，旋转角度为 0°，插入点应使左视图与主视图相对应，结果如图 8 - 129 所示。

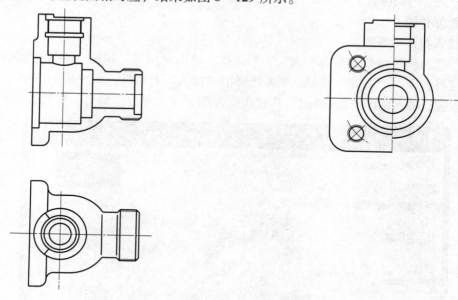

图 8 - 129　阀体三视图

（2）插入"阀盖主视图"的图块，比例为 1，旋转角度为 0°，插入点选择"在屏幕上指定"，根据配合关系，在屏幕上指定合适位置。由于阀盖的外形轮廓与阀体左视图的外形轮廓相同，故"阀盖左视图"块不需要插入。因为阀盖是一个对称结构，其主视图与俯视图相同，所以把"阀盖主视图"块插入"阀体装配图"的俯视图中即可，结果如图 8 - 130 所示。

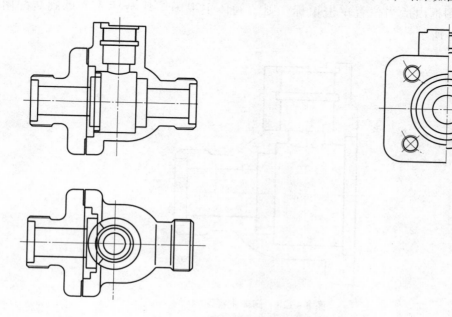

图 8 - 130　插入阀盖

把俯视图中的"阀盖主视图"块分解并修改，如图 8 - 131 所示。

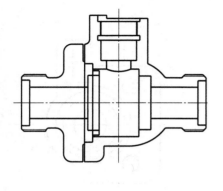

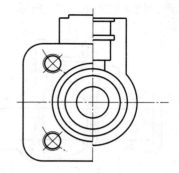

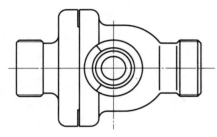

图 8 - 131　修改阀盖俯视图

（3）插入"密封圈主视图"图块，比例为 1，旋转角度为 90°，选择合适装配位置作为指定点插入。由于该装配图中有两个密封圈，所以以同样方法再插入一个，结果如图 8 - 132 所示。

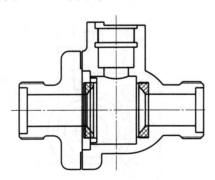

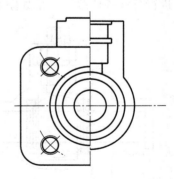

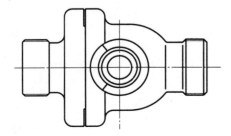

图 8 - 132　插入密封圈主视图

（4）插入"阀芯主视图"图块，比例为 1，旋转角度为 0°，插入点为主视图中心线交点，结果如图 8 - 133 所示。

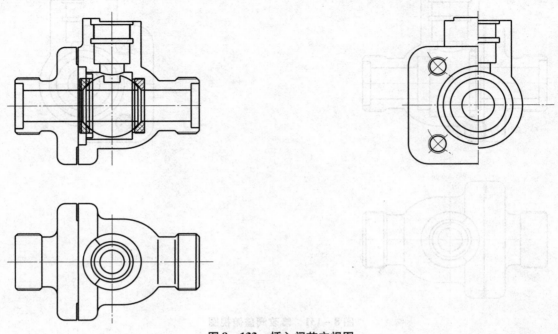

图 8 - 133　插入阀芯主视图

（5）继续插入"阀杆主视图"图块，比例为 1，旋转角度为 - 90°，插入点为阀杆与阀芯配合点。用相同方式插入"阀杆俯视图"图块及"阀杆左视图"图块，并对左视图图块进行分解并修改，结果如图 8 - 134 所示。

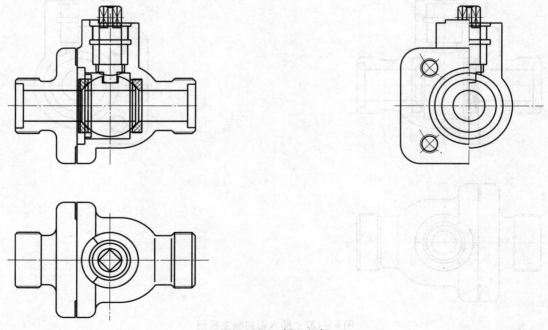

图 8 - 134　插入阀杆

（6）插入"压紧套主视图"图块，比例为 1，旋转角度为 0°，插入点为压紧套与阀体的配合点。由于"压紧套左视图"与"压紧套主视图"相同，故可在阀体左视图中继续插入压紧套主视图图块，结果如图 8 – 135 所示。

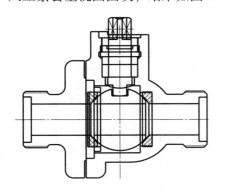
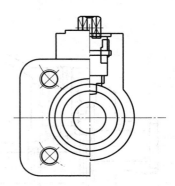
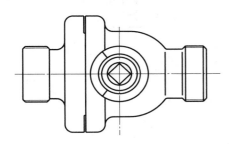

图 8 – 135　插入压紧套

（7）把主视图和左视图中的压紧套图块分解并修改，结果如图 8 – 136 所示。

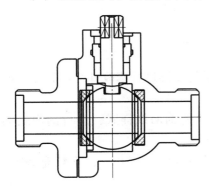
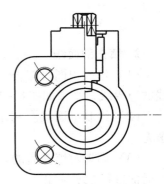
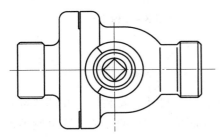

图 8 – 136　修改视图后的图形

（8）插入"扳手主视图"图块，比例为 1，旋转角度为 0°，插入点为扳手与阀体配合点。以相同方式插入"扳手俯视图"图块。把扳手主视图和扳手俯视图中的扳手图块分解并修改，结果如图 8 – 137 所示。

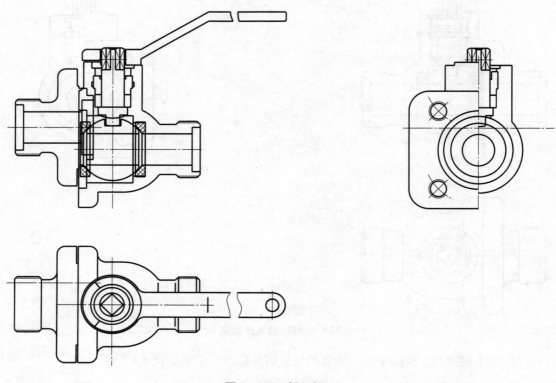

图 8 – 137　插入扳手

2. 填充剖面线

（1）修改视图。综合运用各种命令，对图 8 – 137 所示的图形进行修改并绘制填充剖面线的边界线，结果如图 8 – 138 所示。

（2）绘制剖面线。利用"图案填充"命令，选择需要的剖面线样式，进行剖面线的填充。

（3）如果对填充后的效果不满意，可以双击图形中的剖面线，打开"图案填充编辑"对话框进行二次编辑。

（4）重复"图案填充"命令，对视图中需要填充的区域进行填充。

（5）对部分图线被挡住的图块的相关图线进行修剪，结果如图 8 – 139 所示。

8.3.3　标注球阀装配图

1. 标注尺寸

在装配图中，需要标注的尺寸有规格尺寸、装配尺寸、外形尺寸、安装尺寸及其他重要尺寸。在本例中，需要标注的都为线性尺寸，比较简单，前面也有相应的介绍，这里就不再赘述，图 8 – 140 所示为标注后的装配图。

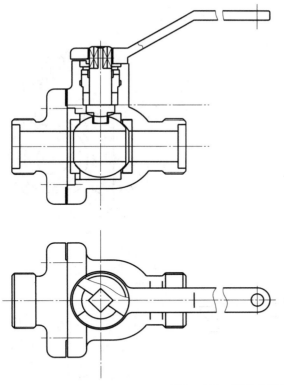

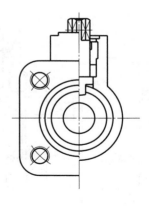

图 8 - 138　修改并绘制填充边界线

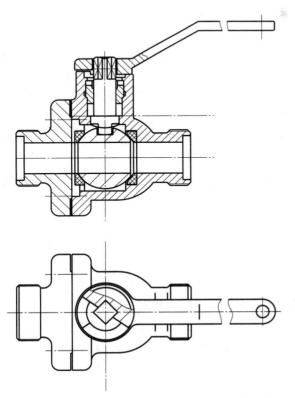

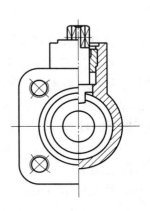

图 8 - 139　填充后的图形

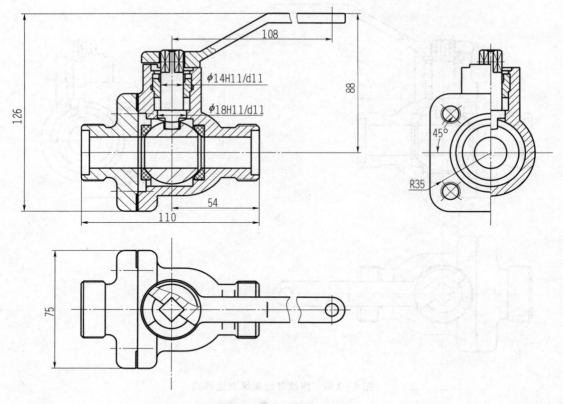

图 8 - 140　标注尺寸后的装配图

2. 标注零件序号

（1）标注零件序号采用引线标注方式（QL 命令）。在标注引线时，为了保证引线中的文字在同一水平线上，可以在合适的位置绘制一条辅助线。

（2）利用"多行文字"命令，在左视图上方标注"去扳手"三个字，表示左视图上省略了扳手零件部分轮廓线。

（3）标注完成后，将绘图区所有的图形移动到图框中合适的位置。图 8 - 141 所示为标注后的装配图。

3. 绘制和填写明细表

利用二维绘图和修改命令绘制明细表，然后利用"多行文字"命令填写明细表，结果如图 8 - 142 所示。

4. 填写技术要求

将"文字"层设置为当前图层，利用"多行文字"命令，填写技术要求。

5. 填写标题栏

利用"多行文字"命令填写标题栏中相应的项目。最终结果如图 8 - 124 所示。

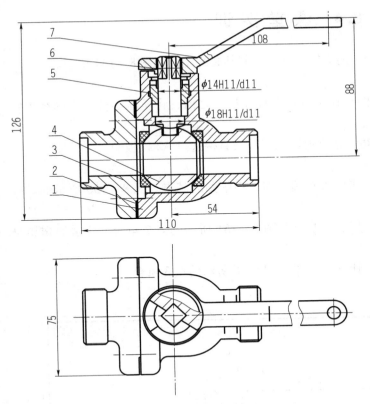
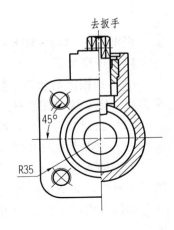

图 8-141 标注零件序号后的装配图

7	扳手	1	ZG25	
6	阀杆	1	40Cr	
5	压紧套	1	35	
4	阀芯	1	40Cr	
3	阀盖	1	ZG25	
2	密封圈	2	填充聚四氟乙烯	
1	阀体	1	ZG25	
序号	名　称	数量	材　料	备　注

图 8-142 装配图明细表

8.4 课堂实训

根据图 8 – 143 ~ 图 8 – 148 给出的虎钳零件图绘制其装配图，如图 8 – 149 所示。

操作步骤如下：

（1）根据之前所学绘制零件图，在给零件图标注尺寸之前，将所需零件的不同视图定义为块，定义块时注意基点的确定。

（2）新建文件，设置绘图环境，建立所需图层，或直接选择 A2 样板图。

（3）绘制装配图中的主视图。

①先插入丝杠的主视图图块，再插入右端垫圈，将垫圈的基点与图 8 – 150 所示的丝杠的点 1 重合，完成垫圈的装配。

②插入固定钳身主视图的块，以块的基点和图 8 – 151 所示的点 2 重合，完成固定钳身的装配。

③插入固定钳身钳口板的块，让基点与图 8 – 152 的所示的点 3 重合。

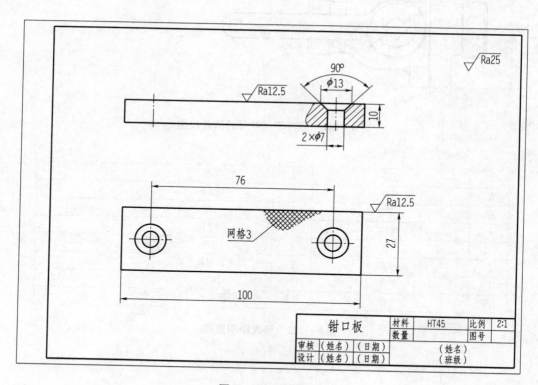

图 8 – 143　钳口板

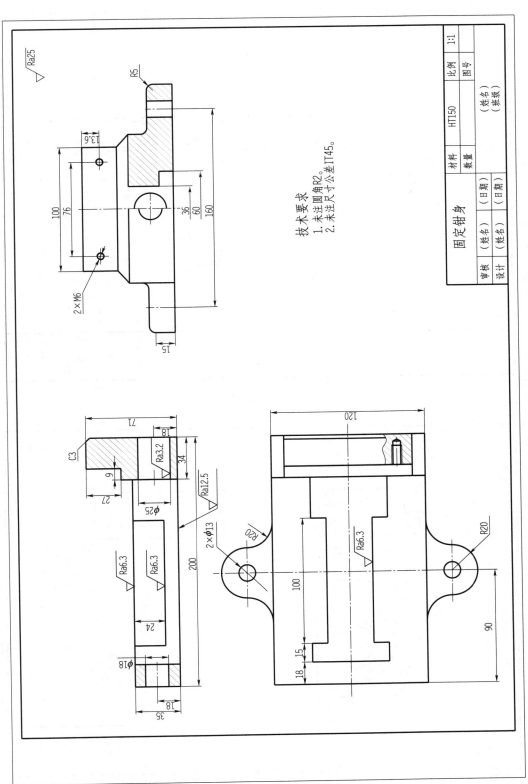

技术要求
1. 未注圆角R2。
2. 未注尺寸公差IT45。

图 8-144 固定钳身

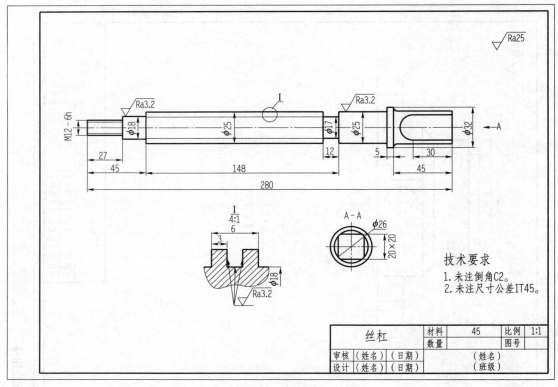

图 8－145　丝杠

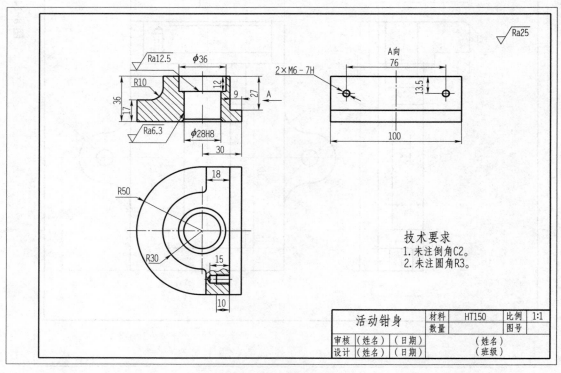

图 8－146　活动钳身

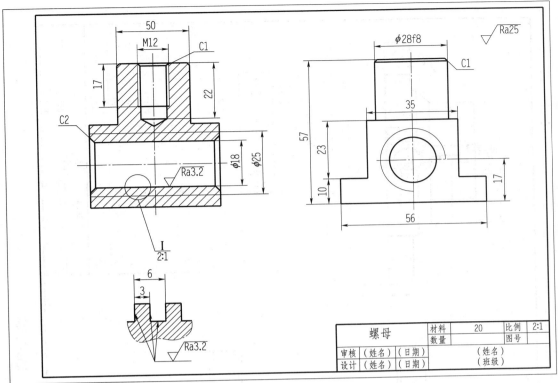

图 8 -147　螺母

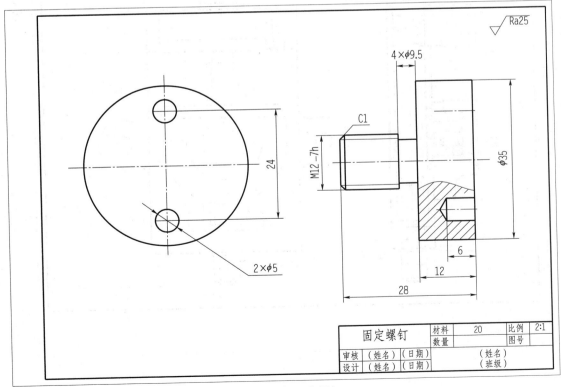

图 8 -148　固定螺钉

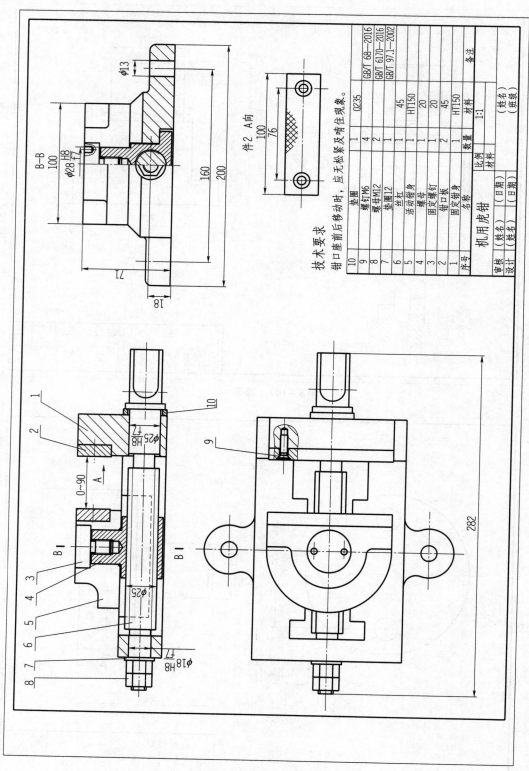

图 8-149 虎钳装配图

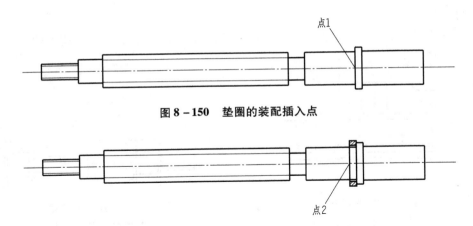

图 8 - 150　垫圈的装配插入点

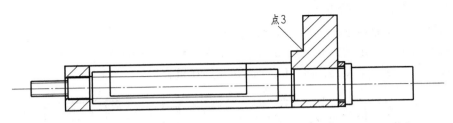

图 8 - 151　固定钳身的装配插入点

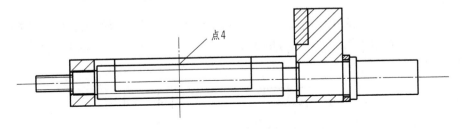

图 8 - 152　固定钳身钳口板的装配插入点

④先绘制一条竖直点画线，表示螺母的中心线，再插入螺母的主视图块，基点与图 8 - 153 所示的点 4 重合，完成螺母的装配。

图 8 - 153　螺母的装配插入点

⑤插入活动钳身，基点与图 8 - 154 所示的点 5 重合。

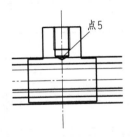

图 8 - 154　活动钳身的装配插入点

⑥插入固定螺钉，基点与图 8 - 155 所示的点 6 重合；插入活动钳身钳口板，基点与图 8 -

155 所示的点 7 重合。

⑦垫圈的基点与图 8 – 156 所示的点 8 重合，螺母的基点与图 8 – 156 所示的点 9 重合。

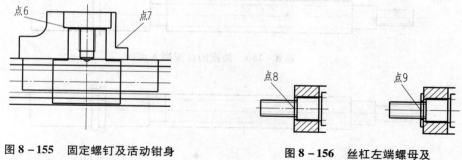

图 8 – 155　固定螺钉及活动钳身
钳口板的装配插入点

图 8 – 156　丝杠左端螺母及
垫圈的装配插入点

（4）绘制装配图中的俯视图。

①插入丝杠。注意保证俯视图与主视图长对正。

②插入垫圈。用与主视图相同的方法插入垫圈的图块，如图 8 – 157 所示。

③插入固定钳身。基点与图 8 – 157 所示的点 10 重合。

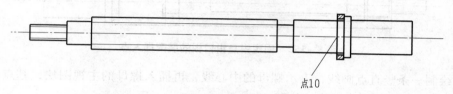

图 8 – 157　俯视图固定钳身的装配插入点

④插入活动钳身。先按照投影关系，以主视图竖直中心线为起始点，向下绘制一条竖直线，与丝杠水平中心线的交点即为螺母的中心线，活动钳身的俯视图的基点与图 8 – 158 所示的点 11 重合。

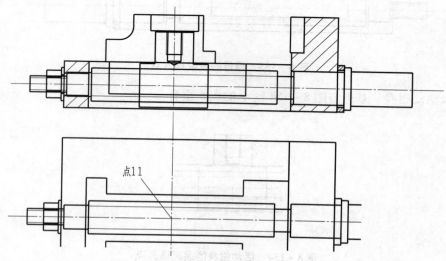

图 8 – 158　俯视图活动钳身的装配插入点

⑤插入螺母、垫圈。按照与主视图相同的方法插入左端的螺母和垫圈。

⑥绘制固定钳身和钳口板的连接螺钉。

（5）绘制装配图中的左视图。

①插入丝杠。丝杠基点与图 8－159 所示的点 12 重合。

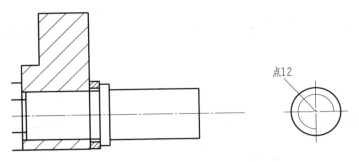

图 8－159　左视图丝杠的装配插入点

②插入固定钳身。以图 8－159 所示的点 12 为插入点。

③插入螺母。以图 8－159 所示的点 12 为插入点。

④插入活动钳身。以图 8－160 所示的点 13 为插入点。

⑤固定螺钉。固定螺钉的基点与图 8－161 所示的点 14 重合。

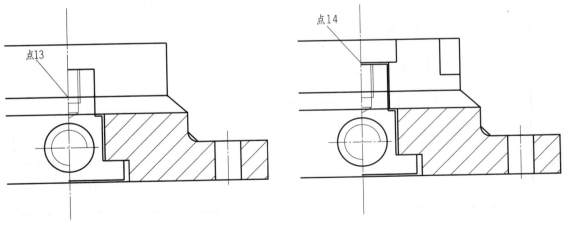

图 8－160　左视图活动钳身的装配插入点　　　　图 8－161　左视图固定螺钉的装配插入点

⑥按照投影关系，绘制固定螺钉和螺母的连接螺钉。

⑦绘制左边外形部分丝杠螺纹处的螺母外形。绘制半个正六边形，表示螺母外形。

（6）其他视图。虎钳装配图上的其他图形不需要重新绘制，可以将相关零件图中的图形复制到装配图上。

（7）参照之前所述，标注必要的尺寸、技术要求、零件序号、明细栏和标题栏。最终装配图如图 8－149 所示。

8.5　课后练习

练习 1

绘制如图 8 – 162 ~ 图 8 – 165 所示滑动轴承的 4 个零件图，并装配成如图 8 – 166 所示的滑动轴承。

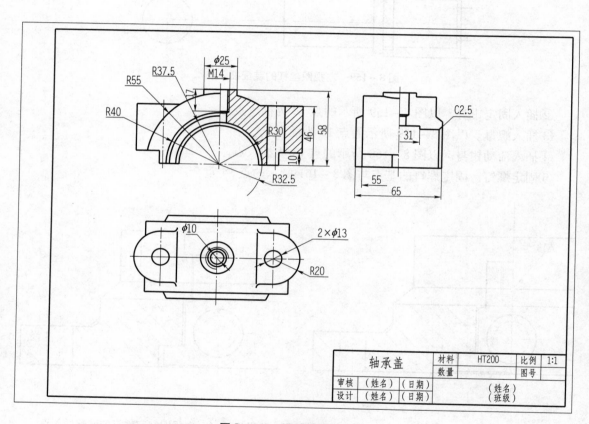

轴承盖			材料	HT200	比例	1:1
			数量		图号	
审核	（姓名）	（日期）		（姓名）		
设计	（姓名）	（日期）		（班级）		

图 8 – 162　滑动轴承的上盖

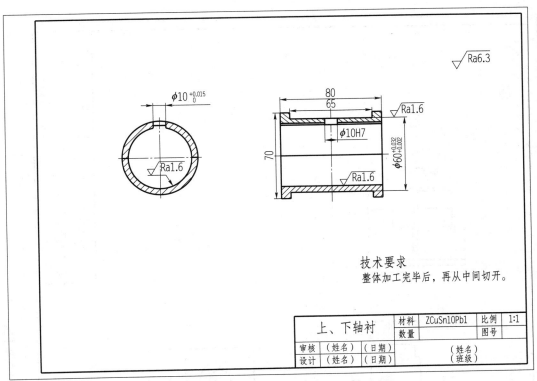

图 8 – 163　滑动轴承的上、下轴衬

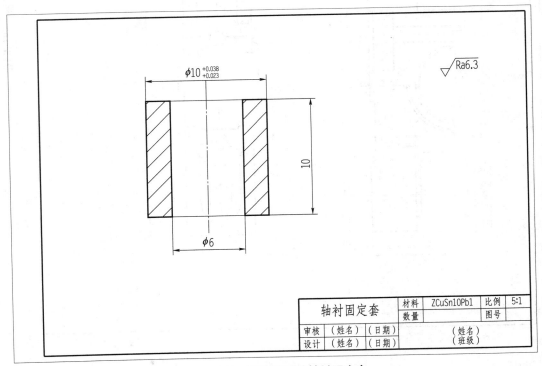

图 8 – 164　滑动轴承的轴衬固定套

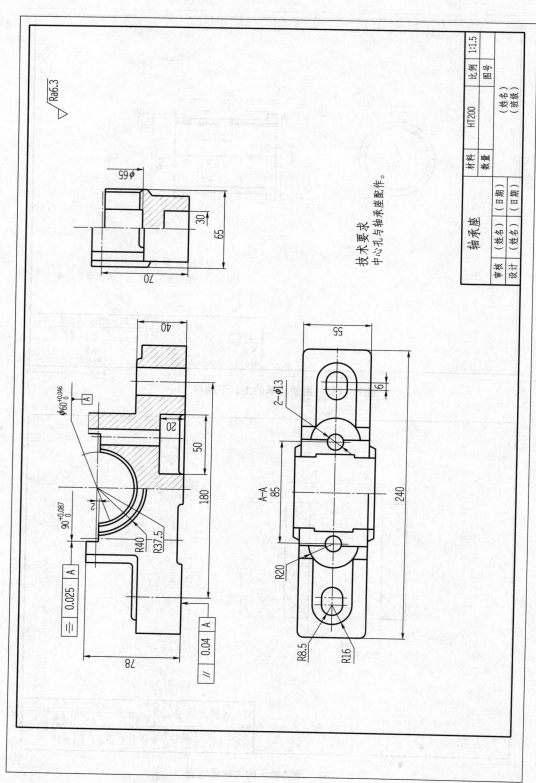

图 8-165　滑动轴承的轴承座

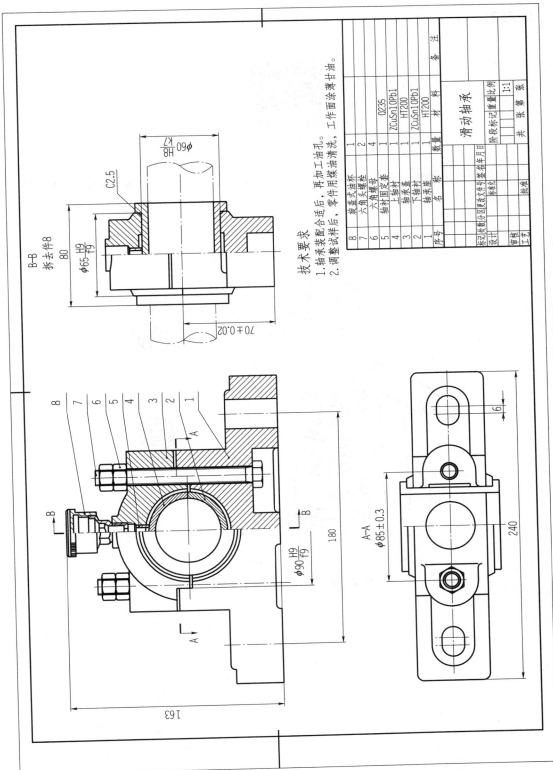

图 8-166　滑动轴承装配图

练习 2

课后练习

请根据下面给出的千斤顶装配示意图（图 8 – 167）和零件图（图 8 – 168 ~ 图 8 – 172）自行绘制其装配图。

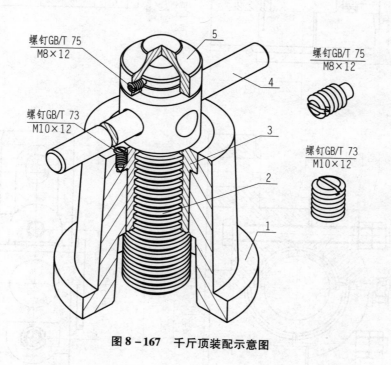

图 8 – 167　千斤顶装配示意图

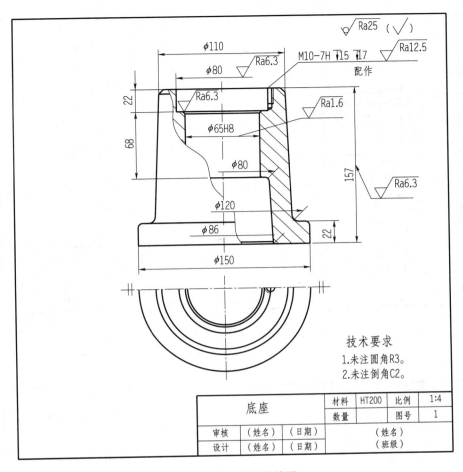

图 8-168　底座零件图

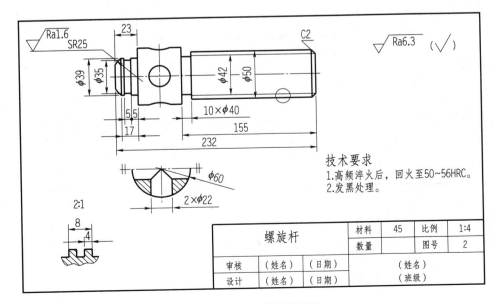

图 8-169　螺旋杆零件图

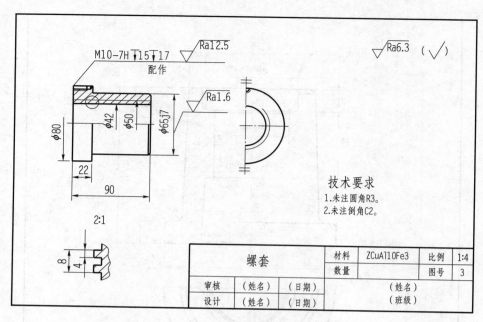

图 8－170　螺套

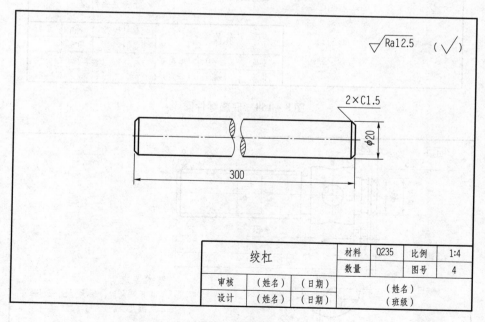

图 8－171　绞杠

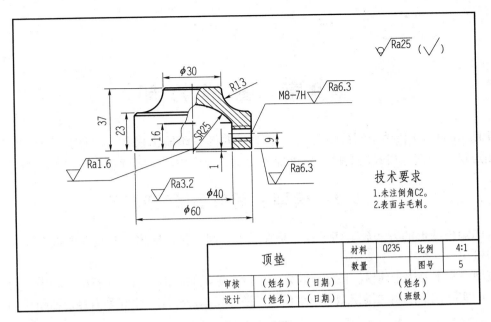

技术要求
1.未注倒角C2。
2.表面去毛刺。

顶垫			材料	Q235	比例	4:1
			数量		图号	5
审核	（姓名）	（日期）	（姓名）			
设计	（姓名）	（日期）	（班级）			

图 8 −172 顶垫

第9章 图形打印

使用 AutoCAD 软件绘制好图形后，经常要进行打印输出操作，将图形打印到图纸上，或将图形输出为其他格式的文件，以供他人使用其他应用程序阅读和交流。

9.1 模型空间与图纸空间

打印输出图形的方法分为两种：一是在模型空间中打印输出，二是在图纸空间中利用布局打印输出。

模型空间主要用于建模。模型空间是一个没有界限的三维空间，在模型空间中，用户可以按 1:1 的实际比例绘制二维模型和三维模型，还可以添加标注、注释等内容，如图 9-1 所示。

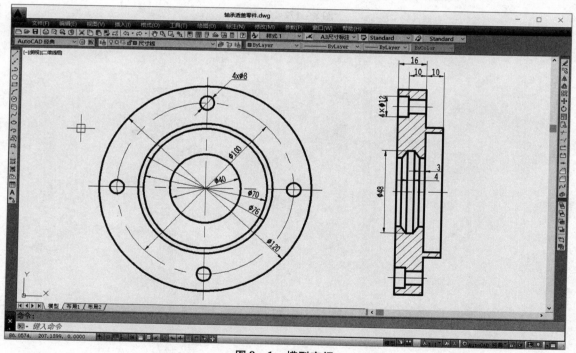

图 9-1 模型空间

图纸空间（图 9-2）主要用于出图。在 AutoCAD 中，通常会首先在模型空间中绘制基本图形。绘制结束后，在图纸空间通过布局图设置图纸尺寸，规划图形输出布局，为图形添加标题栏、注释和图框等，从而为打印做准备。

在 AutoCAD 中，模型空间只有一个，而图纸空间可以包含多个布局。在图纸空间输入的内容将不会出现在模型空间，而在模型空间绘制的内容可通过图纸空间的浮动视口显示在布局图中，如图 9-2 所示。

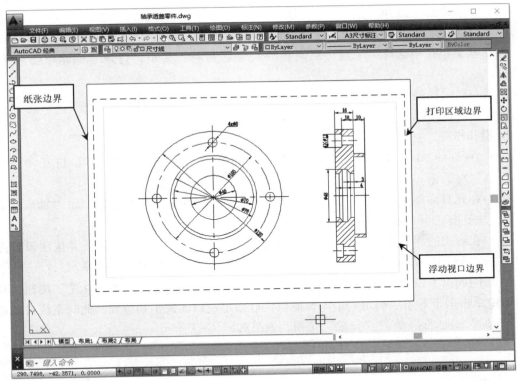

图 9 - 2　图纸空间

切换模型空间和图纸空间的方法为：在 AutoCAD 的状态栏的最左端有"模型""布局"标签，单击这些标签即可在模型空间和图纸空间之间切换。

9.2　创建和管理布局图

在 AutoCAD 中可以创建多个布局，每个布局都可以包含不同的页面设置，每个布局都可以代表一张单独的打印输出图纸。

9.2.1　新建布局图

在 AutoCAD 默认情况下，新建一个图形文件时，就已经存在了两个默认的布局图"布局 1"和"布局2"，单击位于绘图窗口底部的"布局 1""布局 2"标签，即可切换至相应的布局图，如图 9 - 3 所示。

当默认的布局图不能满足实际需要时，可以创建新的布局图。

1. 命令调用

（1）右击绘图窗口底部的"模型"或"布局"标签，在弹出的快捷菜单中选择"新建布局"菜单，如图 9 - 3 所示。双击布局标签或在右键菜单栏中选择"重命名"，可更改布局名称。

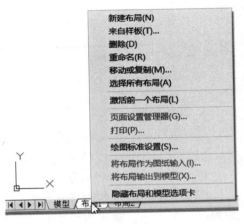

图 9 - 3　快捷菜单

（2）从菜单栏中选择"插入"→"布局"→"新建布局"。

（3）从菜单栏中选择"插入"→"布局"→"创建布局向导"。

（4）从菜单栏中选择"工具"→"向导"→"创建布局"菜单，打开"创建布局 – 开始"对话框。

使用布局向导创建布局时，用户可以对所创建的布局名称、图纸大小、方向及各浮动视口的位置等进行设置。

2. 操作步骤

（1）在 AutoCAD 菜单栏中选择"插入"→"布局"→"创建布局向导"，打开"创建布局 – 开始"对话框。

（2）在此对话框中的"输入新布局的名称"编辑框中输入布局名称，如"轴承端盖布局图"，并单击"下一步"按钮。

（3）在弹出的界面中选择合适的打印机，然后单击"下一步"按钮，并依次设置图纸尺寸（如"A4"）、方向（如"横向"）、标题栏（如"无"）及定义视口等。

（4）完成以上设置，单击"下一步"按钮，在对话框中单击"选择位置"按钮，在布局界面中单击两个对角点确定一个矩形窗口，以指定视口的大小和位置，此时系统自动返回"创建布局"对话框。单击"完成"按钮，效果如图 9 – 4 所示。

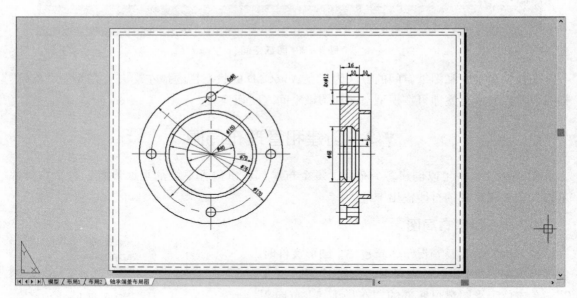

图 9 – 4　轴承端盖布局图

3. 选项说明

在"定义视口"选项的设置界面中，各单选按钮意义如下。

（1）无：不创建浮动视口，此时布局图中将不显示在模型空间创建的图形。

（2）单个：可创建具有一个浮动视口的布局图。

（3）标准三维工程视图：可创建工程图中常用的标准三视图，其浮动视口的配置包括俯视图、主视图、侧视图和等轴测视图。

（4）阵列：可创建指定数目的浮动视口，这些视口将排列为矩形阵列模式。

9.2.2 布局的页面设置

创建布局后，即可为指定的布局进行页面设置。页面设置是包括打印设备、纸张、打印区域、打印方向等影响最终打印外观和格式的所有因素的集合，如图 9-5 所示。

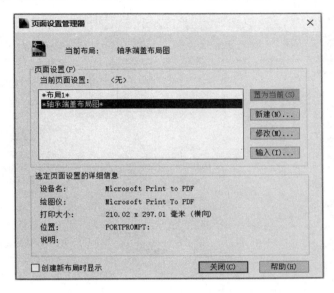

图 9-5 "页面设置管理器"对话框

1. 命令调用

（1）单击菜单栏中的"文件"→"页面设置管理器"按钮 。

（2）在命令行中输入"PAG"（pagesetup），按 Space 键。

（3）选中某一布局，此时该布局即为当前布局，右击选中布局标签，在弹出的快捷菜单中选择"页面设置管理器"菜单项。

2. 操作步骤

（1）单击菜单栏中"文件"→"页面设置管理器"按钮，选择"新建"按钮，打开"新建页面设置"对话框，输入页面设置名称，如"轴承端盖打印参数"，如图 9-6 所示，单击"确定"按钮，打开"页面设置"对话框，如图 9-7 所示。

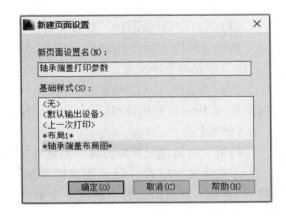

图 9-6 "新建页面设置"对话框

（2）根据实际需要在"页面设置"对话框中设置打印设备、页面尺寸等参数，单击该对话框中的"确定"按钮，新建页面设置名称出现在"页面设置"列表框中。

（3）若要将新建的页面设置应用于当前布局，则在"页面设置管理器"对话框的"页面设置"列表框中选择该页面设置，然后单击该对话框中的"置为当前"按钮。

（4）若要修改某一页面设置，可在"页面设置"列表框中选择要修改的页面设置，然

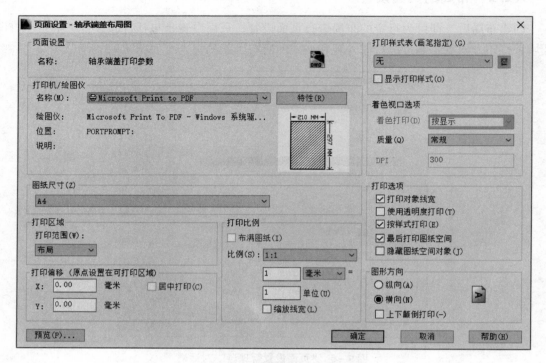

图9-7 "页面设置"对话框

后单击对话框中的"修改"按钮，在打开的"页面设置"对话框中进行所需的修改。

3. 选项说明

"页面设置"对话框部分的功能如下：

（1）"打印机/绘图仪"设置区。

该设置区用于设置出图的绘图仪或打印机。若打印设备已经与计算机连接，那么在"名称"下拉列表中会显示该打印设备的名称，可以选择所需的打印设备。

单击"名称"下拉列表框右侧的"特性"按钮，打开"绘图仪配置编辑器"对话框，如图9-8所示，利用该对话框可以根据需要对打印设备的相关属性进行设置。

【注意】

利用"绘图仪配置编辑器"对话框，可以修改可打印区域，其操作过程如下：

①在该对话框的"设备和文档设置"选项卡中选择"修改标准图纸尺寸（可打印区域）"选项，在对话框的"修改标准图纸尺寸"设置区的列表框中选择要修改的图纸，如A4，如图9-8所示。

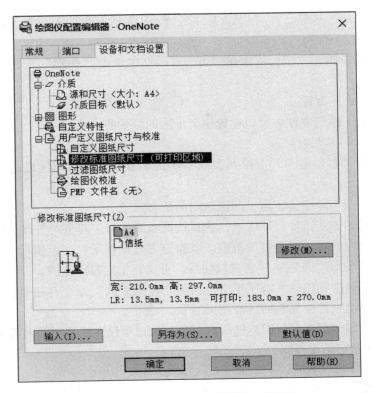

图 9-8　"绘图仪配置编辑器"对话框

　　②单击"修改"按钮，打开"自定义图纸尺寸 – 可打印区域"对话框，如图 9-9 所示，在该对话框的"上""下""左""右"编辑框中可以设置该图纸可打印区域边界与纸张边界的间距，从而指定可打印区域，如果将所有间距都设为 0，则可打印区域边界与纸张边界重合。

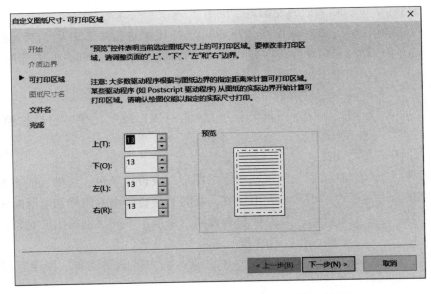

图 9-9　"自定义图纸尺寸 – 可打印区域"对话框

③单击"下一步"按钮，在"PMP 文件名（F）"编辑框中输入一个名称，单击"下一步"按钮。

④单击"完成"按钮，然后依次在弹出的对话框中单击"确定"按钮，返回"页面设置"对话框。

（2）"图纸尺寸"设置区。

在该设置区的下拉列表框中可以设置用于出图的纸张的尺寸。

（3）"打印区域"设置区。

在该设置区的"打印范围"下拉列表框中提供了多种选择打印区域的方式，以供用户选用。

布局：打印当前布局中位于可打印区域内的所有对象。

窗口：以窗选的方式选择打印区域。选择该选项后，指定两个对角点，从而确定一个矩形窗口，矩形窗口内的区域就是打印范围。以窗口方式选择了打印范围后，在"打印区域"设置区中新显示"窗口"按钮，单击该按钮后，可重新指定打印范围。

范围：打印当前空间内的所有图形对象。与"范围缩放"命令有相似之处。

显示：打印当前视图中显示的所有图形对象。

图形界限：打印当前图形界限内的所有对象。此选项仅在模型空间内可用。用户可使用"LIMITS"命令来指定图形界限。

（4）"打印偏移"设置区。

"X""Y"编辑框：用于设置打印区域相对于图纸边界的偏移位置。

"居中打印"复选框：选中"居中打印"复选框，则图形在图纸中居中打印。当打印区域不是整个布局时，常选中"居中打印"复选框。

（5）"打印比例"设置区。

用于设置出图的比例尺。

"布满图纸"复选框：如果对出图比例没有要求（如审阅草图时），选中此复选框，AutoCAD 会将打印区域自动缩放到充满整个图纸。

"比例"下拉列表框：在此下拉列表框中可选择比例进行缩放打印，当比例值大于 1 时，进行放大打印；当比例值小于 1 时，进行缩小打印。在该下拉列表框中选择"自定义"选项时，可在下方的编辑框中自定义打印比例。

【注意】

在图纸空间中，使用布局进行打印时，一般使用视口控制比例，然后按照 1∶1 比例打印。

（6）"打印样式表"设置区。

制图过程中，AutoCAD 可以为图层或单个的图形对象设置颜色、线型、线宽等属性，这些样式可以在屏幕上直接显示出来。在出图时，有时希望打印出的图样和绘图时图形所显示的属性有所不同，例如，绘图时一般会使用各种颜色来显示不同层别的图形对象，但打印时仅以黑白色打印。

打印样式的作用就是在打印时修改图形的外观。当为某图层或布局图设置打印样式以后，能在打印时用该样式替代图形对象原有的属性。

单击"打印样式表"设置区的下拉按钮，在弹出的下拉列表中即可选择所需的打印样式。

　　若希望编辑所选的打印样式，可在"打印样式表"设置区中单击"编辑"按钮，打开图 9 – 10 所示的"打印样式表编辑器"对话框，在该对话框中进行所需的修改，修改结束后，单击"保存并关闭"按钮即可。

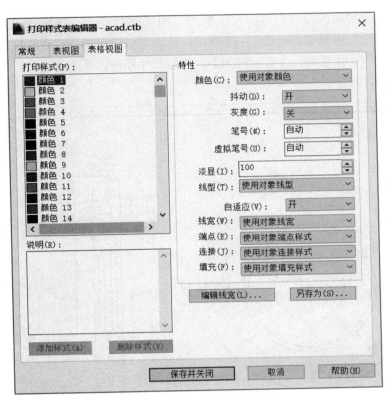

图 9 – 10　"打印样式表编辑器"对话框

　　另外，在"打印样式表"设置区的下拉列表框中选择"新建"选项后，可利用"添加打印样式表向导"的提示并根据需要新建打印样式。

　　(7)"图形方向"设置区。

　　如果要水平打印图形，则选中"横向"单选按钮；若要竖直打印图形，则选中"纵向"单选按钮；若要将图形旋转 180°打印，可先选中"横向"或"纵向"单选按钮，然后选中"上下颠倒打印"复选框。

　　(8)"着色视口选项"设置区。

　　设置着色视口的三维图形按哪种显示方式打印。

9.2.3　应用浮动视口

　　浮动视口是联系模型空间和图纸空间的桥梁，模型空间的内容必须通过浮动视口才能显示在图纸空间。默认情况下，单击绘图窗口底部的布局标签时，系统会自动根据图纸尺寸（默认图纸尺寸为 ISO A4）创建一个浮动视口，如图 9 – 11 所示。

1. 调整浮动视口边界

相对于图纸空间而言，浮动视口边界和一般的图形对象没什么区别。创建布局图时，浮动视口边界被放置在当前图层。可以利用其夹点来调整大小，或者利用移动、删除等命令来移动或删除它，或者通过隐藏、冻结浮动视口边界所在图层来隐藏浮动视口边界。

2. 激活浮动视口

要调整浮动视口的内容，应单击右下角的"图纸/模型"按钮 图纸 / 模型 切换至模型，此时浮动视口边界变为粗线条，如图 9 – 11 所示，然后可以使用视口右侧的导航栏、鼠标中键或菜单命令缩放和平移视图，或者编辑图形、添加尺寸标注。要重新回到图纸空间，可在浮动视口外任意位置双击。

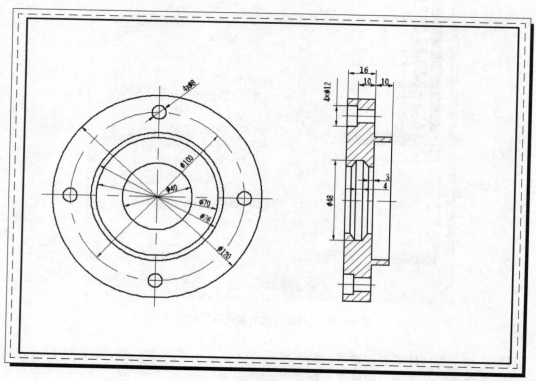

图 9 – 11　激活的浮动窗口

3. 冻结图层

激活某个浮动视口后，可以利用"图层"面板中的"图层"下拉列表框在该浮动视口中冻结某个图层，而不会影响其他浮动视口。

4. 新建浮动视口

除了系统自动创建的视口外，用户也可以根据出图需要自建浮动视口。其方法为：选择"视图"→"视口"→"新建视口"菜单，或者在命令行中输入"VPORTS"并按 Space 键，弹出"视口"对话框，在该对话框的"标准视口"列表框中选择视口数量，如果需要，可在"视口间距"编辑框中输入各种视口的间距，然后单击"确定"按钮。

【注意】

在菜单栏中"视图"的"视口"下拉菜单中选择"多边形"选项，可创建以多边形为视口边界的浮动视口；单击"对象"按钮，可以以所选图形对象为视口边界创建浮动视口。

5. 设置视图显示比例

在视口边界内双击，以激活浮动视口，在状态栏中单击"选定视口的比例"按钮，在弹出的列表（图 9 - 12）中可选择合适的视图比例。

【注意】

与传统的手工绘图有所不同，在 AutoCAD 中，通常在模型空间中按 1∶1 的实际尺寸绘图，只是出图时，在浮动视口中调整视图的显示比例，使视图以该比例缩放到布局图上。因此，若对布局进行页面设置时将打印比例设置为 1∶1，则在浮动视口中所设置的视图显示比例即是要填写在图纸标题栏中的比例。

6. 隐藏视口边界

在出图时，可打印区域边界不会被打印，但浮动视口边界会被当作普通图形打印出来。如果不希望打印浮动视口边界，可以将视口边界放置在一个单独的图层中，在打印之前将视口边界所在的图层隐藏即可。

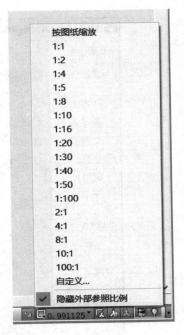

图 9 - 12　比例列表

9.2.4　打印图纸

1. 命令调用

（1）从菜单中单击"输出"→"打印"面板中的"打印"按钮。

（2）单击快速访问工具栏中的"打印"按钮 。

（3）单击"应用程序"按钮 ，在弹出的下拉菜单中选择"打印"→"打印"菜单项。

（4）在命令行中输入"PLO"（plot），按 Space 键。

（5）按 Ctrl + P 组合键。

2. 操作步骤

（1）在绘图窗口底部单击该布局图所对应的标签，以打开该布局图。

（2）选用上列方法之一执行打印命令，弹出的"打印"对话框中的参数便是在前面设置的当前页面设置参数，如图 9 - 13 所示。可以根据需要对个别参数进行修改。例如，重新选择打印范围、设置打印比例。

打印图纸设置

（3）单击对话框中的"预览"按钮预览打印效果，预览无误后，单击预览窗口中的"打印"按钮 ，即可打印输出布局图。单击预览窗口中的"关闭"按钮可关闭预览窗口。

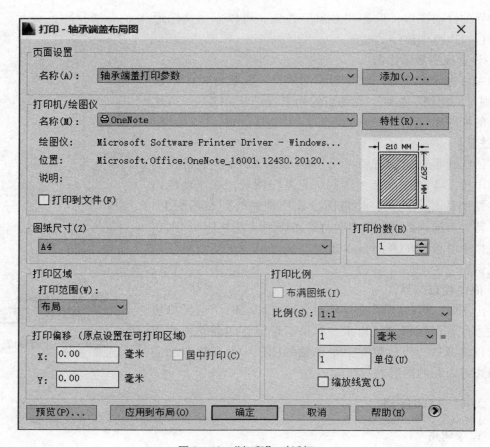

图 9 – 13 "打印" 对话框

9.2.5 案例：打印阀盖平面图

（1）打开或绘制"阀盖平面图 . dwg"，单击绘图窗口底部的
"布局 1"标签，进入图纸空间。

（2）单击选中浮动视口边界，按 Delete 键将其删除，然后右
击"布局 1"标签，在弹出的快捷菜单中选择"页面设置管理器"
菜单项。

阀盖平面图打印案例

（3）在打开的"页面设置管理器"对话框中单击"打印"按
钮，弹出"打印 – 布局 1"对话框，按照图 9 – 14 所示进行页面设置。

（4）页面设置完成后，单击"确定"按钮，然后关闭"页面设置管理器"对话框。

（5）通过插入块操作，选择"A4 图框"图块，将图框和标题栏插入布局图中，如
图 9 – 15 所示。

（6）将"浮动视口边界"图层设置为当前图层，然后单击"布局"选项卡"布局视
口"面板中"矩形"按钮下方的三角符号，在弹出的下拉列表中选择"多边形"命令，然
后以图幅绘图区域 6 个角点圈出一个多边形（图幅去掉标题栏的区域）浮动视口，结果如
图 9 – 16 所示。

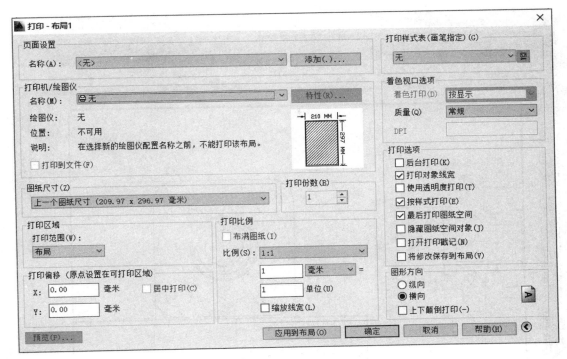

图 9 - 14　进行页面设置

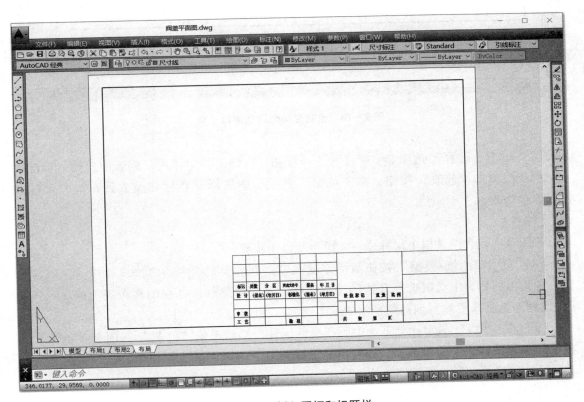

图 9 - 15　插入图框和标题栏

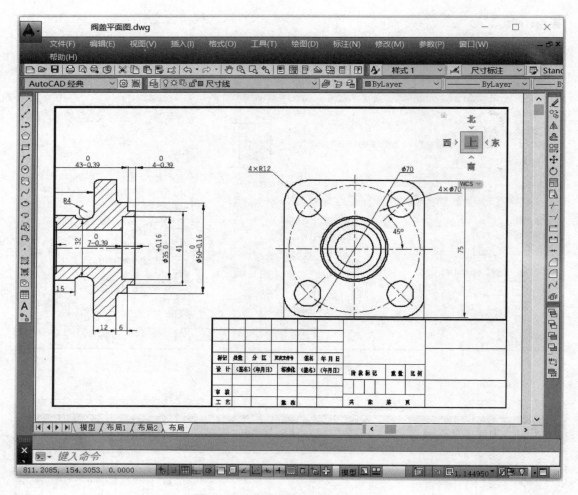

图 9-16　绘制多边形浮动视口结果

（7）单击"注释"选项卡"标注"下拉按钮，在弹出的"样式"列表中选择"标准尺寸"样式，单击"修改"按钮，在"调整"选项卡中选择"将标注缩放到布局"单选按钮，保存修改。

【注意】

若图纸中包含两种以上尺寸标注，可重复以上步骤。

（8）利用"图纸/模型"按钮激活浮动视口，单击状态栏中的"选定视口的比例"按钮，在弹出的列表中尝试选择合适的缩放比例，确定最终阀盖各视图在布局上的显示比例（该比例即是将来要填写到标题栏中的绘图比例），此处选择"1:1"。

（9）在"1:1"显示比例下选中所有线性标注，然后单击"注释"选项卡"标注"面板中的"标注样式"下拉按钮，在弹出的下拉列表中选择"标准标注"样式，此时系统自动进行比例换算，所选标注缩放到布局中。

【注意】

国标规定，在 A4 图纸中，数字和字母的字高为 3.5 mm。绘制阀盖平面图时，尺寸标注的字高按国标取 3.5 mm。在本案例中，由于使用比例为 1∶1，所以字高无变化。若其他平面图选择其他比例，在浮动视口中调整视图的显示时，尺寸标注的显示比例也发生了相应的变化（例如，若为视图选择了 2∶1 的显示比例，即将原图形放大 2 倍显示，如此一来，尺寸标注的字高也放大 2 倍显示，变为 7 mm），因此需要对其进行调整。可采用以下两种方法来调整标注的字高。

方法一：修改要调整的标注所对应的标注样式，即在"调整"选项卡中选中"使用全局比例"单选按钮，在其右侧的编辑框中输入全局比例值（其值取"1/ 视图显示比例"）。例如，若视图比例为 2∶1，再将全局比例设置为 0.5，即将字高缩小 1/2，即可得到符合标准的字高：0.7×0.5＝0.35），选择该样式所对应的标注，然后在"注释"选项卡"标注"面板的"标注样式"下拉列表中选择该标注样式即可。

方法二：修改要调整的标注所对应的标注样式，即在"调整"选项卡中选中"将标注缩放到布局"单选按钮后，在浮动视口中选择合适的视图显示比例，选择使用了该标注样式的标注，在"注释"选项卡"标注"面板的"标注样式"下拉列表框选择该标注样式，系统将自动换算该视图显示比例下标注的缩放比例，而免去了人工计算的麻烦。

（10）单击"注释"选项卡"文字"面板右下角的按钮，在打开的"文字样式"对话框的"样式"列表框中，将"技术要求标题文字""技术要求内容文字"文字样式的字高分别设置为 3.5、2.5，然后关闭"文字样式"对话框。

【注意】

为了便于操作，可使用位于浮动窗口右侧的导航栏中的"平移"按钮移动视图。

（11）若视图中包含倒角、剖面视图符号、剖面视图标注、表面粗糙度等，也需调整比例。

（12）在状态栏中查看视图的显示比例，在 2∶1 比例下，使用"修改"面板中的"移动"按钮调整阀盖各视图之间的相对位置，使用导航栏中的"平移"按钮平移视图至图框内合适的位置，如图 9 - 17 所示。

（13）调整得到满意的结果后，单击状态栏中的"选定视口未锁定"按钮 🔒 锁定视口。锁定视口可以防止对浮动视口的误操作。若要解锁，单击状态栏中的"选定视口已锁定"按钮即可。

（14）在浮动视口外的区域双击，重新回到图纸空间。将"尺寸线"图层设置为当前图层，使用"单行文字"命令及"汉字""数字"文字样式填写标题栏，本例中只填写如图 9 - 18 所示内容。

（15）右击"布局 1"选项卡，在弹出的快捷菜单中选择"重命名"菜单项，然后将该布局图重命名为"阀盖布局图"。右击"布局 2"选项卡，在弹出的快捷菜单中选择"删除"菜单项，删除该布局图。

（16）关闭浮动视口边界所在的"浮动视口边界"图层，从而隐藏浮动视口边界。

（17）将文件以"阀盖布局图"为文件名另存一份。

（18）单击快速访问工具栏中的"打印"按钮，在弹出的"打印"对话框中单击"预览"按钮预览打印效果，预览无误后，单击"确定"按钮打印。

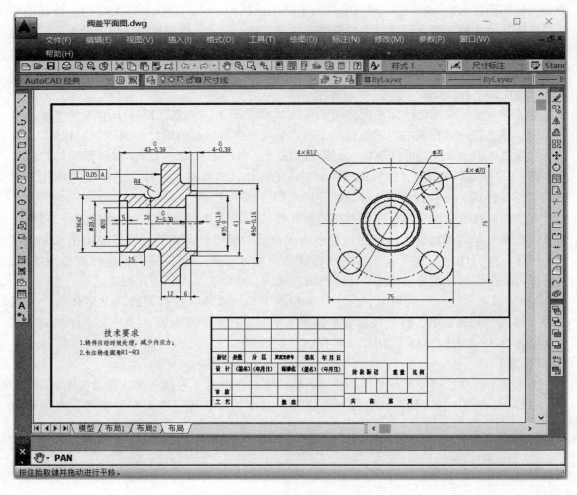

图 9－17　调整视口

标记	处数	分区	更改文件号	签名	年 月 日	A105			阀盖
设计	(签名)	(年月日)	标准化	(签名)	(年月日)	阶段标记	重量	比例	
审核								1:1	
工艺			批准			共 张 第 张			

图 9－18　填写标题栏

9.3 使用布局样板快速创建布局图

布局样板是一类包含了特定图纸尺寸、标题栏或浮动视口的文件,利用布局样板可快速创建标准布局图,布局样板文件的扩展名为".dwt"。

1. 创建布局样板

AutoCAD 软件可以根据需要创建自己的布局样板,方便以后使用。下面以创建名称为"我的布局样板"的布局样板为例,介绍创建布局样板的方法。

(1) 打开上个案例绘制的"阀盖布局图.dwg"文件。右击绘图窗口底部的"阀盖布局图"标签,在弹出的快捷菜单中选择"重命名"菜单项,然后将该布局图重命名为"布局 1"。

(2) 在"布局 1"中删除标题栏中自行填写的内容;将被关闭的"浮动视口边界"图层打开,从而显示视口边界;激活浮动视口,单击状态栏中的"选定视口已锁定"按钮,解锁浮动视口,删除浮动视口内的所有图形对象,如图 9-19 所示。

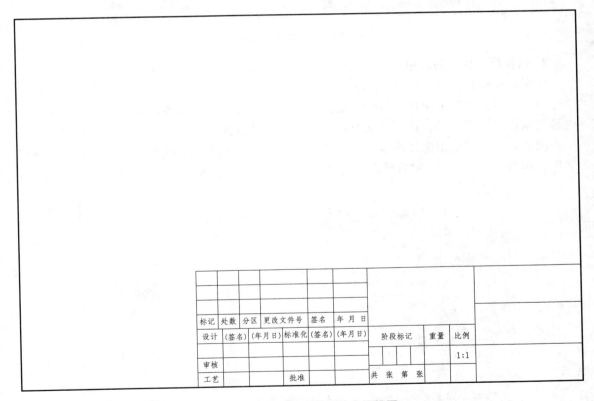

图 9-19 要创建为样板的布局视图

(3) 在命令行中输入"LAYOUT"命令并按 Enter 键,根据命令行提示选择布局选项"SA",表示保存当前布局样板。输入要保存样板的布局名称,默认为当前布局名称(本例为"布局 1"),故可直接按 Enter 键。

(4) 在打开的"创建图形文件"对话框中输入要保存的图形样板文件的名,如"布局样板"，如图9-20所示。单击"保存"按钮，保存创建的布局样板。

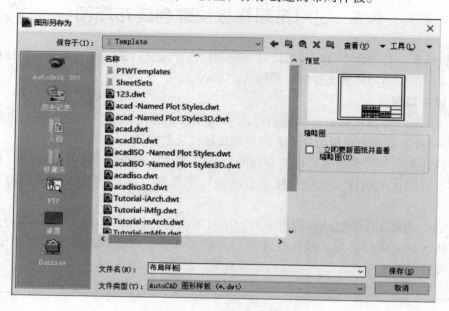

图9-20 命名样板文件并保存

2. 从样板创建布局图中

使用布局样板创建布局图的步骤如下：

（1）打开需打印的文件，右击绘图窗口底部的"布局1"标签，在弹出的快捷菜单中选择"从样板"菜单项，打开"从文件选择样板"对话框。

（2）在该对话框中选择所需的一个样板文件，本例中选择前面创建的"我的布局样板"文件，如图9-21所示。然后单击"打开"按钮，打开"插入布局"对话框。

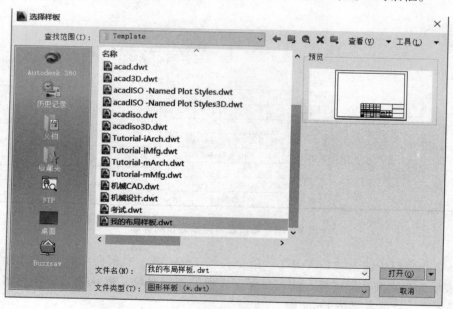

图9-21 "选择样板"对话框

（3）在"插入布局"对话框的"布局名称"列表中选择所需的布局名称，单击"确定"按钮，创建一个来自样板的布局。此后即可进行视图调整等操作。

9.4　从模型空间直接打印出图

在出图时，若没有复杂的图形排列，可以将图纸标题栏图框插入模型空间中，直接在模型空间中实现完整图纸的打印出图，这种方式操作简单，但不够灵活，并且重复性较差，适用于单次临时打印。

1. 命令调用

在模型空间，出图的命令调用方式与布局空间的相同，调用"打印"命令，均可打开"打印－模型"对话框，如图 9－22 所示。

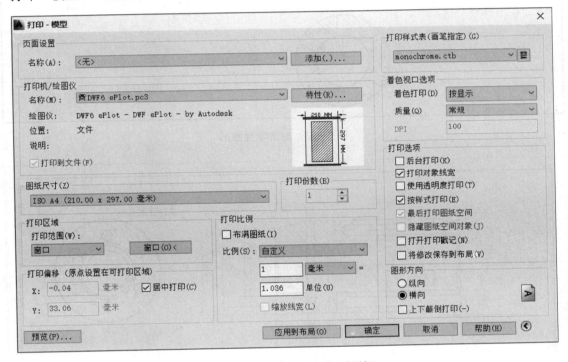

图 9－22　"打印－模型"对话框

2. 操作步骤

以采用 2∶1 比例打印缸套零件图为例，介绍在模型空间直接打印的具体步骤。

（1）打开已绘制完成的图形文件，如图 9－23 所示的缸套零件图。

（2）绘制或插入 A3 图框标题栏，图框大小及标题栏如表 7－3 和图 7－10 所示。

（3）因为要以 2∶1 比例出图，调用"缩放"命令，将图框及标题栏缩小 1/2。

（4）调用"移动"命令，将缸套零件图移动至适当位置，完成结果如图 9－24 所示。

（5）打开"标注样式管理器"，在"调整"选项卡的"使用全局比例"编辑框中输入"0.5"，如图 9－25 所示。

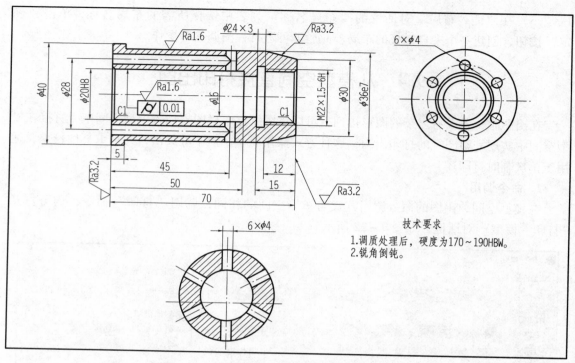

图 9 – 23　缸套零件图形

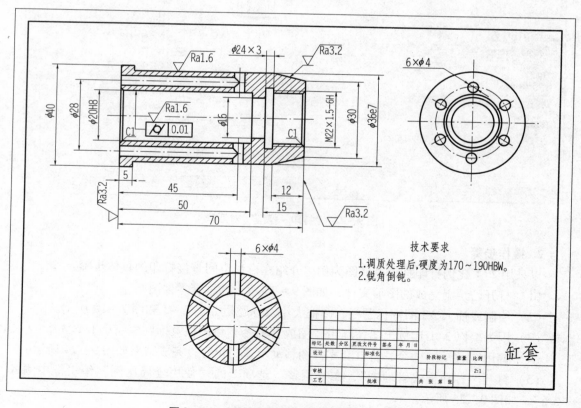

图 9 – 24　缩放图框和标题栏并调整视图位置

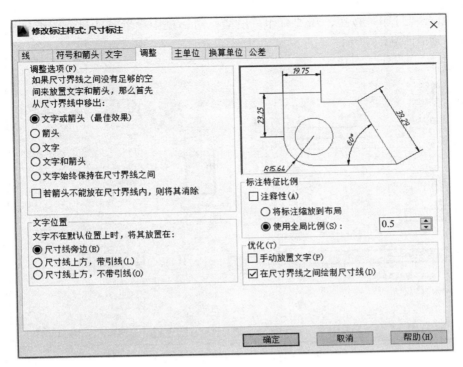

图 9 – 25　设置标注全局比例

（6）双击标注文字"C1"，将文字高度设置为 1.75（A3 图纸标注字高应为 3.5，因此此处设置为 3.5 × 0.5）。

（7）调用"缩放"命令将表面粗糙度及标题栏文字字高均缩小 1/2。

（8）调用"修改多重引线样式：引线标注"对话框，在"引线结构"选项卡"指定比例"单选按钮右侧的编辑框中输入 0.5，如图 9 – 26 所示。

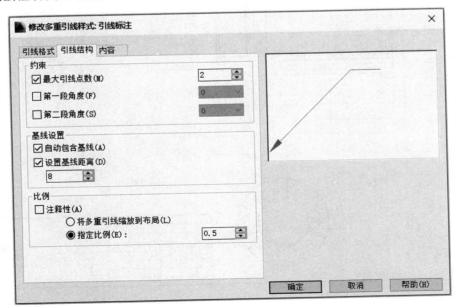

图 9 – 26　指定比例

（9）单击"打印"按钮，在"打印-模型"对话框中设置打印机、图纸尺寸、打印比例等内容，如图9-27所示。

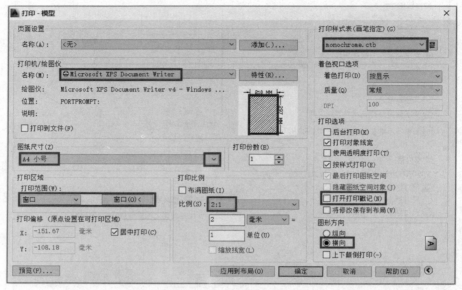

图9-27 "打印-模型"对话框

（10）单击"打印范围"下拉按钮，选择"窗口"选项。依次单击图9-28外图框对角线点，以指定打印区域，此时自动返回"打印-模型"对话框。

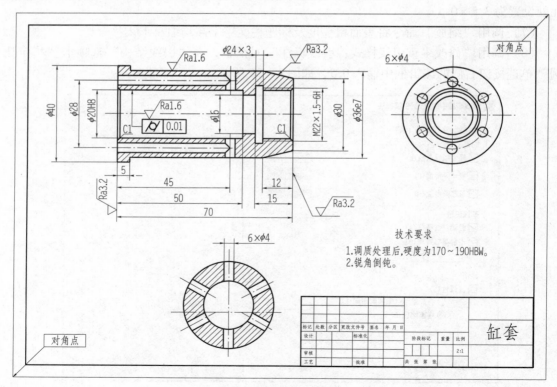

图9-28 选择打印区域

（11）单击"预览"按钮查看打印效果，单击"确定"按钮可将缸套零件图按照 2:1 的比例打印在 A3 图纸上。

若以 1:1 比例绘图，并以 1:1 比例打印，则只需步骤（1）、（2）、（9）、（10）、（11）。

9.5　输出 DWF 与 PDF 文件

在 AutoCAD 中，除了可以通过打印输出图形外，还可以将绘制好的图形文件以不同的格式输出，以实现资源共享。

1. 输出 DWF 文件

DWF 文件是 Autodesk 开发的一种可以在网络上传输的安全文件格式，它可以在任何装有 DWF 浏览器或专用插件的计算机中打开。使用"Autodesk DWF Viewer"程序可以浏览、发送和打印 DWF 文件。

要输出 DWF 文件，可在"输出"选项卡"输出为 DWF/PDF"面板中单击"输出"按钮下方的三角符号，在弹出的下拉列表中选择"DWF"选项，打开图 9-29 所示的"另存为 DWF"对话框，在该对话框中选择所需的选项，输入文件名。最后单击"保存"按钮即可输出图形。

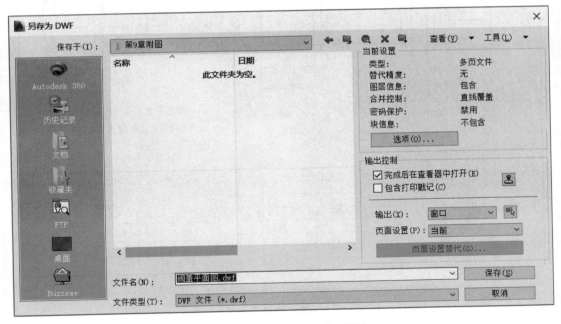

图 9-29　"另存为 DWF"对话框

单击此对话框中的"选项"按钮可以打开"输出为 DWF 选项"对话框，在该对话框中可以指定 DWF 文件的常规输出选项。在"输出"下拉列表指定要输出当前图形文件中的哪些内容。

2. 输出 PDF 文件

与打印类似，在使用 AutoCAD 2014 输出 PDF 格式文件前，需要先对其进行布局和页面设置，然后可在"输出"选项卡"输出为 DWF/PDF"面板中单击"输出"按钮 ✎ 下方的三角符号，在弹出的下拉列表中选择"PDF"选项，具体操作方法与输出 DWF 文件相同。

【注意】

除使用 AutoCAD 自带的输出 PDF 文件的功能输出 PDF 文件外，还可以通过安装 PDF 虚拟打印机将".dwg"文件打印输出为 PDF 文件。常用的 PDF 虚拟打印机有 Foxit PDF Creator（福昕 PDF 生成器）、Adobe PDF 等。

9.6　课堂实训

打印如图 9 – 30 所示的滑阀平面图。

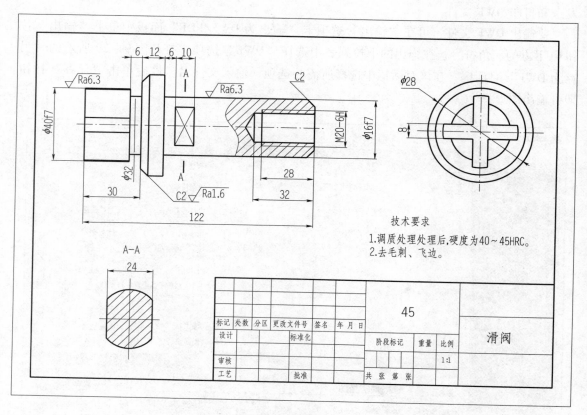

图 9 – 30　滑阀平面图

操作步骤如下：

（1）在图纸空间对要打印的图形进行布局设置，包括图纸的尺寸、可打印区域、打印方向等。

（2）在布局图中插入图框和标题栏。

（3）创建视口，确定视图显示比例。

（4）根据视图显示比例调整尺寸标注等各种注释文本的字高。

（5）填写标题栏。

（6）打印布局图。

9.7　课 后 练 习

练习1

创建如图 9 - 31 所示的阀盖布局图。

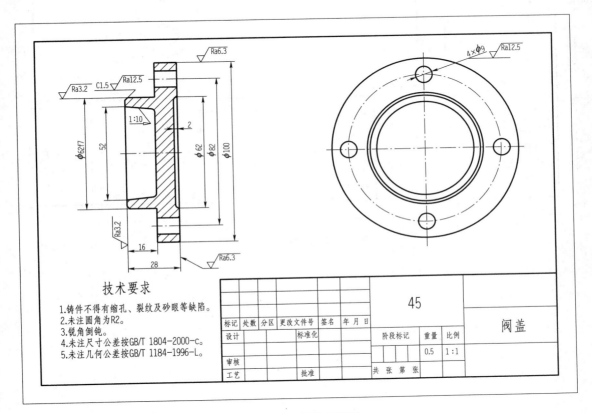

图 9 - 31　阀盖布局图

练习2

创建如图 9 - 32 所示的填料压盖布局图。

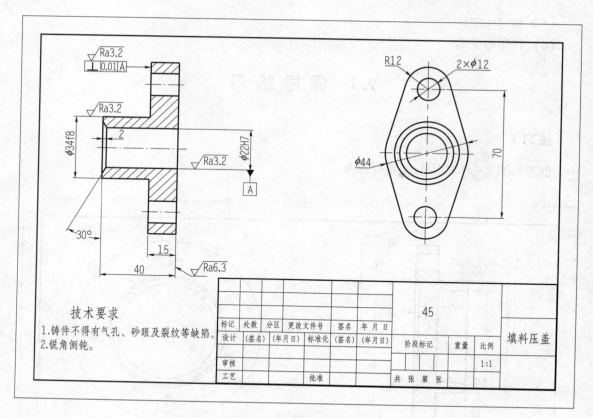

技术要求
1.铸件不得有气孔、砂眼及裂纹等缺陷。
2.锐角倒钝。

标记	处数	分区	更改文件号	签名	年 月 日		45			填料压盖
设计	（签名）	（年月日）	标准化	（签名）	（年月日）	阶段标记		重量	比例	
审核									1:1	
工艺			批准			共 张 第 张				

图 9 − 32　填料压盖布局图

附录 A　AutoCAD 键盘图

AutoCAD 键盘图如附图 A – 1 所示。

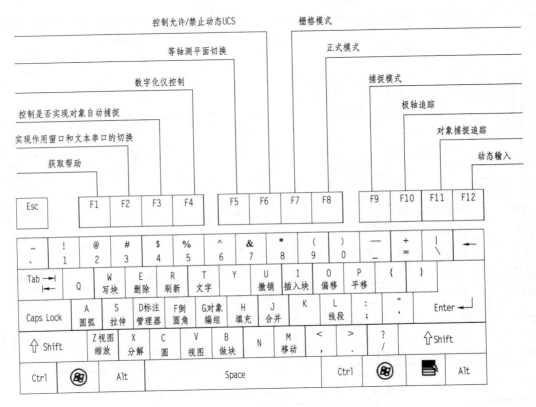

附图 A –1　AutoCAD 键盘图

附录 B　AutoCAD 常用快捷键

AutoCAD 常用快捷键见附表 B – 1 ~ 附表 B – 4。

附表 B – 1　常用快捷键及其功能

常用快捷键及其功能		常用快捷键及其功能、命令		
快捷键	功能	快捷键	功能	命令
F1	获取帮助	Ctrl + O	打开文件	OPEN
F2	实现作图窗和文本窗口的切换	Ctrl + N	新建文件	NEW
F3	控制是否实现对象自动捕捉	Ctrl + P	打印文件	PRINT
F4	数字化仪控制	Ctrl + S	保存文件	SAVE
F5	等轴测平面切换	Ctrl + Z	取消上一步操作	UNDO
F6	控制状态行上坐标的显示方式	Ctrl + Y	重做取消的操作	REDO
F7	栅格显示模式控制	Ctrl + C	复制	COPYCLIP
F8	正交模式控制	Ctrl + V	粘贴	PASTECLIP
F9	栅格捕捉模式控制	Ctrl + X	剪切	CUTCLIP
F10	极轴模式控制	Ctrl + B	栅格捕捉	SNAP
F11	对象追踪式控制	Ctrl + F	对象捕捉	OSNAP
Ctrl + W	对象追踪	Ctrl + G	栅格	GRID
Ctrl + U	极轴	Ctrl + L	正交	ORTHO
Ctrl + A	全选	Ctrl + 1	修改特性	PROPERTIES
Ctrl + 0	显示/隐藏快捷图标	Ctrl + 2	设计中心	ADCENTER

附表 B – 2　AutoCAD 的常用绘图命令及其快捷键

序号	名称	命令	快捷键	功能
1	点	point	PO	创建点对象
2	直线	line	L	绘制二维或三维直线
3	射线	xline	XL	创建无限长的直线（即参照线）
4	多线段	pline	PL	创建二维多线段
5	样条曲线	spline	SPL	创建二次获三次样条曲线
6	正多边形	polygon	POL	画正多边形
7	矩形	rectang	REC	绘矩形
8	圆弧	arc	A	绘制给定参数的圆弧（11 种）
9	圆	circle	C	在指定位置画圆

序号	名称	命令	快捷键	功能
10	圆环	donut	DO	绘制填充的圆环
11	椭圆	ellipes	EL	绘制椭圆或椭圆弧
12	插入图块	insert block	I	插入图块
13	定义块	wblock	W	将块对象写入新图形文件
14	制作图块	makeblock	B	制作图块
15	图案填充	bhatch	BH	将某种图案填充到指定区域
16	多行文本	mtext	MT	以段落的方式来处理文字
17	等分	divide	DIV	将点对象或块沿对象的长度或周长等间隔排列
18	重生成	regen	RE	重生成整个图面,以及重新计算所有物件的屏幕坐标。重新制作图面资料库的索引,以优化显示物件的选取效能

附表 B-3　AutoCAD 的常用编辑命令及其快捷键

序号	名称	命令	快捷键	功能
1	删除对象	erase	E	删除指定的对象
2	取消上一步	u	U	取消上一步操作,可连用
3	取消	undo	UNDO	可以一次取消指定步数
4	重做	redo	REDO	恢复 U 或 UNDO 命令取消的一步操作
5	复制对象	copy	CO	将指定对象复制到指定位置
6	镜像	mirror	MI	将指定对象按给定镜像线镜像
7	偏移	offset	O	对指定的对象(直线、圆等)做同心偏移复制
8	阵列	array	AR	按矩形或环形复制指定的对象
9	移动	move	M	将指定对象移动到指定位置
10	旋转	rotate	RO	将指定对象绕指定基点旋转
11	缩放	scale	SC	将指定对象按指定比例缩放
12	拉伸	stretch	STRETCH	可以对图形进行拉伸与压缩
13	改变长度	lengthen	LENGTHEN	改变直线与圆弧的长度
14	修剪	trim	TR	用剪切边修剪指定的对象
15	延伸	extend	EX	延长指定对象到指定边界
16	断开	break	BR	将对象按指定格式断开
17	倒角	chamfer	CHA	对两不平行的直线作倒角
18	圆角	fillet	F	对指定对象按指定半径倒圆角
19	分解	explode	EXPLODE	分解多段线、块或尺寸标注

附表 **B-4** 常用尺寸标注命令功能及其快捷键

序号	名称	命令	快捷键	功能
1	线性标注	linear dimension	DLI	标注水平、垂直线性尺寸
2	对齐标注	aligned dimension	DAL	标注倾斜线性尺寸
3	半径标注	radius dimension	DRA	标注半径尺寸
4	直径标注	diameter dimension	DDI	标注直径尺寸
5	角度标注	angular dimension	DAN	标注角度尺寸
6	快速标注	qdim	QDIM	以快速形式标注尺寸
7	基线标注	baseline dimension	DBA	以基线形式标注尺寸
8	连续标注	continue dimension	DCO	以连续形式标注尺寸
9	引导标注	leader dimension	LE	标注说明文本
10	中心标注	center make dimension	DCE	标注圆心位置
11	标注编辑	dimension edit	DED	用新文字替换、旋转现有标注文字、将文字移动到新位置
12	标文编辑	dimension text edit	DIMEDIT	改变标注文字沿标注线的位置和角度
13	标注样式	dimension style	D	标注类型更新

附录 C 计算机绘图标准

见附表 C-1~附表 C-4，其余标准详见 GB/T 14665 机械工程 CAD 制图规则。

附表 C-1 CAD 工程图的字体与图纸幅面之间的大小关系　　　mm

字体	图幅				
	A_0	A_1	A_2	A_3	A_4
字母数字	5		3.5		
汉字	7		5		

附表 C-2 CAD 工程图中的线型分组　　　mm

分组						一般用途
组别	1	2	3	4	5	
线宽	2.0	1.1	1.0	0.7	0.5	粗实线、粗点画线、粗虚线
	1.0	0.7	0.5	0.35	0.25	细实线、波浪线、双折线、细虚线、细点画线、细双点画线

附表 C-3 CAD 工程图中基本图线的颜色

图线类型		屏幕上的颜色	图线类型		屏幕上的颜色
粗实线	——————	白色	虚线	- - - - -	黄色
细实线	————	绿色	细点画线	—·—·—	红色
波浪线	～～～		粗点画线	—·—·—	棕色
双折线	—～—		双点画线	—··—··—	粉红色

附表 C-4 CAD 工程图中的最小距离

字体	最小距离	
汉字	字距	1.5
	行距	2
	间隔线或基准线与汉字的间距	1
字母与数字	字符	0.5
	词距	1.5
	行距	1
	间隔线或基准线与字母、数字的间距	1

参 考 文 献

[1] 吕海霆. 现代工程制图［M］. 北京：机械工业出版社，2012.

[2] 张景春. AutoCAD 2012 中文版基础教程［M］. 北京：中国青年出版社，2011.

[3] 林彬. AutoCAD 2012 中文版完全自学一本通［M］. 北京：电子工业出版社，2011.

[4] CAD/CAM/CAE 技术联盟. AutoCAD 2014 中文版机械设计从入门到精通［M］. 北京：清华大学出版社，2014.

[5] 丁进. AutoCAD 实用教程——2D 机械篇［M］. 天津：天津大学出版社，2014.

[6] 蒋清平. 中文版 AutoCAD 2016 机械制图实训教程［M］. 北京：人民邮电出版社，2016.

[7] 廉亚峰. AutoCAD 机械制图［M］. 北京：机械工业出版社，2014.

[8] 赵昌葆. 中文版 AutoCAD 2016 机械设计实例教程［M］. 北京：中国电力出版社，2011.

[9] 焦勇. AutoCAD 2007 机械制图入门与实例教程［M］. 北京：机械工业出版社，2011.

[10] 腾龙科技. AutoCAD 2010 机械制图［M］. 北京：清华大学出版社，2011.